博碩文化

活學活用 Illustrator CS6

全方位快速搞定 路徑繪製 × 圖樣線條 × 3D物件應用

勁樺科技◎著

♦數位影像基礎 ♦圖繪原理與介面工具 ♦造型繪製與3D變形 ♦線條建立與編修
♦色彩的應用 ♦文字樣式變化 ♦創意符號與特效 ♦圖表的設計製作 ♦網頁切片指引

超值光碟

- 書中所使用範例檔及相關素材
- 精選9000張實用美工圖庫

活學活用Illustrator CS6
全方位快速搞定路徑繪製X圖樣線條X3D物件應用

作　　者／勁樺科技
發 行 人／葉佳瑛
顧　　問／鍾英明
出　　版／博碩文化股份有限公司
網　　址／http://www.drmaster.com.tw/
地　　址／新北市汐止區新台五路一段112號10樓A棟
TEL / 02-2696-2869 • FAX / 02-2696-2867
郵撥帳號／17484299
律師顧問／劉陽明
出版日期／西元2013年7月初版一刷
建議零售價／380元
ISBN／978-986-201-781-4
博碩書號／MU31320

本書如有破損或裝訂錯誤，請寄回本公司更換

序言
PREFACE

Illustrator 在以往就是向量式繪圖軟體的先驅，經過多年來的演進，並與 Adobe 家族整合在一起，使得功能也越來越強，不但可以輕鬆繪製各種造型圖案，就連影像圖片的特效處理、3D 效果的製作也能輕鬆做到。這對專業的美術設計師來說，不但可以盡情發揮靈感，也能讓創意有無限的發展空間。

本書的編寫主要針對入門者的角度進行思考，希望能夠為更多的初學者提供一個無痛苦的學習環境，因此在內容的介紹上，也採取循序漸進的方式，將 Illustrator 常用的功能或好用的技巧作有系統的介紹，讓初學者可以在短時間內吸收到軟體的精華。

本書除了對於各項功能指令做系統的介紹外，在很多章之後還規劃了範例實作，讓學習者可以利用該章學習到的技巧進行完整的演練，不但方便教師課堂上的教學，也可以啟發自學者的想像空間。另外，課後習題部分也盡可能以實作題為主，讓學習者完成一個章節的學習後，也可以檢驗自己的學習成果，若在練習的過程中有不知所措的地方，也可以參閱習題之後的「提示」。

本書製作的範例精美，主題豐富，範例實作包括了標誌的設計、吉祥物的繪製、禮盒包裝、折疊式 DM、創意月曆設計等，保證讓學習本書的人都可以學以致用。期望本書的精心安排，能帶給各位一個愉快的學習經驗。

目錄

CONTENTS

Chapter 1 數位影像的基礎概論

Chapter 2 認識 Illustrator CS6

Chapter 3 Illustrator 操作技巧

Chapter 5 線條的建立與編修 – 吉祥物繪製

Chapter 6 色彩的應用 – 禮盒包裝

Chapter 7 文字的樣式設定 – 折頁式 DM

Chapter 8 創意符號與特效 – 創意月曆設計

Chapter 9 圖表的設計製作

Chapter 10 列印與輸出

01

CHAPTER

數位影像的基礎概論

學習指引

想要學習繪圖設計，對於點陣圖、向量圖、色彩模式、解析度、影像常用格式等知識都必須要了解，這些名詞將會在影像編輯時陸陸續續出現，了解它所代表的意義，才能作最佳的選擇。

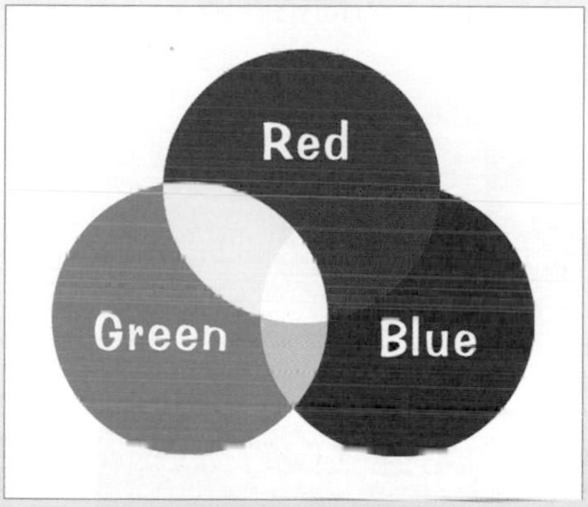

RGB 模式

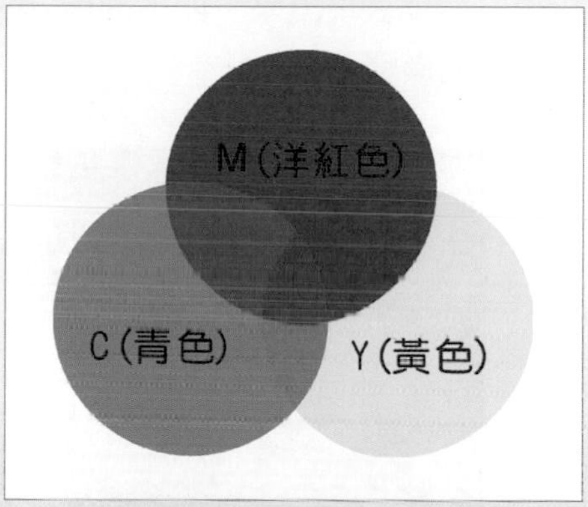

CMYK 模式

色彩模式示意圖

1-1 點陣圖與向量圖

數位式的圖像基本上可區分為兩大類型，一是「點陣圖」，另一是「向量圖」。

1-1-1 點陣圖

點陣圖是由一格一格的小方塊組合而成的，通稱為「像素（pixel）」。由於每個像素都是「位元」資料，因此它的檔案量會比較大。通常數位相機所拍攝到的影像或是用掃描器所掃描進來的影像，都屬於點陣圖，它會因為解析度的不同而影響到畫面的品質或列印的效果。如果解析度不夠，就無法將影像的色彩很自然地表現出來。如下圖所示，當各位放大門口上方的招牌時，就會看到一格格的像素。

原圖

放大門口招牌，會看到一格格的像素

當解析度高時，影像在單位長度中所記錄的像素數目就比較多，對於銳利的線條或文字的表現，能產生較好的效果。如果原先拍攝的影像尺寸並不大時，卻要增加影像的解析度，那麼繪圖軟體會在影像中以內插補點的方式來加入原本不存在的像素，因此影像的清晰度反而降低，畫面品質就會變差。

因為會影響畫面品質的主要因素是「影像尺寸」以及「解析度高低」。「影像尺寸」也就是影像的寬度與高度，「解析度」則是決定點陣圖影像品質與密度的重要因素，每一英吋內的像素粒子的密度越高，表示解析度越高，所以影像會越細緻，二者之間有著密不可分的關係。

一般在設計文宣或廣告之前，一定會先根據需求（網頁或印刷用途）來決定解析度、文件尺寸或像素尺寸，因為文件尺寸與解析度會影響到影像處理的結果，尤其置入的影像圖片，在加入「效果」功能表中的 Photoshop 效果時，不同解析度的圖片在套用相同的設定值時，所呈現出來的畫面也不盡相同。

1-1-2 向量圖

向量圖是以數學運算為基礎，透過點、線、面的連結和堆疊而造成圖形。它的特點是檔案小、圖形經過多次縮放也不會有失真或變模糊的情形發生，而且檔案量通常不大。它的缺點是無法表現精緻度較高的插圖，適合用來設計卡通、漫畫或標誌…等圖案。

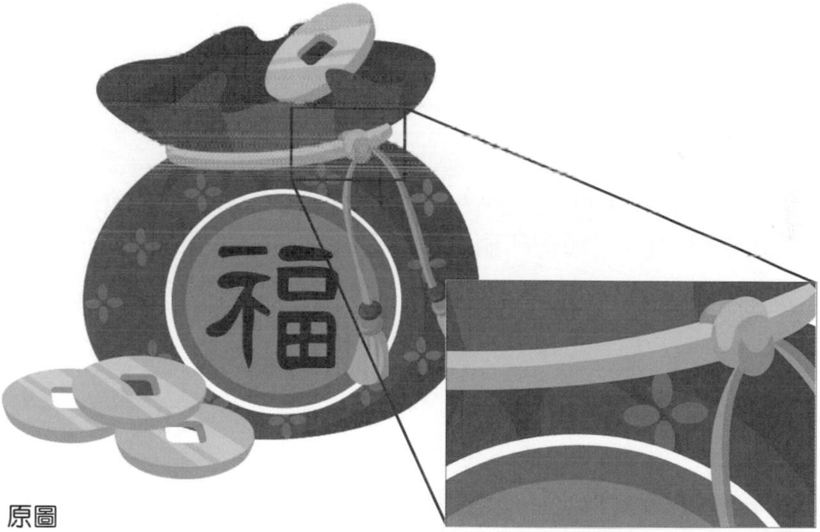

原圖

圖形放大後，仍維持平順的線條，不會有鋸齒狀就 Illustrator 軟體來說，它主要提供向量式的繪圖工具，諸如：鋼筆、線段區域、螺旋、矩形格線、矩形、圓角矩形、橢圓形、橢圓形、星形…等圖形工具，由於它也可以置入點陣圖像，因此在設計各種的文宣、海報或插畫上，各位都可以如魚得水一般，盡情的發揮創意。

1-2 RGB 與 CMYK 模式

色彩模式主要是指電腦影像上的色彩構成方式，也可以用來顯示和列印影像的色彩。在 Illustrator 軟體中，主要用到的兩種模式為「RGB」與「CMYK」。

1-2-1 RGB 色彩模式

RGB 色彩模式是由紅（Red）、綠（Green）、藍（Blue）三個顏色所組合而成的，依其明度不同各劃分成 256 個色階，而以 0 表示純黑，255 表示白色。由於三原色混合後顏色越趨近明亮，因此又稱為加法混色。善用 RGB 色彩模式，可讓設計者調配出一千六百萬種以上的色彩，對於表現全彩的畫面來說，已經相當足夠。

1-2-2 CMYK 色彩模式

CMYK 色彩主要由青（Cyan）、洋紅（Magenta）、黃（Yellow）、黑（Black）四種色料所組成。通常印刷廠或印表機所印製的全彩圖像，就是由此四種顏色，依其油墨的百分比所調配而成。由於色料在混合後會越混濁，因此又稱減法混色。

由於 CMYK 是印刷油墨，所以是用油墨濃度來表示，最濃是 100%，最淡則是 0%，一般的彩色噴墨印表機也是這四種墨水顏色。CMYK 模式所能呈現的顏色數量比 RGB 的色彩模式少。特別注意的是，在 RGB 模式中，色光三原色越混合越明亮，而 CMYK 模式的色料三原色越混合越混濁，這是兩者間的主要差別。

1-3 影像尺寸與解析度

在 Illustrator 中，當各位執行「檔案 / 新增」指令，並由「描述檔」中選擇列印、網頁、裝置、視訊和影片、或 Flash Builder 時，軟體就會自動幫各位設定好色彩模式和解析度。以「列印」的描述檔為例，其預設的色彩模式為 CMYK，點陣圖特效為「300 ppi」；若選擇其他的描述檔時，則會自動設定在 RGB 的色彩模式，點陣圖特效則為「螢幕（72 ppi）」。如圖示：

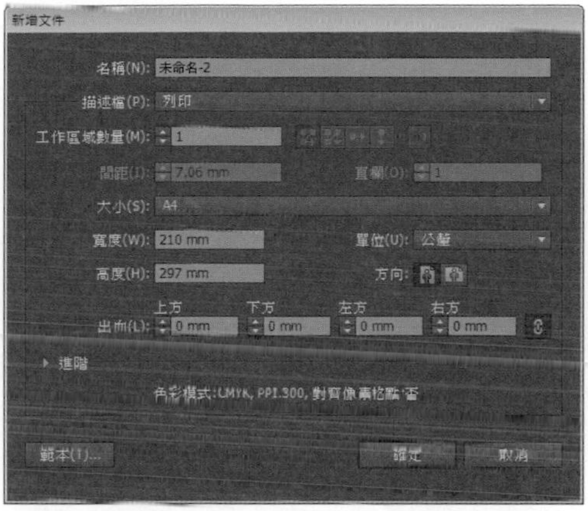

列印：CMYK 模式；300 ppi

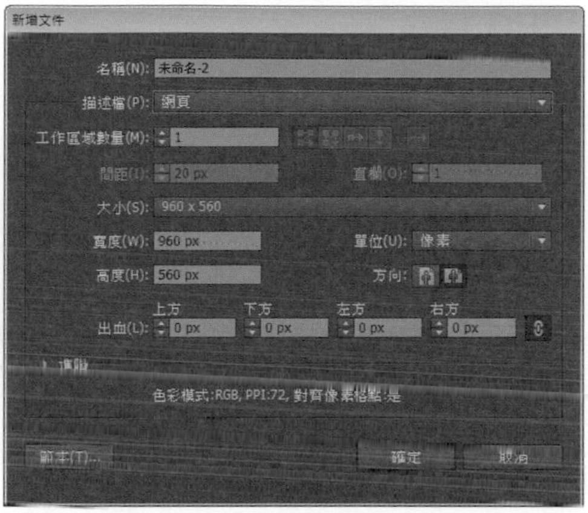

網頁：RGB 模式；72 ppi

1-4 常用的圖檔格式

在使用或儲存圖檔時，為了保存編輯資料或是因為不同的需求，通常都會使用不同的檔案格式來儲存。這裡介紹一些常用的影像格式供各位參考：

AI 格式

Ai 為 Illustrator 軟體所專屬的向量格式，由 Adobe 公司所開發。在 Illustrator 軟體中將文件檔案儲存為 Ai 格式時，可以記錄所有工作區內的文件和圖層，對於利用軟體功能所繪製的造型圖案，在下回開啟檔案時還可以繼續利用該功能來編輯或修改。

PSD 格式

Psd 是 Photoshop 特有的檔案格式，能將 Photoshop 軟體中所有的相關資訊都保存下來，包含圖層、特別色、Alpha 色版、備註、校樣設定、或 ICC 描述檔等資訊。通常使用 Photoshop 軟體編輯合成影像時，都要儲存成該格式，以利將來圖檔的編修。在 Illustrator 軟體裡，可以直接利用「檔案 / 置入」指令來置入 Psd 格式，而 Illustrator 中所編輯的檔案則可利用「檔案 / 轉存」指令轉存成 Psd 格式，不同格式之間的互用與轉存，這對設計師來說相當地方便。

JPEG 格式

JPEG（Joint Photographic Experts Group）是由全球各地的影像處理專家所建立的靜態影像壓縮標準，可以將百萬色彩（24-bit color）壓縮成更有效率的影像圖檔，副檔名為 .jpg，由於是屬於破壞性壓縮的全彩影像格式，採用犧牲影像的品質來換得更大的壓縮空間，所以檔案容量比一般的圖檔格式來得小，也因為 jpg 有全彩顏色和檔案容量小的優點，所以非常適用於網頁及在螢幕上呈現的多媒體。

含有較多漸層色調的影像，適合選用 JPEG 格式

在儲存 jpg 格式時，使用者可以根據需求來設定品質的高低。以 Illustrator 為例，執行「檔案 / 轉存」指令即可選用「JPEG」的存檔類型，而選項設定中可設定 0 到 10 的品質，檔案量的大小也差距甚大，各位可以自行比較一下。

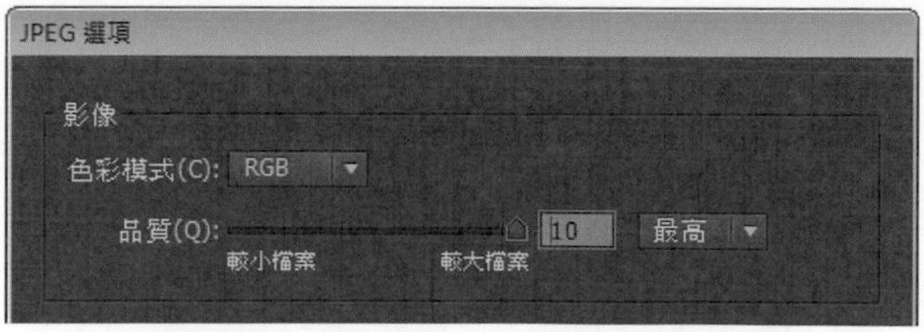

PNG 格式

PNG 格式是較晚開發的一種網頁影像格式，屬於一種非破壞性的影像壓縮格式，壓縮後的檔案量會比 JPG 來得大，但它具有全彩顏色的特點，能支援交錯圖的效果，又可製作透明背景的特性，且很多影像繪圖軟體和網頁設計軟體都支援，被使用率已相當的高。

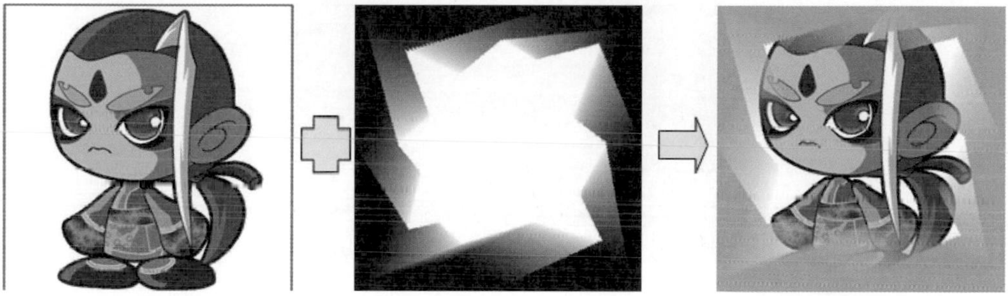

PNG 格式可以儲存具半透明效果的圖形

BMP 格式

BMP 格式是 Windows 系統之下的點陣圖格式，屬於非壓縮的影像類型，所以不會有失真的現象，大部份的影像繪圖軟體都支援此種格式。由於 PC 電腦和麥金塔電腦都支援此格式，所以早期從事多媒體製作時，幾乎都選用此種格式較多。

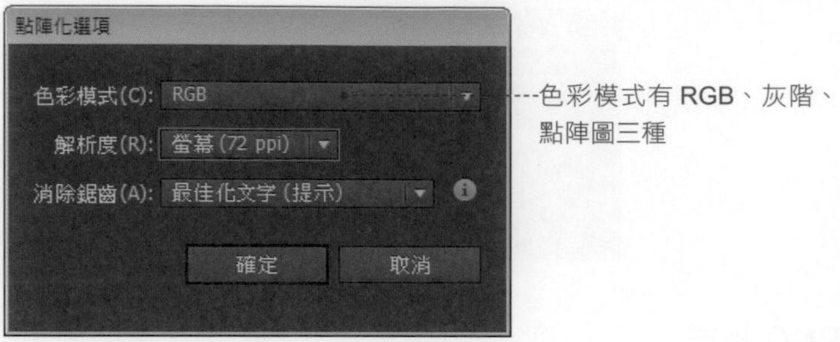

TIFF 格式

副檔名為 .tif，為非破壞性壓縮模式，其檔案量較大，用來作為不同軟體與平台交換傳輸圖片，或是作為文件排版軟體的專用格式。

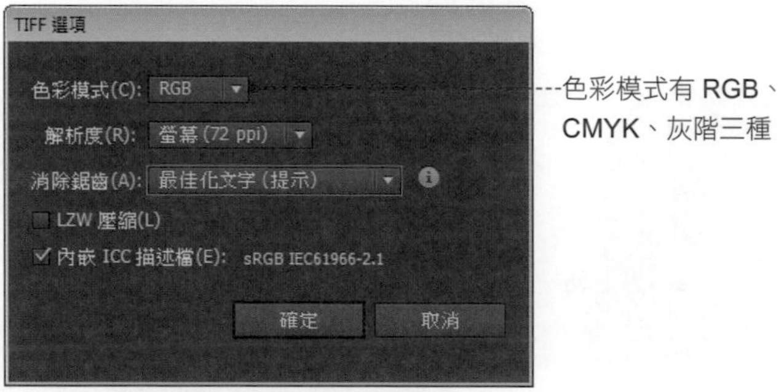

課後評量

一、是非題

(　　) 1. 點陣圖的圖形在放大後，仍維持平順的線條，不會有鋸齒狀。

(　　) 2. 點陣圖是由一格一格的小方塊所組合而成的，通稱為「像素」。

(　　) 3. Illustrator 是屬於點陣圖的影像編輯程式，沒有向量繪圖工具。

(　　) 4. 每一英吋內的像素粒子的密度越高，表示解析度越高，所以影像會越細緻。

(　　) 5. 向量圖以數學運算為基礎，所以它的檔案小、圖形經過多次縮放也不會有失真或變模糊的情形發生。

(　　) 6. 製作的文件若要做列印用途，必須選用 CMYK 的色彩模式。

二、選擇題

(　　) 1. 下列何者是向量式的繪圖軟體？
(A) Illustrator　(B) PhotoImpact
(C) PaintShop Pro　(D) Photoshop

(　　) 2. Illustrator 特有的物件檔案格式為：
(A) UFO　(B) PSD　(C) JPG　(D) AI

(　　) 3. 對於點陣圖的說明，下列何者有誤？
(A) 掃描器所掃描的影像，都屬於點陣圖
(B) 數位相機拍攝的影像為點陣圖
(C) 點陣圖放大後，可看到平滑的線條
(D) 點陣圖的解析度會影響畫面品質

(　　) 4. 下列何種格式是屬於破壞性的壓縮格式？
(A) PSD　(B) PNG　(C) BMP　(D) JPEG

三、簡答題

1. 請簡要說明 RGB 與 CMYK 色彩模式的差異性。

MEMO

02 CHAPTER 認識 Illustrator CS6

學習指引

Adobe Master Collection CS6 是一套跨媒體設計的套裝軟體，透過軟體之間的緊密整合工具，讓設計者可以針對平面設計、版面編排、網頁設計、互動式動畫或視訊，進行豐富的內容設計，不但提供直覺式的使用者介面，只要學會其中一套軟體，其他軟體就很容易上手。

本書主要針對 Illustrator CS6 作介紹，由於它是透過數學公式的運算來顯示點線面，繪製的造型不管放多大的比例，都不會有失真或鋸齒狀的情況發生，而且檔案量也很小，因此成為美術設計師所必備的向量式繪圖軟體。軟體提供簡捷的工作方式，讓使用者可以針對個人工作的重點，選擇列印校樣、印刷樣式、描圖、網頁、繪圖…等工作環境，不但大大提升設計者的生產力，而且允許設計者以全新的方式表現創意。因此不管是插畫設計師、美術設計師，或是網頁設計師，都可以用更直覺的方式來編輯或設計版面。

本章將針對 Illustrator 的視窗環境作介紹，另外包含面板的操作、工具、設計小幫手等功能作說明，讓各位新手在以後的學習過程更輕鬆上手。

2-1 視窗環境介紹

首先請各位執行「Adobe Illustrator CS6」程式，映入眼簾的是如下圖的灰色介面。

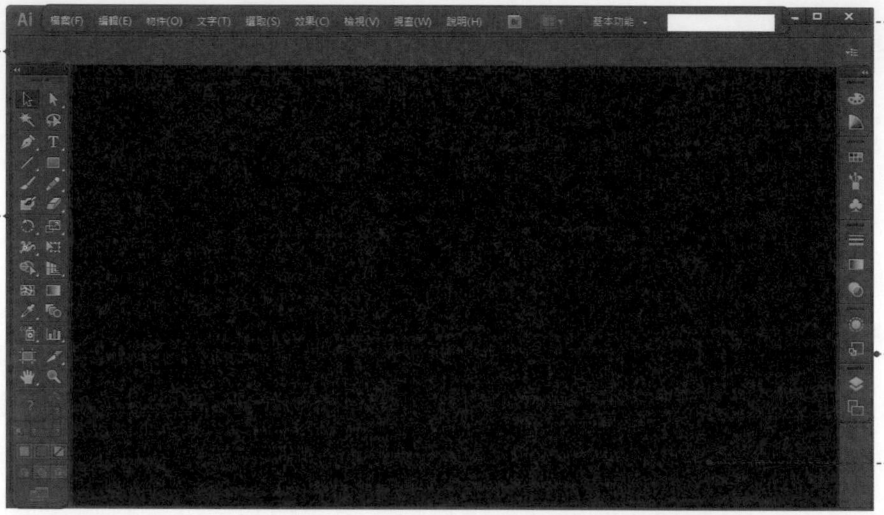

在預設的狀態下，由於工作區裡尚未開啟任何新舊檔案，所以呈現黑色，請各位先執行「檔案 / 開啟舊檔」指令，使開啟現有的 Ai 檔。

1

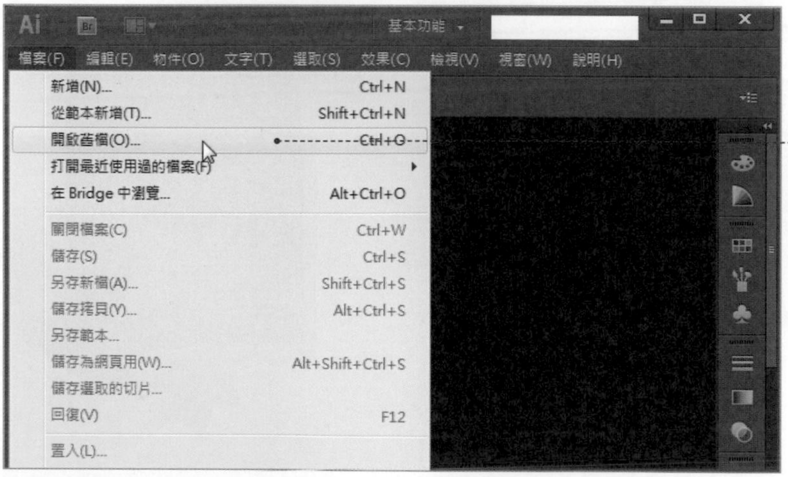

2

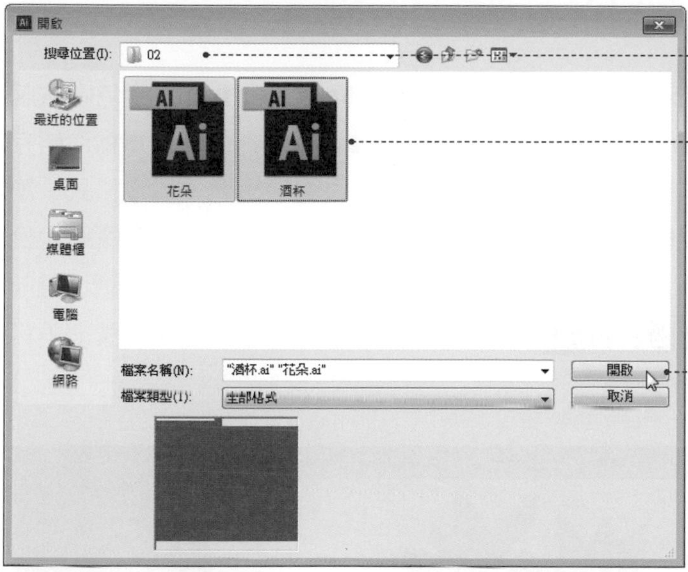

❶ 點選檔案資料夾

❷ 加按「Shift」鍵，使選取此二檔案

❸ 按下「開啟」鈕，使顯示完整的視窗介面

文件視窗　文件編輯區域

3

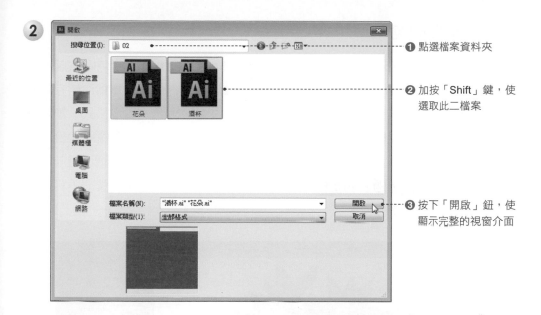

接下來我們依序為各位介紹 Illustrator 的視窗環境。

2-1-1 文件視窗

文件視窗主要顯示文件編輯的區域範圍，位在視窗中央的白色區域就是原先所設定的文件尺寸，而外圍的灰色區域則稱為「畫布」，可作為物件暫存或編輯的區域。視窗的左上方稱為「索引標籤」，用來顯示檔名、檔案格式、顯示比例、色彩模式、檢視模式、及關閉文件視窗鈕。視窗下方則包含檢視比例、工作區域導覽列、以及狀態列的顯示。其中的狀態列在預設狀態是顯示目前的工具，不過各位可以透過右側 ▶ 的控制，來顯示成「工作區域名稱」、「日期與時間」、或「還原次數」。

2-1-2 功能表列

功能表列是將 Illustrator 中的各項功能指令分門別類的存放在檔案、編輯、物件、文字、選取、效果、檢視、視窗、說明等九大類中，方便使用者選用。此外，功能表列的右側還包括了如下三個功能。

跳到 Bridge

按下 Br 鈕將啟動 Adobe Bridge 程式，這是針對 Adobe 家族產品所開發的瀏覽程式，方便使用者管理個人的數位影像或檔案資產。

由此切換資料夾

❷ 按滑鼠右鍵於縮圖上，可以選擇開啟、轉存、或標籤檔案

排列文件

當視窗中有多個文件同時被開啟時，可以透過 鈕下拉來選擇文件的排列方式，如此一來可同時看到多個文件。若要將某個文件中的插圖複製到編輯的視窗中，只要利用拖曳的方式就可辦到。

目前設為 2 欄式的文件排列方式

工作區域的切換與新增

使用者可以針對個人的工作需求，選擇最適切的工作區域。因為不同的工作者所使用的功能與面板皆不相同，在 Illustrator 中已預設了列印和校樣、印刷樣式、基本功能、描圖、版面、網頁、繪圖、自動等工作區域，各位可直接下拉作選擇。

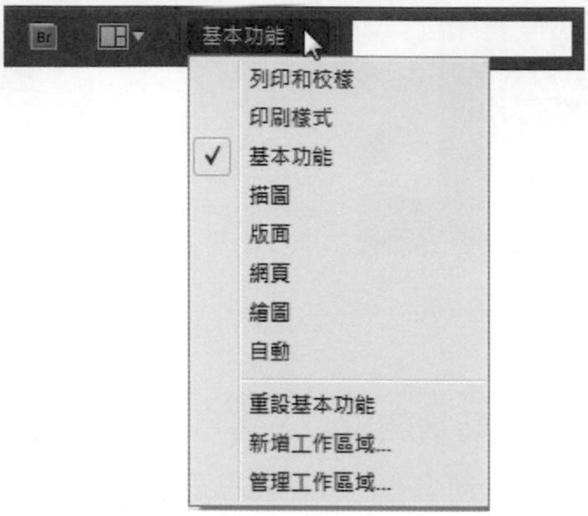

如果還有其他特別的需求，也可以利用選單中的「新增工作區域」來新增。設定方式如下：

1

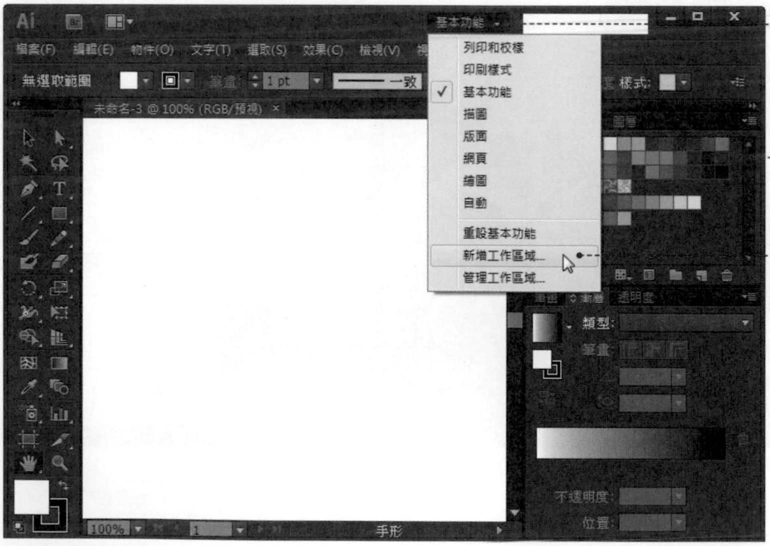

2
新增工作區域
名稱(N): May的工作區域
確定
取消
❶ 輸入新的工作區域名稱
❷ 按下「確定」鈕離開

3
May的工作區域
檔案(F) 編輯(E) 物件(O) 文字(T) 選取(S)
無選取範圍
1 pt
未命名-3 @ 100% (RGB/預視)
May的工作區域
列印和校樣
印刷樣式
基本功能
描圖
版面
網頁
繪圖
自動
重設May的工作區域
新增工作區域...
管理工作區域...
不透明度
100%
瞧！切換到剛剛新設定的工作區域了
工作區域若弄亂了，隨時下拉選此項，可回復到原先設定的狀態

如要刪除自訂的工作區域，可下拉選擇「管理工作區域」指令，再到如下視窗中作刪除。

管理工作區域
May的工作區域
May的工作區域
刪除工作區域
確定
取消
❶ 點選要刪除的工作區域名稱
❷ 按此鈕刪除工作區域
❸ 按「確定」鈕離開即可

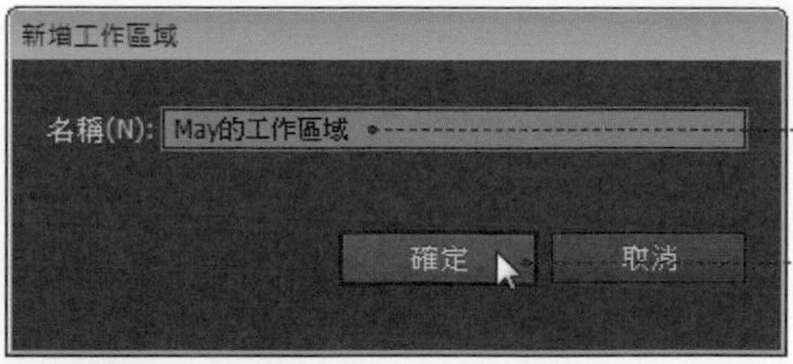

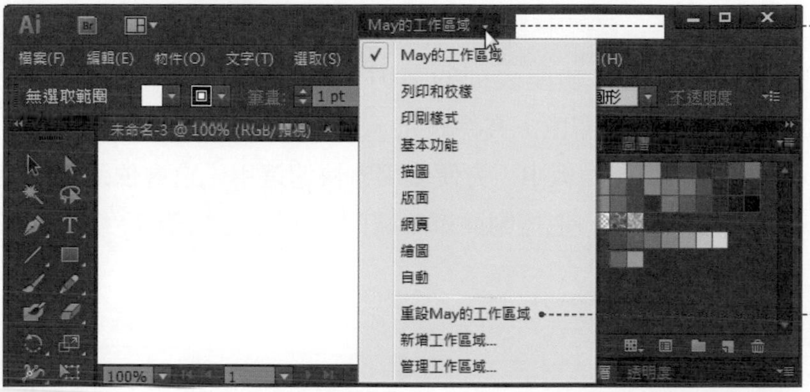

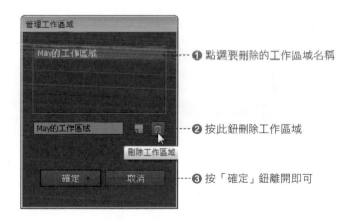

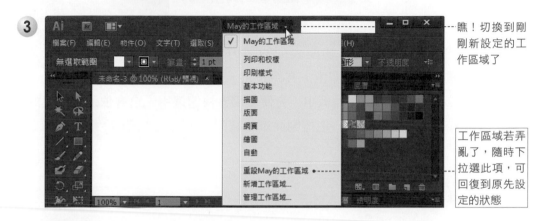

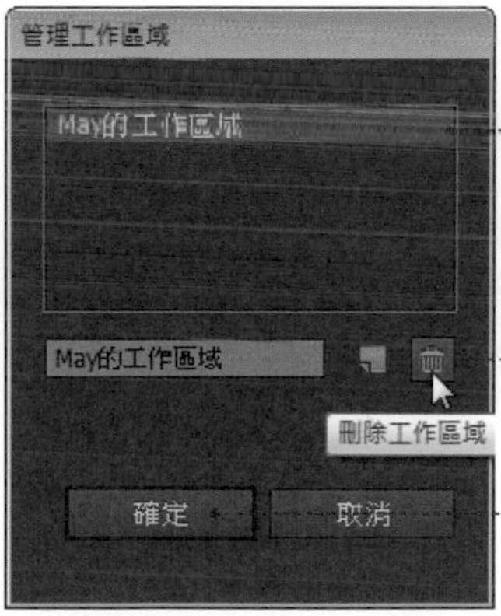

2-1-3 工具與控制面板

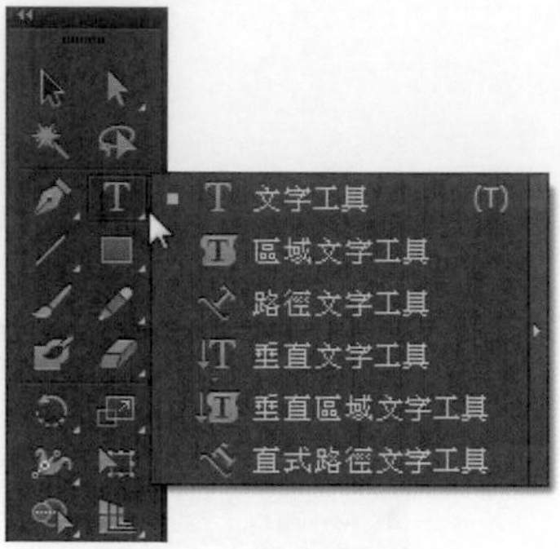

工具位在視窗的左側，提供多達八十多種的工具按鈕，對於同類型的工具鈕會放在同一個位置上，透過按鈕右下角的三角形，即可作切換。如圖所示，按下「文字工具」鈕可看到同類型的文字工具共有六種。

「控制」面板位在功能表列的下方，將常用的填色、筆畫、不透明度、文件設定、偏好設定、樣示…等功能列在面板中，方便使用者快速選用。它會依選用工具的不同而略有差異，如果不小心把控制面板給關閉了，可從「視窗 / 控制」指令再次叫出。

2-1-4 面板群組

Illustrator 是功能非常強的向量繪圖軟體，它將各種功能指令分門別類，以面板的方式群組在一起，目前現有的面板就多達三十多種。常用的面板可以將它依附在視窗右側，透過標籤名稱讓使用者快速切換，較不常用的面板則可隱藏起來，要使用時再透過「視窗」功能表作勾選就可以了。如圖示：

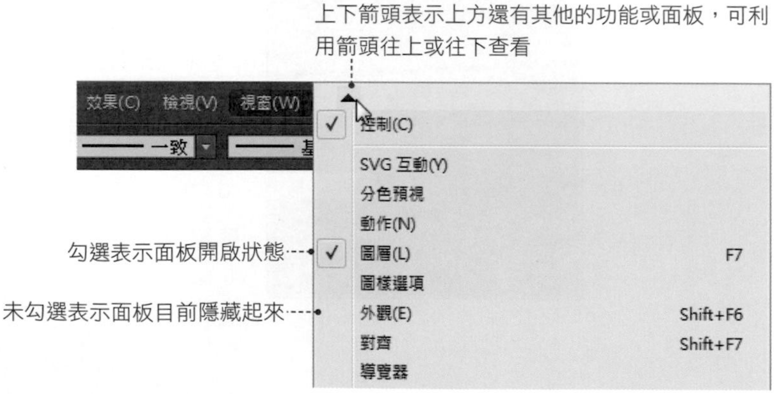

2-2 面板操作技巧

剛剛提到，Illustrator 所提供的面板多達三十多種，那麼該如何善用這些面板，又不會占據太多的視窗版面而影響到文件的編輯，這裡就告訴各位一些小技巧。

2-2-1 將面板收合為圖示鈕

按滑鼠兩下在面板上方的灰色處，可以控制面板的展開或收合成只顯示圖示鈕的狀態。

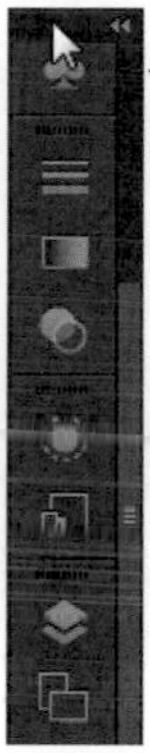

按此處兩下，即可收合成圖示鈕或展開成面板

2-2-2 將面板顯示為圖示鈕 + 名稱

如果各位記不住各圖示鈕所代表的含意，可以拖曳圖示鈕左側的邊框，它會出現面板的名稱，這樣也不會占用太多的視窗範圍。

拖曳左邊界，可以顯示成圖示鈕 + 面板名稱

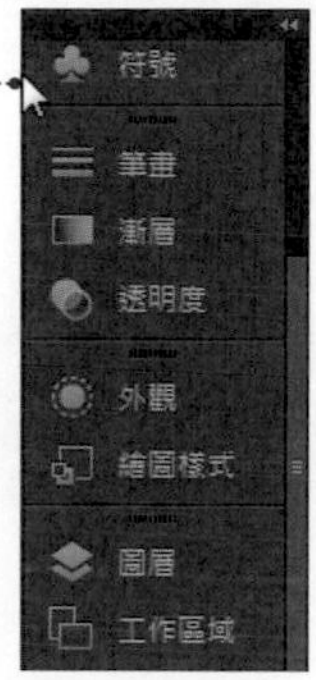

2-2-3 切換與顯示面板功能

當各位需要使用某項面板功能，只要利用滑鼠點選，即可展開面板。

1

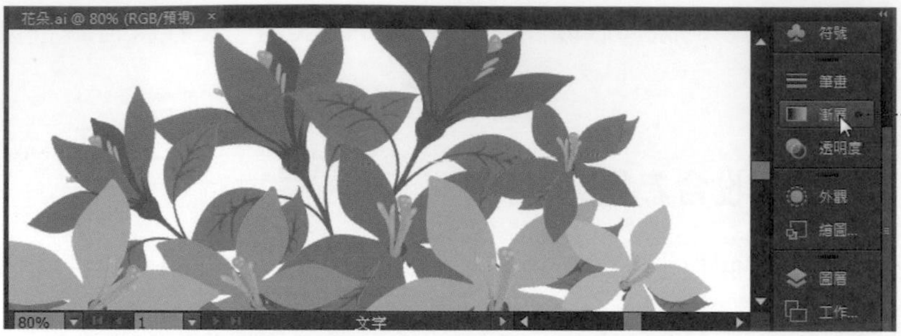

2

如果各位原先的面板就是呈現展開的狀態，那麼點選面板名稱即可切換並展開面板。

1

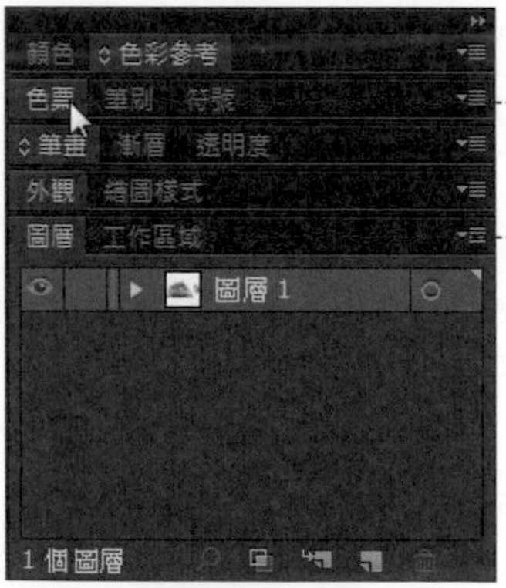

2

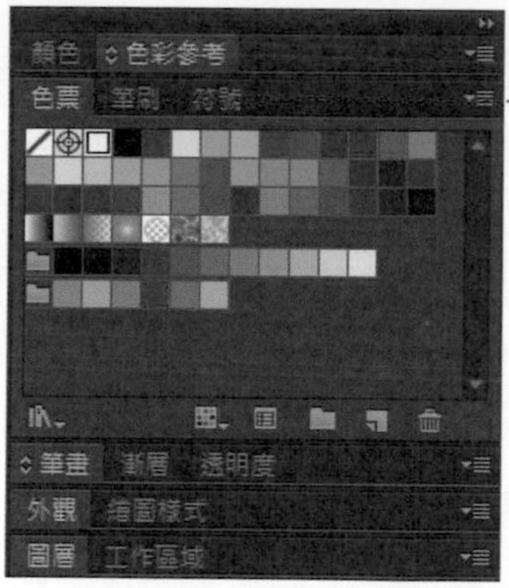

瞧！圖層面板隱藏起來了，現在展開的是「色票」面板

2-2-4 開啟其他面板與群組面板

萬一右側的面板中沒有各位要使用的面板，那麼就從「視窗」功能表中勾選要使用的面板名稱就行了。若要將開啟的面板與右側的面板群組在一起，只要利用滑鼠作拖曳就可辦到。

1

執行「視窗 / 變形」指令開啟此面板，拖曳「變形」的標籤名稱到右側的「色彩參考」標籤旁邊

2

瞧！「變形」面板嵌入面板群組中了

2-3 工具的使用

前面我們提過，左側的「工具」提供多達八十多種的工具按鈕，若要一一介紹各工具的使用技巧並不容易，所以此處僅針對共通性的部份作說明，各工具鈕的使用技巧則留到各章節中再仔細作說明。

2-3-1 色彩的設定與選用

在工具的下方，各位會看到如下的色彩設定，在此說明如下：

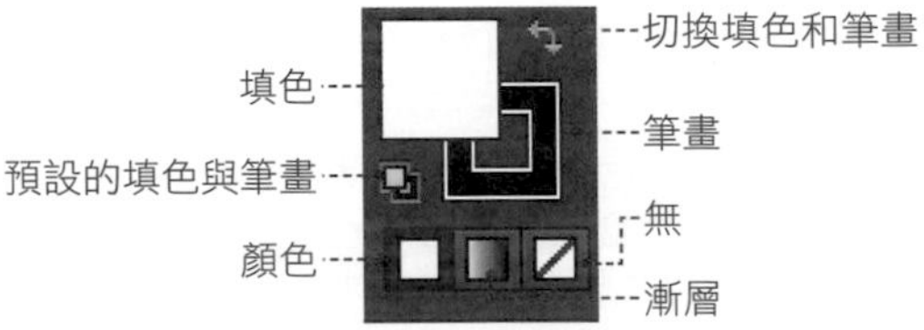

設定顏色

在 Illustrator 中，預設的填色為白色，筆畫為黑色，所以當各位按下工具中的鈕，它會呈現如上的白色色塊和黑色框線。若各位要設定填滿的顏色，請按滑鼠兩下於「填色」的色塊上，就可以進入檢色器中作色彩的設定。

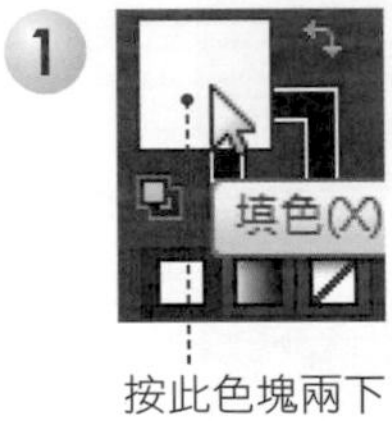

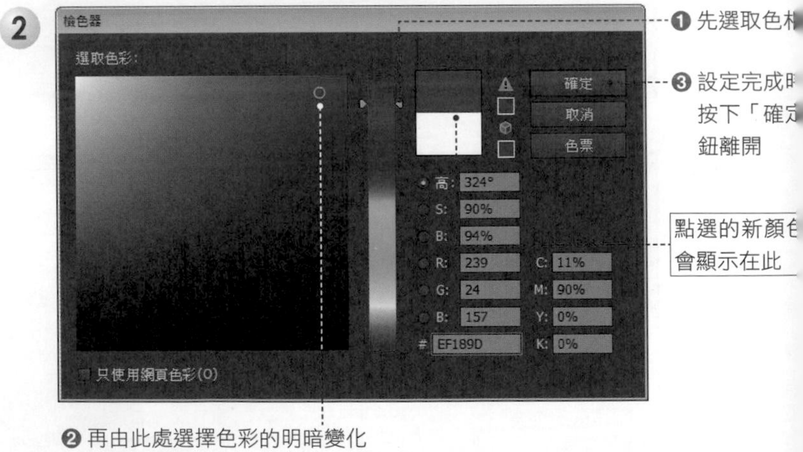

3

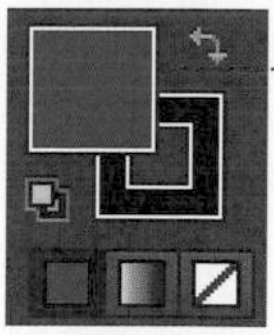
瞧！填色的色彩已更新

設定顏色時，「檢色器」的視窗中若出現 ⚠ 符號，表示該顏色無法以列表機列印出來，而 符號表示該色彩並非是網頁安全色。所以當各位所作的文件是要用在網頁上或是印刷出版時，請先按一下該圖示，軟體就會自動找到最相近的顏色。

如果要設定筆畫的色彩，請利用滑鼠按一下「筆畫」，它會將框線顯示在填色的色塊之上，同樣按兩下即可進入「檢色器」中設定框線的色彩。

1

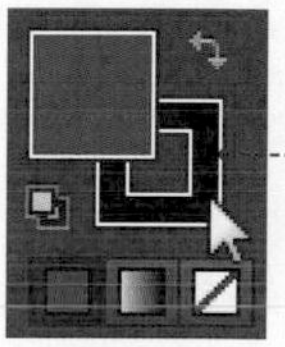
按一下筆畫

2

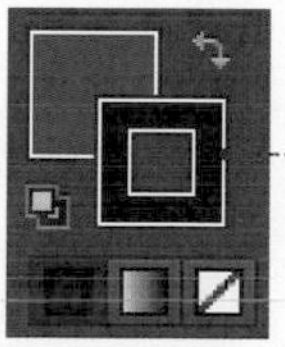
瞧！框線在上層了，按滑鼠兩下就可以設定筆畫色彩

設定漸層色

除了設定單一顏色外，透過工具也可以選用漸層的填色或筆畫。

1

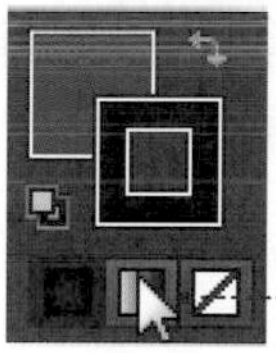
按此鈕

2

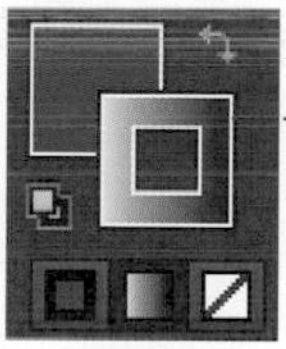
瞧！上層的「筆畫」已變成漸層，同時自動顯示「漸層」面板，可由「漸層」面板設定漸層顏色

設定色彩為無

不管是想要將「填色」或「筆畫」設為「無」，只要按下 ⧄ 鈕就行了。

1

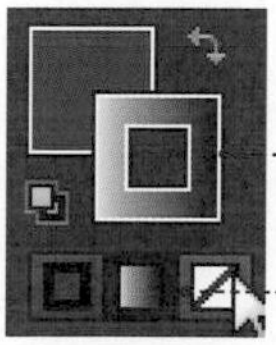
❶ 點選筆畫，使筆畫顯示在上層
❷ 按下此鈕將筆畫設為無

2

瞧！筆畫變無色了

2-3-2 設定繪製模式

工具下方提供如下三種的繪製模式：

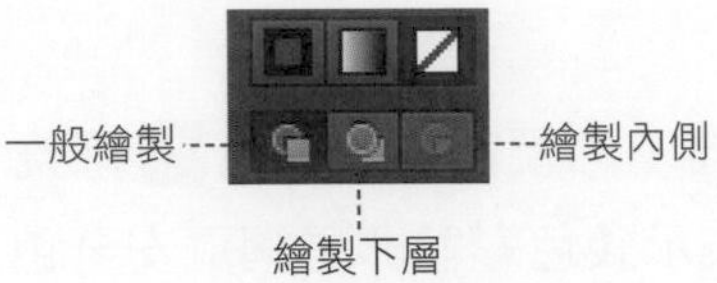

預設值是設定在「一般繪製」，也就是說後繪製的圖形物件會堆疊在前面繪製圖形的上層。如果選用「繪製下層」的繪製方式，那麼後繪製的圖形物件會自動放置在前面繪製圖形的下方。

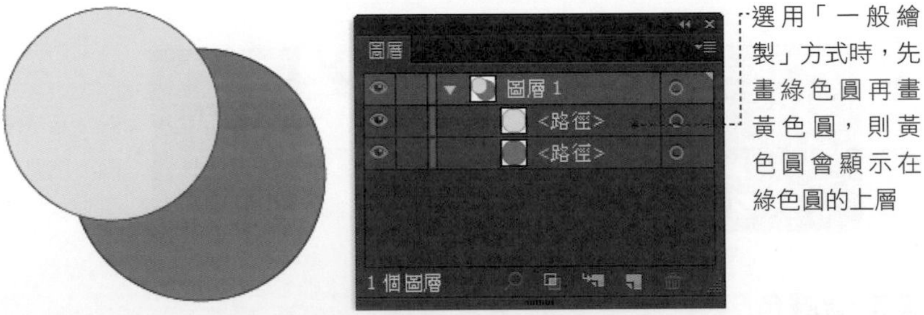

如果選用「繪製內側」的方式則不同於前兩者。如下圖所示，先以「一般繪製」方式繪製綠色，切換到「繪製內側」後再繪製黃色，它會形成剪裁路徑的效果。

2-3-3 變更螢幕模式

在工具的最下方提供三種螢幕模式：

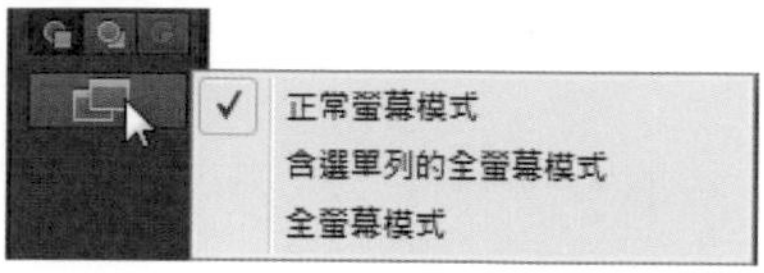

預設值是顯示「正常螢幕模式」，此模式中會顯示功能表列、工具面板、控制面板、面板群組、狀態列、工作區等內容，也就是各位平常所看到的視窗介面。如選擇「含選單列的全螢幕模式」，它會提供較大的文件編輯區域，視窗會蓋住 Windows 桌面及工作列，而預設的面板則以浮動的方式呈現。若是選用「全螢幕模式」，那麼視窗上只會顯示狀態列、工作區、水平捲動軸、垂直捲動軸，當各位將滑鼠移到螢幕左 / 右側的邊界處，它會自動顯示工具面板或面板群組，而按「Esc」鍵則會跳回正常的螢幕模式。

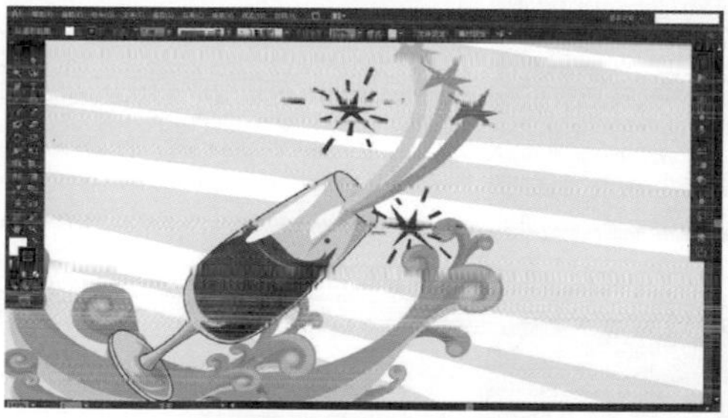
含選單列的全螢幕模式

全螢幕模式

2-3-4 工具設定與工具選項設定

當各位選用工具鈕來繪製造形時，諸如：螺旋工具、矩形工具、圓角矩形工具、橢圓形工具、多邊形工具、星形工具、反射工具等，只要選定工具鈕後在文件上按一下左鍵，就會跳出視窗來讓使用者設定特定的寬高或半徑…等屬性。

1

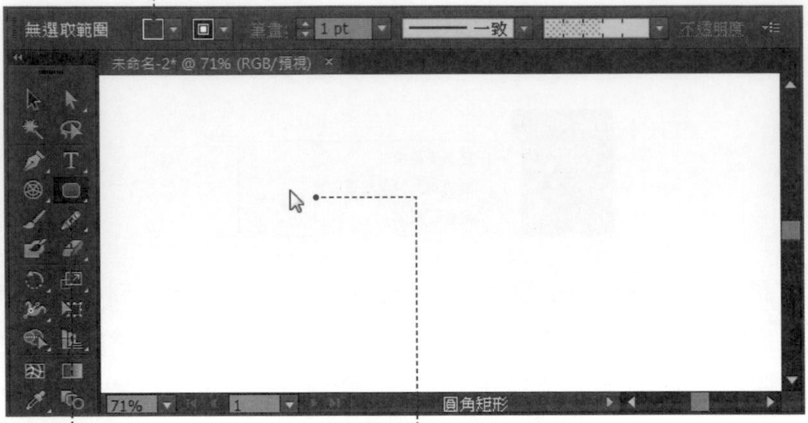

2

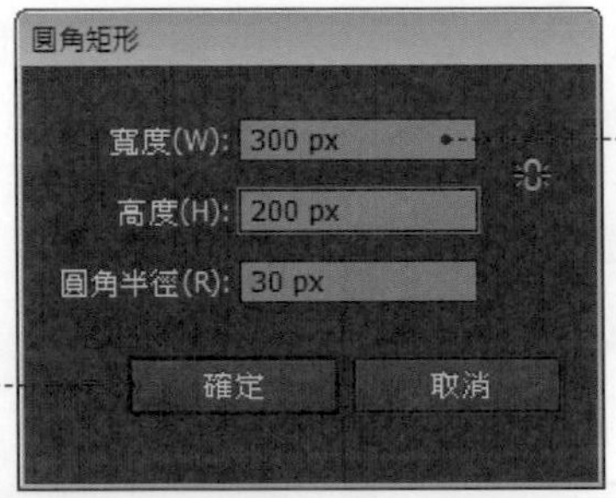

3

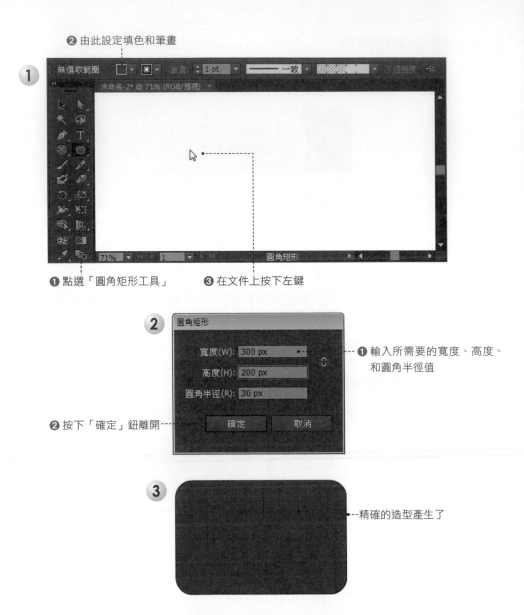

部分工具鈕則是按滑鼠兩下在工具鈕上，它會顯示工具選項視窗，諸如：線段區段工具、弧形工具、矩形格線工具、放射網路工具、繪圖筆刷工具、鉛筆工具、平滑工具、點滴筆刷工具、橡皮擦工具、旋轉工具、縮放工具、符號噴灑器工具、圖表工具等皆屬之。

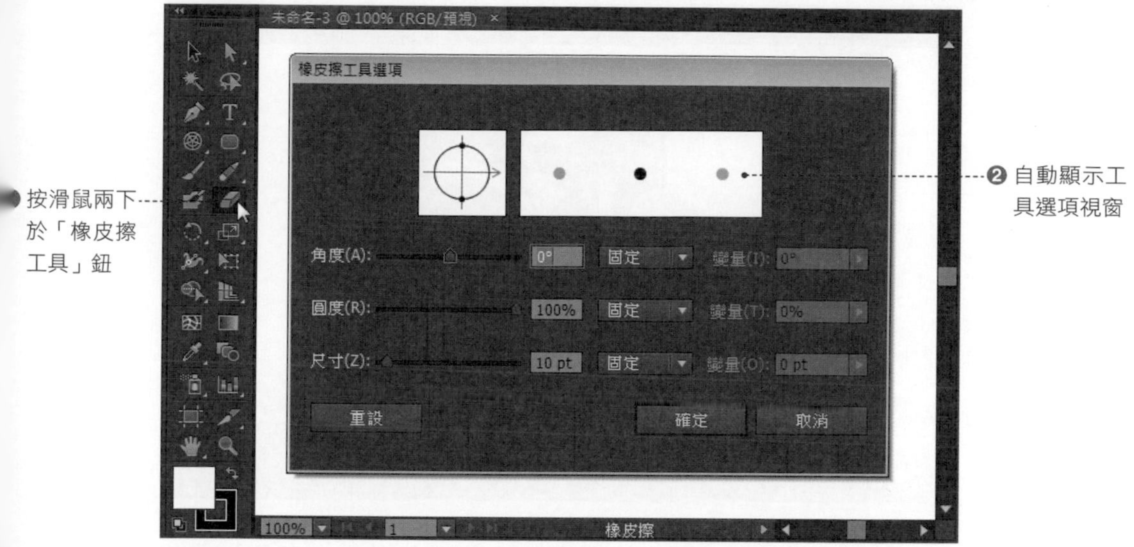

2-4 設計小幫手

在設計文件時，經常需要用到丈量的工具，以便設定精確的尺寸，或是需要做對齊的處理，那麼一些設計的小幫手就可以派上用場，諸如：尺標、參考線、格點等，這裡就針對這幾項工具作說明。

2-4-1 尺標

尺標有「垂直尺標」和「水平尺標」兩種，在 Illustrator 中執行「檢視 / 尺標 / 顯示尺標」指令，就會在文件的上方看到水平尺標，而左側看到垂直尺標。

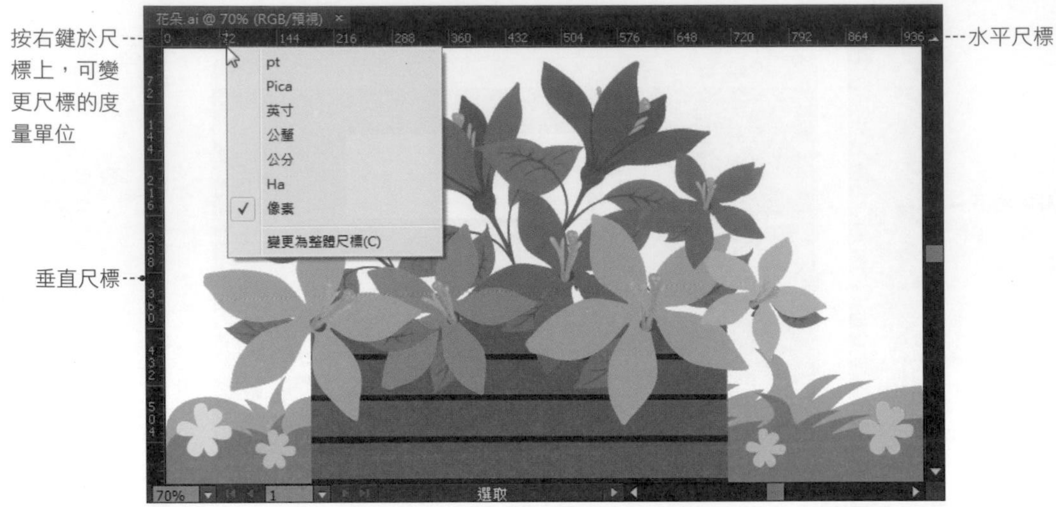

針對文件設計類型的不同，各位可以按右鍵在尺標上選擇適當的丈量單位。以印刷文件為例，可以選擇「公釐」或「公分」作為單位，若是網頁用途，則可以選用「像素」作為單位。

尺標預設的原點（0,0）在左上角處，不過使用者可以根據需要來改變原點的位置。修正方式如下：

2

將滑鼠拖曳到此後，放開滑鼠

3

瞧！尺標原點的位置改變了
尺標原點若要重設，可按此處兩下

尺標若不需要使用時，可執行「檢視 / 尺標 / 隱藏尺標」指令將它關閉。

2-4-2 參考線

參考線就是作為參考的線條，方便作版面區塊的切割或作為物件對齊的基準。只要尺標已顯示的狀態下，由水平尺標往下拖曳，或由垂直尺標往右拖曳到文件上，就可以產生參考線。若要刪除多餘的參考線，利用「直接選取工具」 選取後再按「Delete」鍵就可以了。

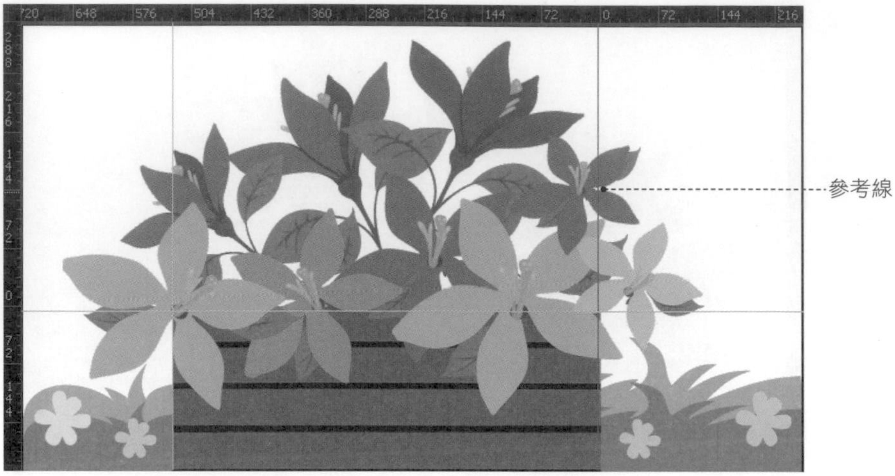

如果預設的參考線與文件色彩相近，想要更換參考線的色彩，可執行「編輯 / 偏好設定 / 參考線及格點」指令。如圖示：

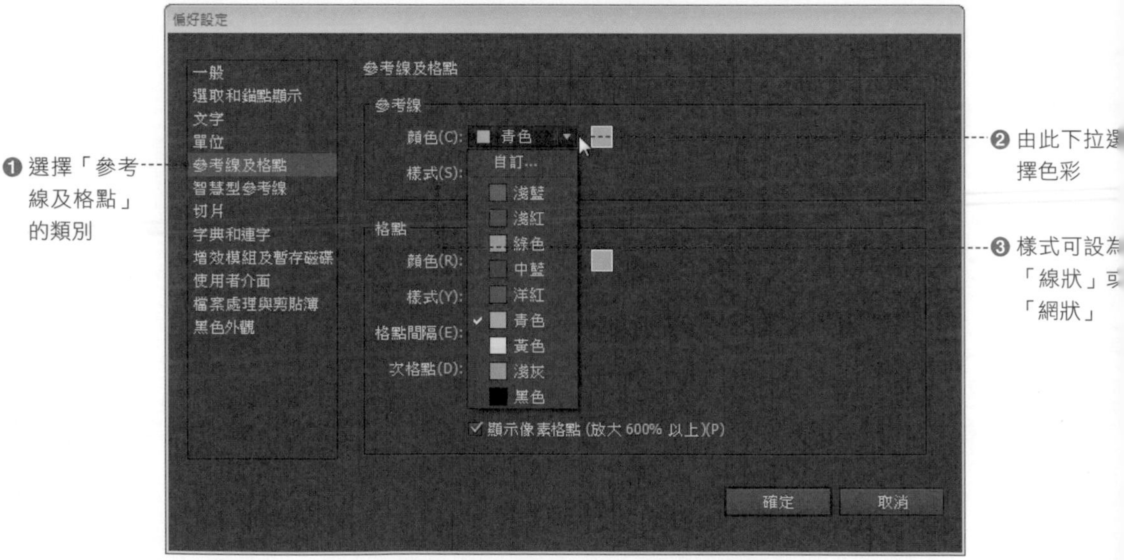

除了上述的參考線外，Illustrator 還有一種智慧型參考線，當各位有勾選「檢視 / 智慧型參考線」的功能，那麼在移動物件或造型時，它會隨時顯示錨點、路徑、度量標示等相關資訊。若要設定智慧型參考線的相關選項，則可透過「編輯 / 偏好設定 / 智慧型參考線」指令來設定。

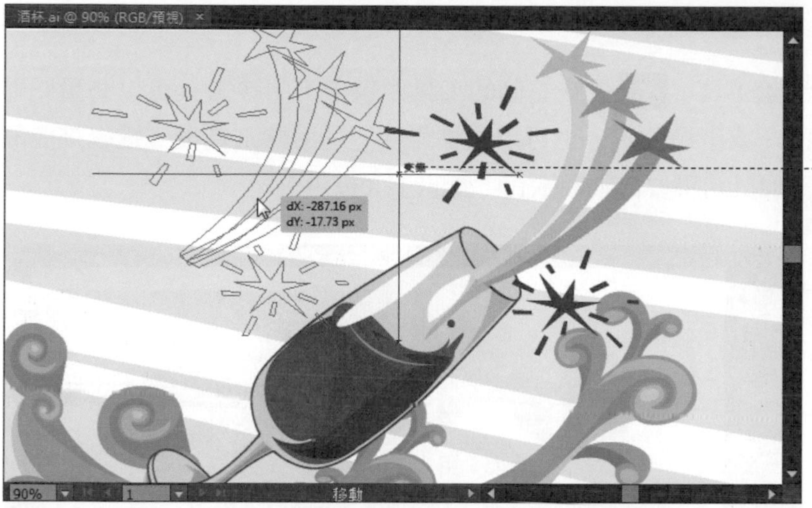

目前紅色的線條即為智慧型參考線

2-4-3 格點

格點的作用就像方格紙一樣，對於對稱式的圖形，透過格狀的線條可以快速的做對齊，執行「檢視 / 顯示格點」指令可在文件上看到灰色交織而成的線條。在移動物件時，若要快速作圖形的對齊，可勾選「檢視 / 靠齊格點」指令。如果想要設定格點的顏色、樣式、間距、或次格點的數目，可利用「編輯 / 偏好設定 / 參考線及網格」指令做設定。

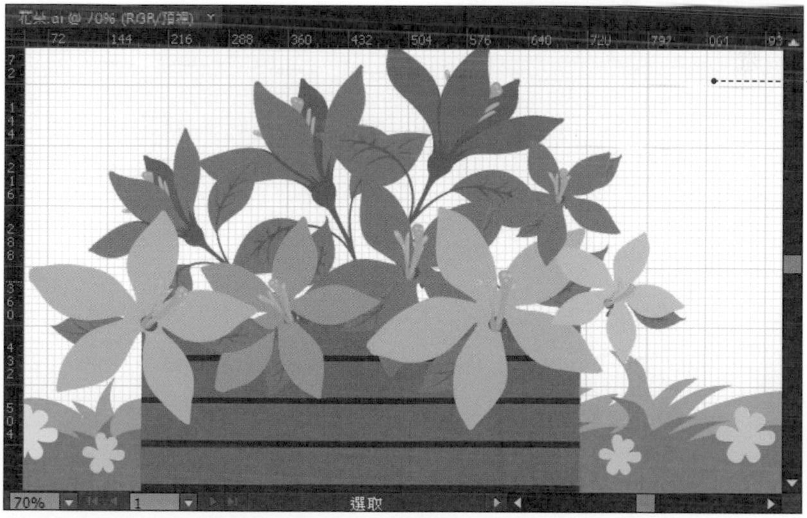

預設的格點為灰色

2-4-4 測量工具

「測量工具」 位在左側的工具面板中，由該工具可以測量圖形或物件的寬、高、或座標位置，也可以測量角度。選用該工具後，透過拖曳的方式即可測量，而其結果會自動顯示在「資訊」面板中。

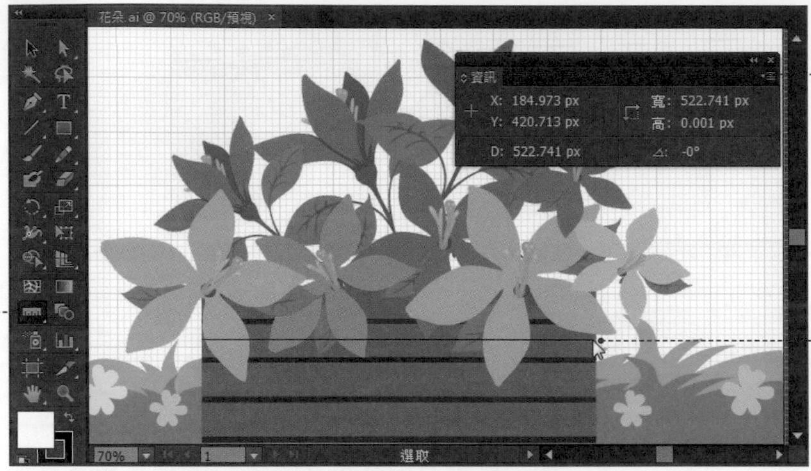

課後評量

一、是非題

(　　) 1. 狀態列上只會顯示目前選取的工具，無法顯示其他資訊。

(　　) 2. Bridge 程式是 Adobe 家族產品所共用的瀏覽程式。

(　　) 3. 自己常用的功能面板，也可以將它們儲存成個人常用的工作區域。

(　　) 4. 工作區域新增之後若要刪除，必須透過「管理工作區域」的指令來處理。

(　　) 5.「控制」面板位在視窗正上方，只提供繪圖工具的控制。

(　　) 6. 面板群組可以收合成只顯示圖示鈕。

(　　) 7. 在 Illustrator 繪製圖案時，一般繪製時會將後繪製的圖形物件堆疊在前面繪製圖形的上層。

(　　) 8. 在工具面板上也可以設定螢幕的顯示方式。

二、選擇題

(　　) 1. 下列何者不是設計時會用到的輔助工具？

(A) 尺標　(B) 測量工具　(C) 格點　(D) 方格紙

(　　) 2. 下列何者不是文件視窗所包含的內容？

(A) 狀態列　(B) 文件編輯區域　(C) 導覽視窗　(D) 畫布

(　　) 3. 對於面板群組的說明，下列何者不正確？

(A) Illustrator 現有的面板有三十多種

(B) 面板通常依附在視窗右側

(C) 隱藏起來的面板可利用「檢視」功能表開啟

(D) 透過標籤名稱可快速切換面板

(　　) 4. 對於工具下方的色彩設定，下列何者說明不正確？

(A) 可設定填滿單色　(B) 可設定筆畫的漸層色

(C) 可設定為無填色　(D) 可設定筆畫的寬度

( ) 5. 檢色器中若出現⚠符號，此符號表示什麼？

(A) 該顏色無法以列表機列印出來

(B) 該色彩非式網頁安全色

(C) 該顏色會褪色

(D) 該顏色要送印刷廠才可印出

三、簡答題

1. 請將工作區域設定為繪圖設計師常用的工作區域。

2. 請在 Illustrator 軟體中開啟尺標，並將度量單位設為「公釐」。

03 CHAPTER Illustrator 操作技巧

學習指引

在前面的章節中，各位已經熟悉 Illustrator 的視窗環境、工具、面板的基本操作，接下來的章節則要實際進入文件的設定與編輯，包括如何新增文件、文件的開啟、工作區域的增減、物件的選取 / 編輯、圖層的使用、以及檔案的儲存等。有了良好的操作概念，才能奠定成功的基礎。

Illustrator 的選取技巧

3-1 建立新文件

要從無到有設計出作品來，首先就是開啟新的文件。各位可別小看這個動作，因為必須針對文件的用途來設定文件的尺寸、方向、解析度、數量、甚至是出血值。一般來說，以 Illustrator 設計的文件有可能用在以下兩種用途：一個是印刷出版，另一個則是以螢幕呈現。

印刷出版

假如設計的文件是要送到印刷廠印刷出版，通常要選用 CMYK 的色彩模式，而且解析度也要設在 300 像素 / 英吋才行，這樣才能透過青（Cyan）、洋紅（Magenta）、黃（Yellow）、黑（Bkack）四種油墨色料來調配出各種的色彩。如果印刷品的背景並非白色，為了避免裁切紙張時，因為裁刀位置的不夠精確而留下原紙張的白色，因此通常都要在設計尺寸之外加大填滿底色的區域範圍，這就是所謂的「出血」設定，出血值一般設定為 3mm 或 5mm。

螢幕呈現

除了印刷用途之外，如果完成的文件是要以網頁的方式呈現，或是作為視訊的影片之用，或是要放置在 iPad、iPhone 等裝置上，那麼都可算是以螢幕的方式來呈現。由於螢幕的解析度最高只能顯示 72 ppi，即便畫面的品質高於 72 ppi 也無法顯示出來，因此以螢幕呈現的文件只要設定為 72 ppi 就可以了。

對於文件的用途有所了解後，現在試著新增一份包含 4 頁、B5 大小的印刷文件。

1

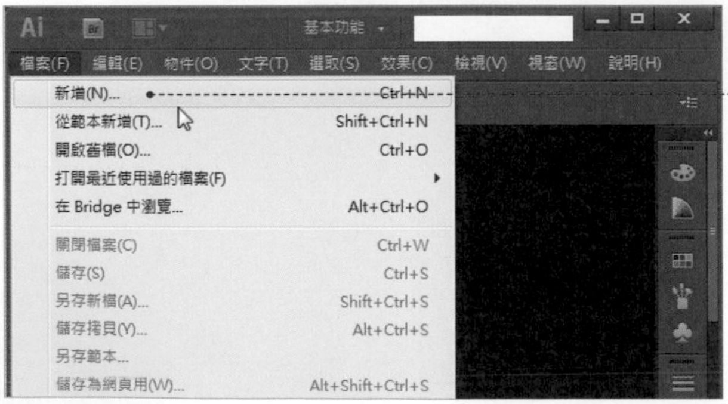

執行「檔案 / 新增」指令使進入下圖視窗

2

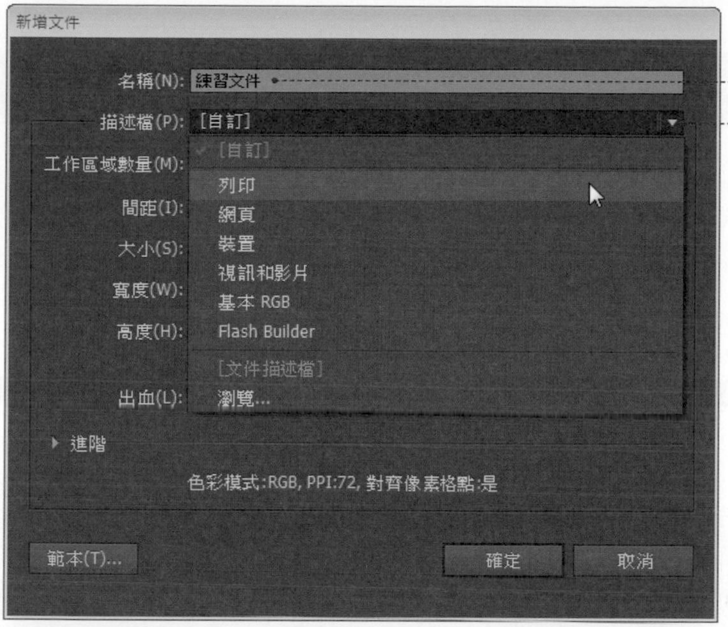

❶ 輸入文件名稱

❷ 由「描述檔」下拉選擇「列印」

3

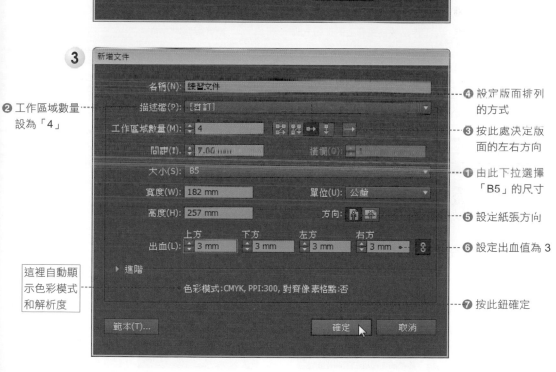

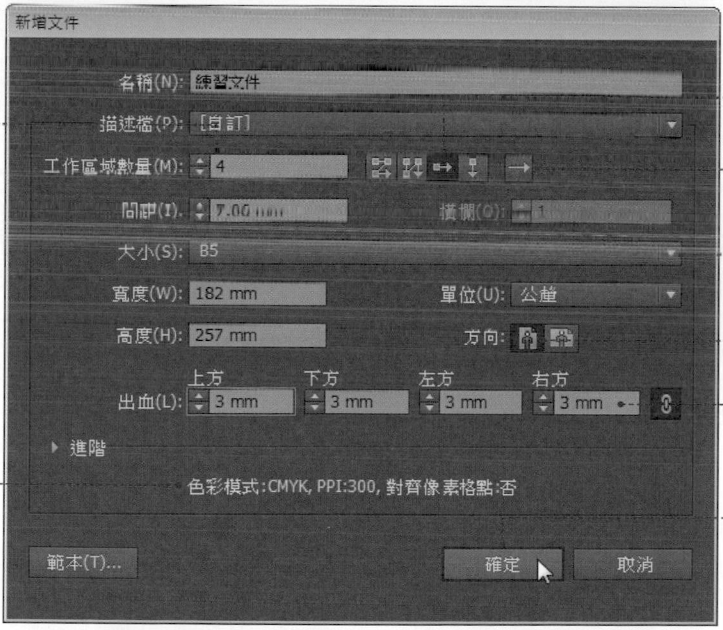

❷ 工作區域數量設為「4」

這裡自動顯示色彩模式和解析度

❹ 設定版面排列的方式

❸ 按此處決定版面的左右方向

❶ 由此下拉選擇「B5」的尺寸

❺ 設定紙張方向

❻ 設定出血值為 3

❼ 按此鈕確定

4

顯示 4 頁的 B5 文件
紅色線框就是出血的部分

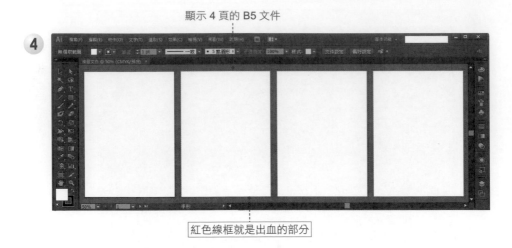

　　在「新增文件」視窗中，如果設定的工作區域數量不只一頁時，各位會在其右側看到兩項設定，在此說明如下：

工作區域在畫布上的排列方式
變更版面的方向
工作區域數量(M): 2

變更版面的方向

　　以書報刊物為例，版面閱讀的方向大致上分為兩種：一種是由左至右的閱讀版面，這類型的雜誌大多是採用橫排的文字方向，另一種則是由右向左的閱讀版面，大多用於直排的文字方向。當各位新增的頁面（工作區域）不只一頁時，就可以透過 → 和 ← 鈕來決定版面的編排方向。

工作區域在畫布上的排列方式

　　視窗中提供四種頁面的排列方式，它會依據選擇的版面方向的不同，而顯示不同方向的排列方式。如下圖示：

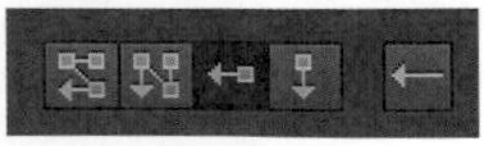

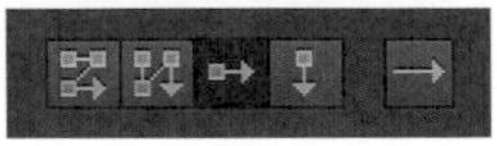

3-2 儲存文件

雖然只是建立了空白的文件，我們還是先將文件儲存起來。對於尚未儲存過的文件，請執行「檔案 / 儲存」指令就會進入下圖視窗，由於新增文件時已經替文件命名，所以直接按下「存檔」鈕兩次儲存檔案就可以了。

❶ 設定存放的位置

❷ 存檔類型設在「AI」

❸ 按此鈕存檔

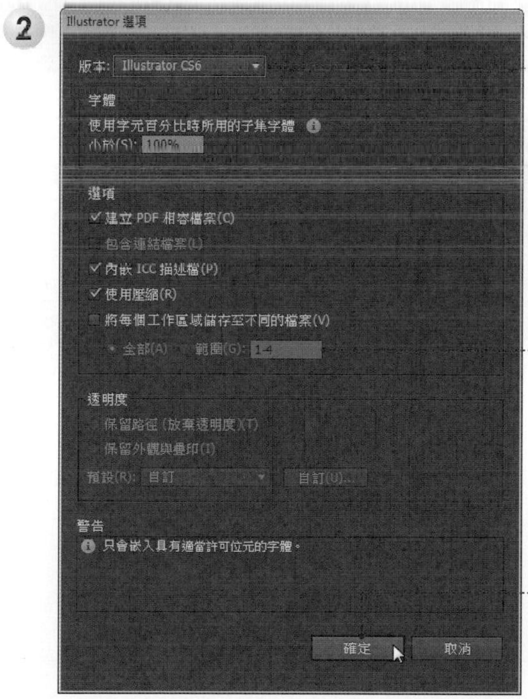

如果希望檔案可以在較早的 Illustrator 版本中開啟，可以由此選擇儲存的版本

如果需要將每個工作區域都各別儲存，可以勾選此項

按「確定」鈕完成儲存動作

雖然在儲存檔案時，可以由「存檔類型」中選擇 PDF、EPS、AIT、FXG、SVG、SVGZ 等格式，不過 AI 格式是 Illustrator 的特有檔案格式，可以保留 Illustrator 所有的檔案資料及工作區域，方便將來的編修，所以通常原始的 AI 格式一定要保留下來。

3-3 從範本新增

除了從無到有建立新文件外，Illustrator 也有提供一些範本類型可供選用，諸如：日式範本、空白範本、科技、俱樂部、鬼靈精造形、影片等。各位也可以開啟來瞧瞧！

1

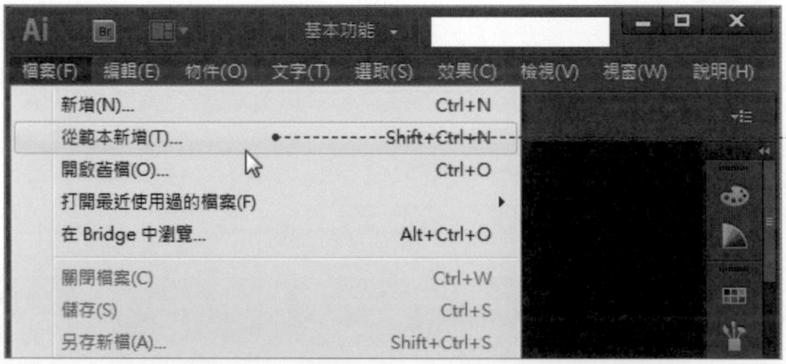
執行「檔案 / 從範本新增」指令

2

❶ 選擇「範本 / 日式範本 / 卡片」的類別
❷ 選取卡片名稱
❸ 按此鈕新增檔案
這裡可以預覽畫面

3

瞧！範本已顯示在工作區中，利用「直接選取工具」選取物件，即可進行編修

3-4 開啟舊有文件

對於曾經編輯過的 AI 文件或是各種檔案格式的影像插圖，都可以利用「檔案 / 開啟舊檔」指令來開啟。

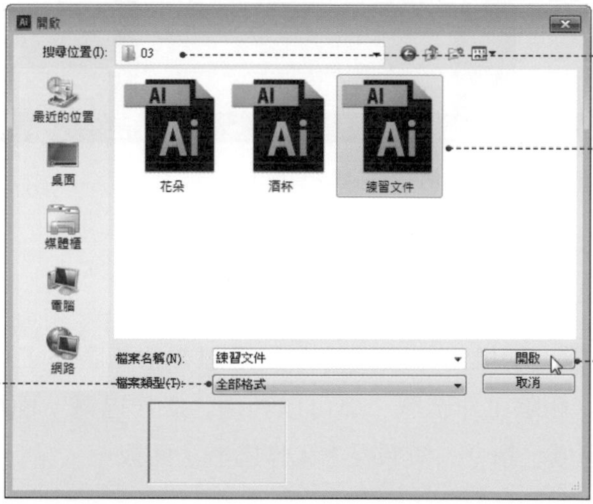

❶ 切換到檔案所在的資料夾位置

❷ 選取檔案縮圖

❸ 按此鈕開啟檔案

檔案類型設為「全部格式」，則所有 Illustrator 支援的檔案圖示都可以顯示出來

3-5 工作區域的變更

在前面的章節中，我們新增了一個包含 4 個工作區域的文件，那麼到底要怎麼切換工作區域？如何增加或刪除多餘的工作區域？或是想要變更工作區域的方向或名稱，有關工作區域的相關問題，這裡將針對文件視窗的「工作區域導覽」、工作區域面板、工作區域工具等做說明。

3-5-1 工作區域導覽

想要切換到特定的工作區域，利用文件左下方的「工作區域導覽」即可快速切換。或是透過「上一個」或「下一個」鈕來作上下頁面的切換，也可以按下「第一個」或「最後一個」鈕來快速到達最前或最後的頁面。

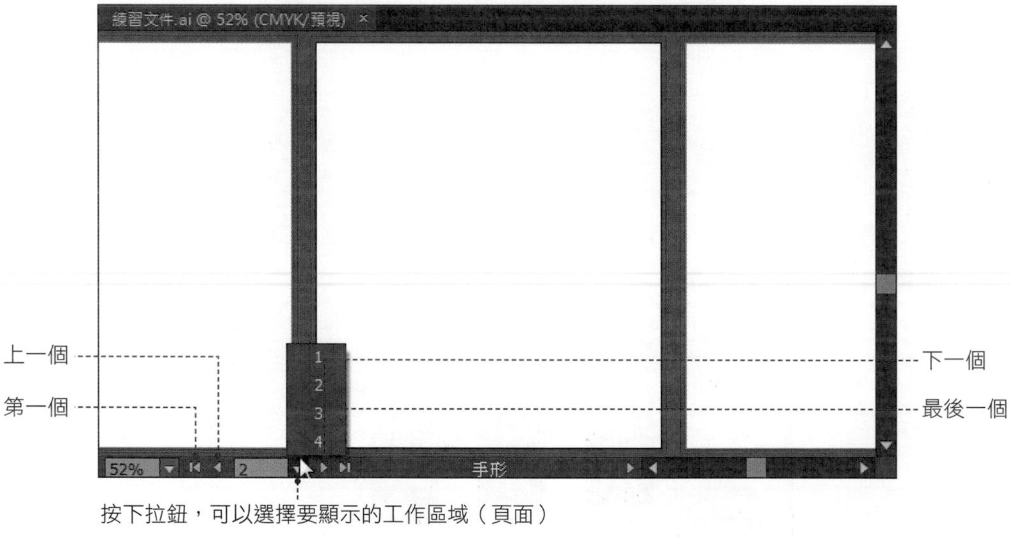

3-5-2 工作區域面板

除了在文件檔上切換工作區域外，如果想要重新調整工作區域的先後順序，或是要增加 / 刪除工作區域，都可以利用「工作區域」面板來設定。請執行「視窗 / 工作區域」指令，使顯現「工作區域」面板。

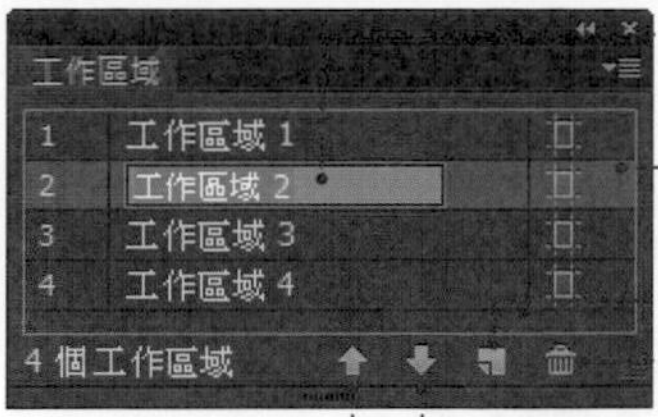

3-5-3 工作區域工具

如果各位在左側的工具中點選「工作區域工具」，那麼就可以透過上方的「控制」面板來變更工作區域的尺寸、方向、名稱，或做工作區域的增刪，使用上比「工作區域導覽」和「工作區域面板」更便捷。

變更名稱和位置

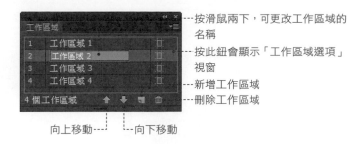

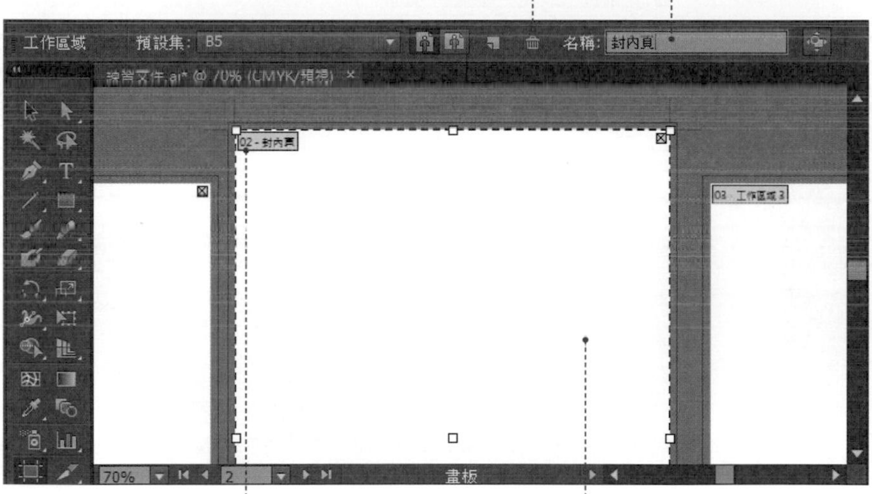

變更尺寸與方向

1

工作區域
預設集: B5
名稱: 工作區域 1
自訂
符合圖稿邊界
符合選取的圖稿
Letter
Legal
Tabloid
A4
A3
B5
B4
NTSC DV
NTSC DV 寬螢幕
NTSC D1
NTSC D1 寬螢幕
PAL D1/DV
PAL D1/DV 寬螢幕
HDV/HDTV 720
HDV 1080
DVCPRO HD 720
DVCPRO HD 1080
50%
畫板
❸ 由此下拉變更紙張大小
❷ 點選要作變更工作區域
❶ 點選「工作區域工具」

2

❶ 按此鈕可以變更紙張的方向
工作區域
預設集: B4
名稱: 工作區域 1
橫式
練習文件.ai* @ 50% (CMYK/預視)
01 - 工作區域 1
02 - 工作區域 2
03 - 工作區域 3
50%
畫板
❷ 直接拖曳工作區域可以調整放置的位置

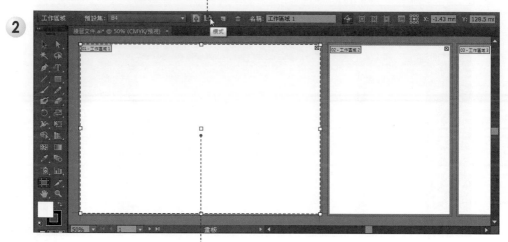

顯示中心標記及十字線

如果工作區域上需要顯示中心標記或十字線，可在「控制」面板上按下 及 鈕。

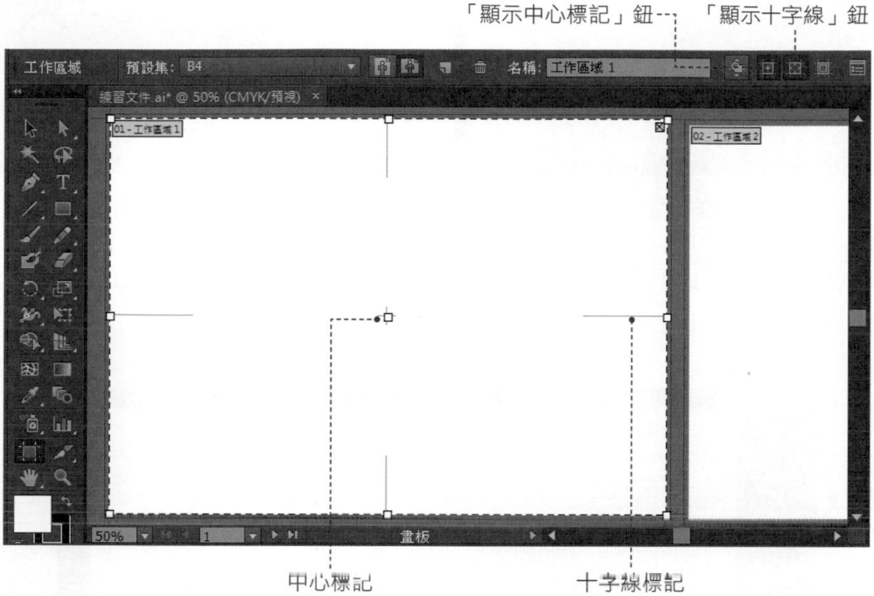

3-6 物件的選取

對於新增文件的方式與工作區域的變更有所了解後，接著我們要準備編輯物件。不過要讓電腦知道哪個物件要做處理，就得先利用選取工具來選取物件。Illustrator 軟體中所提供的選取工具包含了「選取工具」 、「直接選取工具」 、「群組選取工具」 、「套索工具」 、「魔術棒工具」 五種，這裡先就這些工具作介紹。

3-6-1 選取工具

「選取工具」 是最常使用的選取工具，因為它可以選取單一物件，加按「Shift」鍵可以選取多個物件，另外也可以將選取的物件選取起來。

選取群組物件

選取單一物件

另外各位也可以利用拖曳框選的方式來選取物件，而已選取的物件若再點選一次，就會被取消選取。使用方式如下：

1

❶ 點選「選取工具」

❷ 拖曳出如圖的區域範圍

2

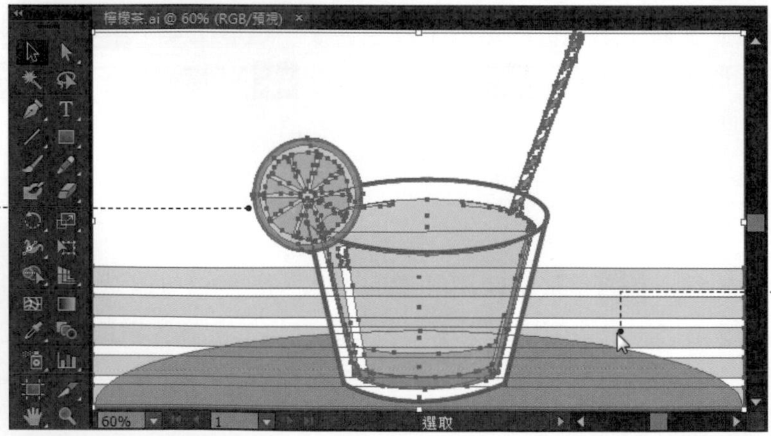

❶ 瞧！涵蓋範圍內的物件都會被選取其來

❷ 依序加按「Shift」鍵點選一下背景的淺褐色線條與桌面

3

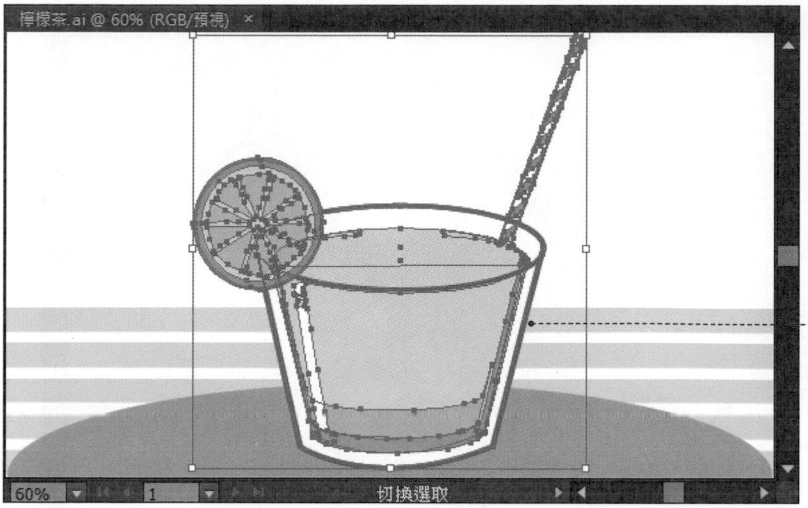

只剩檸檬茶被完整的選取起來

3-6-2 直接選取工具

「直接選取工具」 能夠選取群組中的個別物件，同時針對該物件造型進行路徑和錨點的編修，而「控制」面板上也有提供錨點的轉換或刪除，各位可以多加利用。

1

由此選擇「直接選取工具」

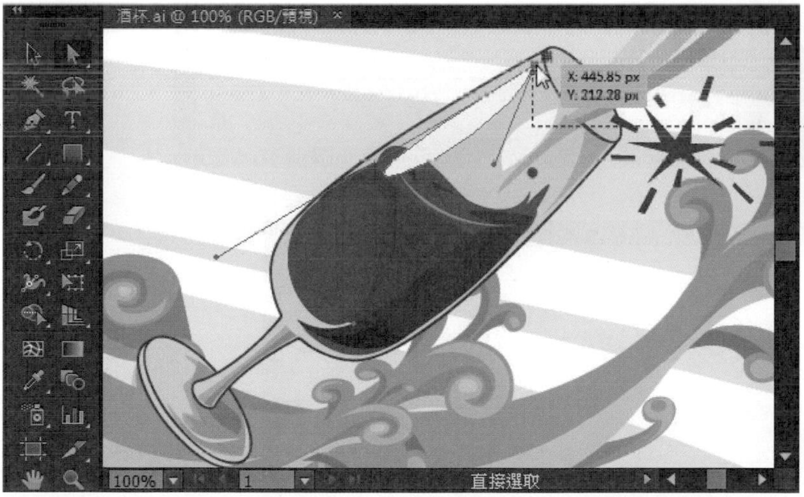

❷ 按一下圖形上的錨點，則錨點左右兩側的把手會顯現出來

2

調整把手的位置或角度，即可改變造型的弧度

3

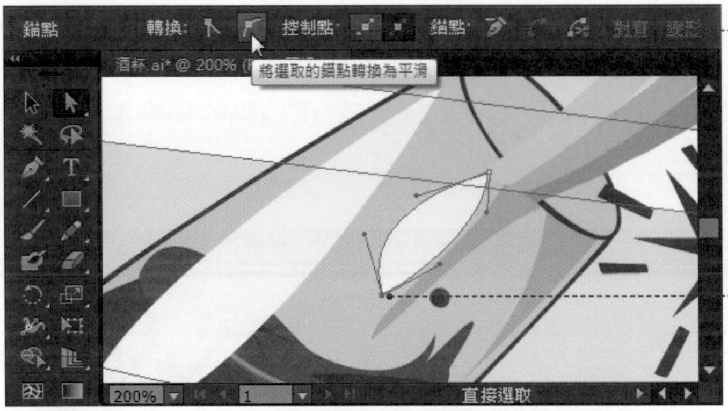

❷ 按此鈕將錨點轉換為平滑

❶ 點選此錨點，使變成實心狀態

4

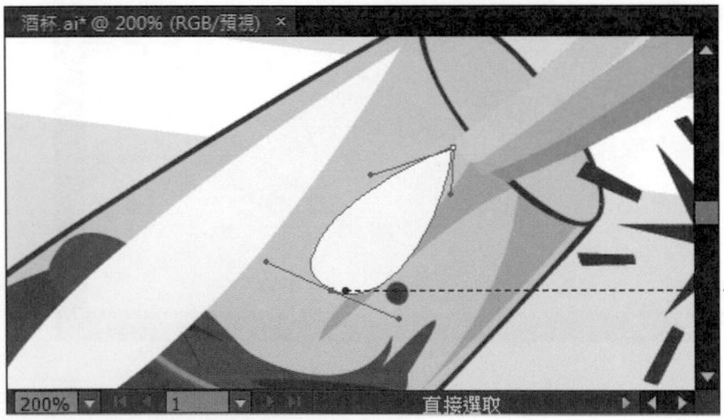

瞧！錨點兩側的弧形變平滑了

3-6-3 群組選取工具

「群組選取工具」 是針對群組中的物件或多重群組物件作選取。因此每一次的選取，都會自動增加階層中的下一個群組的所有物件。如下圖所示，花盆部分是由褐色與深褐色的矩形群組而成，複製排列後再一起群組成花盆。若各位以「群組選取工具」選取深褐色時，它會選取該造型，再按一下左鍵會再加選到褐色的造型，再按一下左鍵就會選取整個花盆了。

1

按一下左鍵使選取深褐色造形

2

再按一下左鍵會加選到褐色的造型

3

再按一下左鍵則全選到整個花盆了

3-6-4 套索工具

「套索工具」可以選取不規則範圍內的物件，只要在拖曳範圍內所涵蓋的造型，就會被選取起來。

1

2

3-6-5 魔術棒工具

「魔術棒工具」是依據填色顏色、筆畫顏色、筆畫寬度、不透明度等顏色的相近程度來選取物件，也能夠以相似色彩的漸變模式作為選取的依據。按滑鼠兩下於「魔術棒工具」上，它會出現「魔術棒」面板，透過該面板即可設定應用的項目。

1

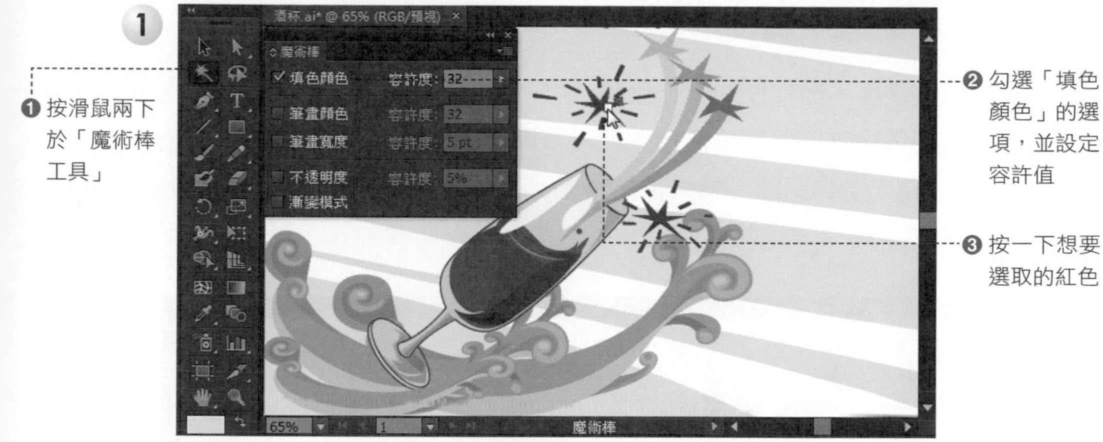

2

如果各位加大填色顏色的容許值為「55」，那麼就連酒杯中的紅色液體也會一併被選取喔！

3-7 物件的編輯

物件或造型被選取後，接下來就可以告訴程式您要執行的編輯動作，一般常使用的編輯動作包含了移動、拷貝、旋轉、鏡射、縮放、傾斜等。這裡就針對這些功能作說明。

3-7-1 移動造型物件

選取物件後，最常作的動作就是「移動」，也就是把物件造型移到想要放置的地方。通常只要以滑鼠按住造型即可移動位置。各位也可以利用鍵盤上的上 / 下 / 左 / 右鍵來微調距離，如果需要移動到特定的距離或角度，可以使用「物件 / 變形 / 移動」指令來處理。

1

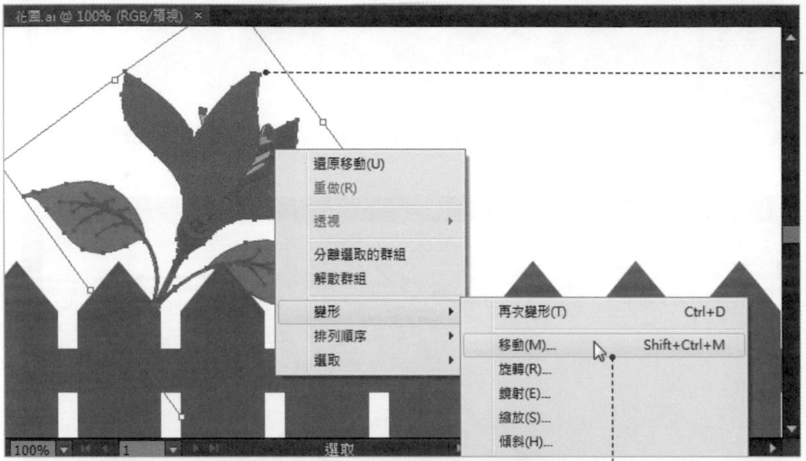

❶ 選取要移動的造型

❷ 執行「物件 / 變形 / 移動」指令，或按右鍵執行「變形 / 移動」指令

2

❶ 將水平距離設為「200」

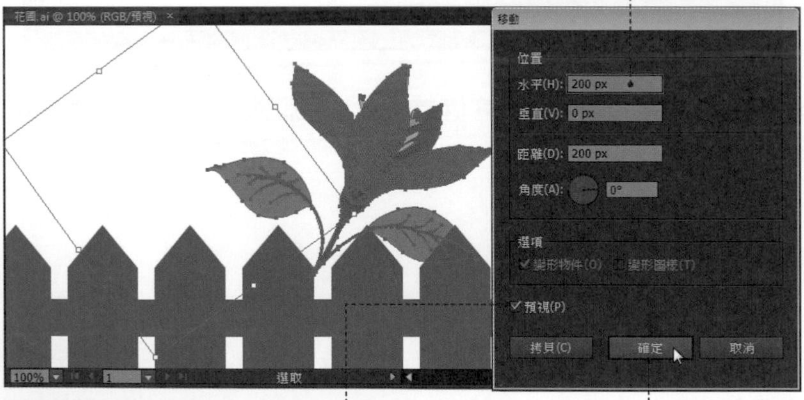

❷ 勾選「預視」選項，可從視窗後方看到移動的距離

❸ 按此鈕確定

3

瞧！花朵向右移動 200 像素了

3-7-2 拷貝造型物件

要複製造形，「編輯」功能表中有提供「拷貝」和「貼上」指令，也可以利用大家所熟悉的快速鍵「Crl+C」鍵（複製）與「Ctrl+V」鍵（貼上）。而利用剛剛介紹的「物件 / 變形 / 移動」指令，也可以針對特定的移動距離來進行拷貝，拷貝後若要再次執行相同的變形指令，可執行「物件 / 變形 / 再次變形」指令，或是按快速鍵「Crl+D」。

這裡我們就以籬笆的基本形作介紹，告訴各位如何快速製作成等距離的籬笆。

1

❶ 點選籬笆的基本形

❷ 按右鍵執行「變形 / 移動」指令

2

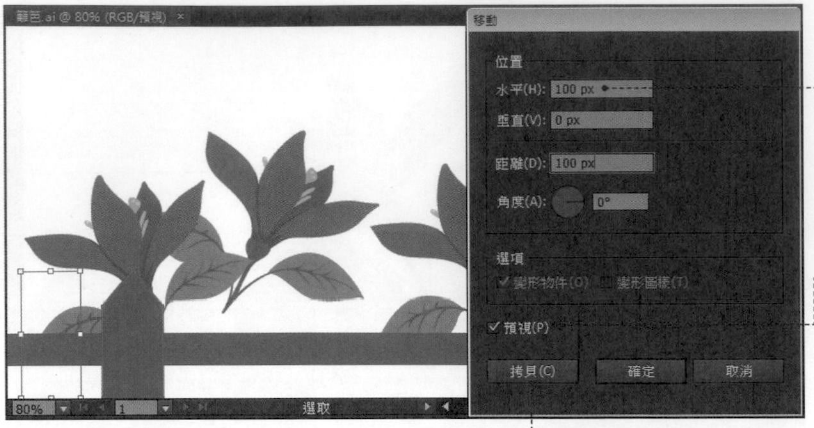

❶ 輸入移動水平方向的距離為「100」

❷ 勾選「預視」可看到前後兩個基本形的間距

❸ 按下「拷貝」鈕離開

❷ 執行「變形 / 再次變形」指令，或按快速鍵「Crl+D」8 次

3

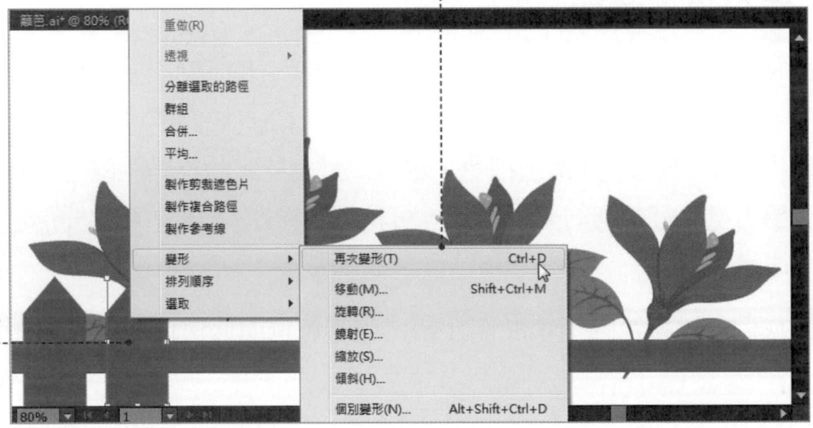

❶ 按右鍵於已複製的造型上

4

籬笆完成囉！

如果各位沒有要求特定的間距，也可以同時加按「Alt」鍵來拖曳物件，這樣就可以快速複製物件，配合「Crl+D」鍵作再次變形，籬笆即可快速完成。

1

❶ 點選籬笆的基本形

❷ 加按「Alt」鍵拖曳基本形至此

2

依序按「Crl+D」鍵 7 次，完成籬笆的繪製

3-7-3 旋轉造型物件

要為物件造型旋轉方向，最簡單的方式就是利用「旋轉工具」，只要點選造形後在文件上作拖曳，就可以看到旋轉後的位置。

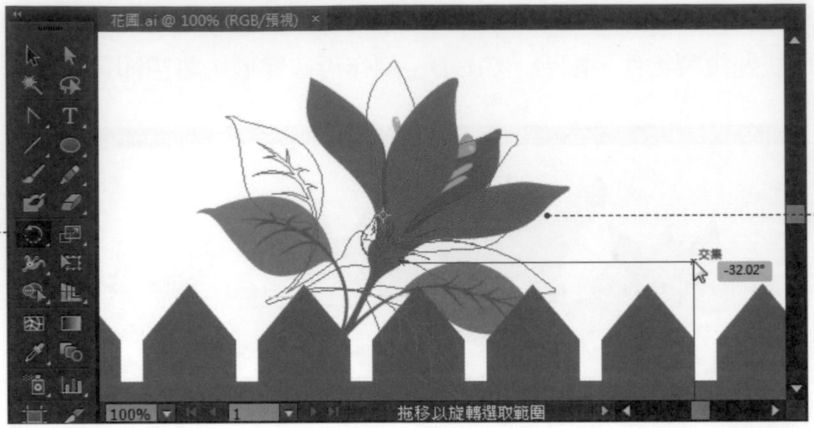
花圃.ai @ 100% (RGB/預視)
交集
-32.02°
100%
拖移以旋轉選取範圍
❶ 點選「旋轉工具」
❷ 按住滑鼠鍵作拖曳就可以看形旋轉後效果（外線即為旋後的位置

另外，控制中心點的位置可讓造型依照指定的中心點來旋轉喔！此處我們就以花瓣的製作來做說明。

1

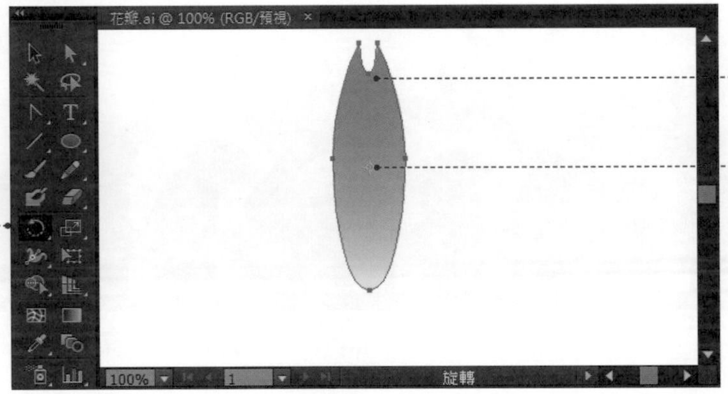
花瓣.ai @ 100% (RGB/預視)
100%
旋轉
❶ 先建立花瓣的基本形
❷ 點選「旋轉工具」
❸ 按住中心點位置不放

2

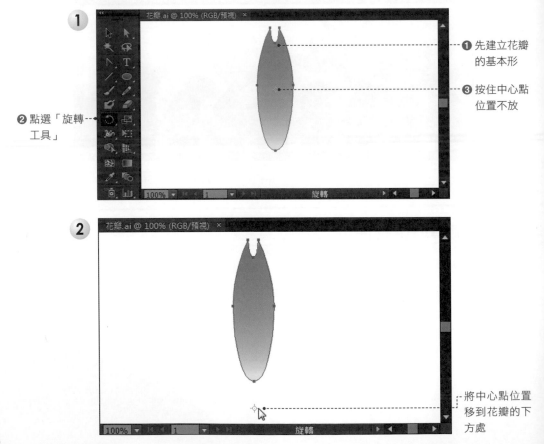

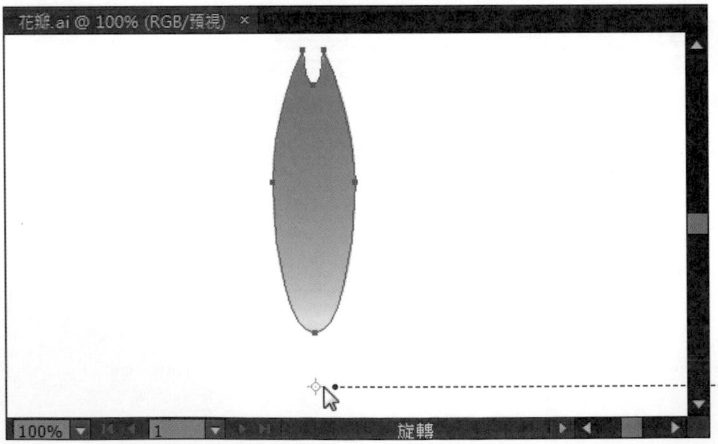
花瓣.ai @ 100% (RGB/預視)
100%
旋轉
將中心點位置移到花瓣的下方處

3

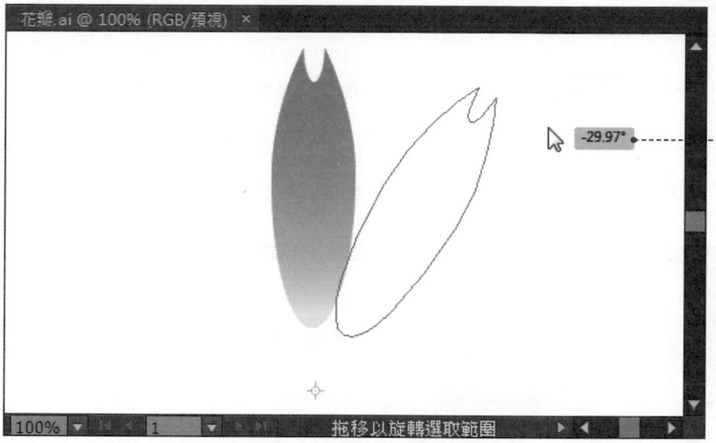

加按「Alt」鍵旋轉圖形角度如圖

4

依序按「Crl+D」鍵再次變形，即可完成花瓣的製作

利用「物件 / 變形 / 旋轉」指令也可以旋轉造形，不過它的中心點會固定在中間的位置，無法自行設定位置。

3-7-4 鏡射造型物件

「鏡射工具」是以座標軸為基準，讓造型物件作水平方向或垂直方向的翻轉，使產生像鏡子一樣的反射效果。各位也可以配合前面所學到的「Alt」鍵及中心點的控制，以達到想要的變形效果。

1

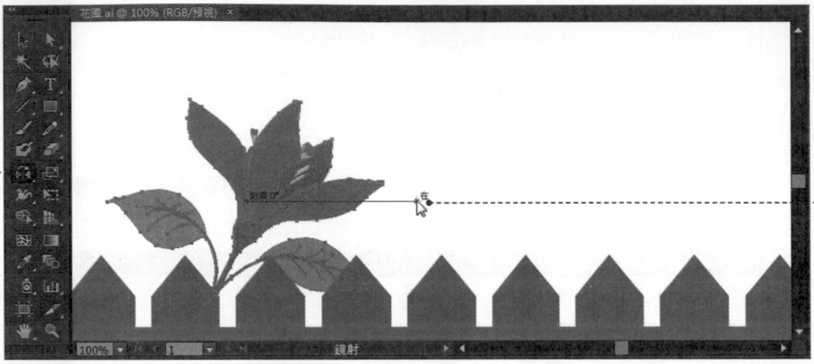
花園.ai @ 100% (RGB/預視)
鏡射
❶ 點選「鏡射工具」
❷ 先將中心點由造型的中間移到此處

2

花園.ai @ 100% (RGB/預視)
拖移以鏡射選取範圍
加按「Alt」鍵鏡射造形，並由智慧型參考線了解對齊的狀況

3

花園_鏡射.ai @ 100% (RGB/預視)
選取
完成鏡射與複製

如果執行「物件 / 變形 / 鏡射」指令會顯示下圖視窗，可作精確的設定。

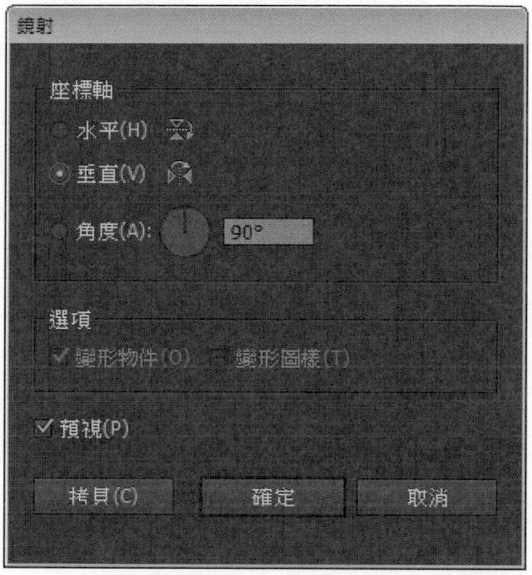

3-7-5 縮放造型物件

「縮放工具」 和「物件 / 變形 / 縮放」指令可讓物件作等比例或非等比例的縮放，使用技巧與操作方式同前面介紹的拷貝、旋轉、鏡射，因此請各位自行練習。

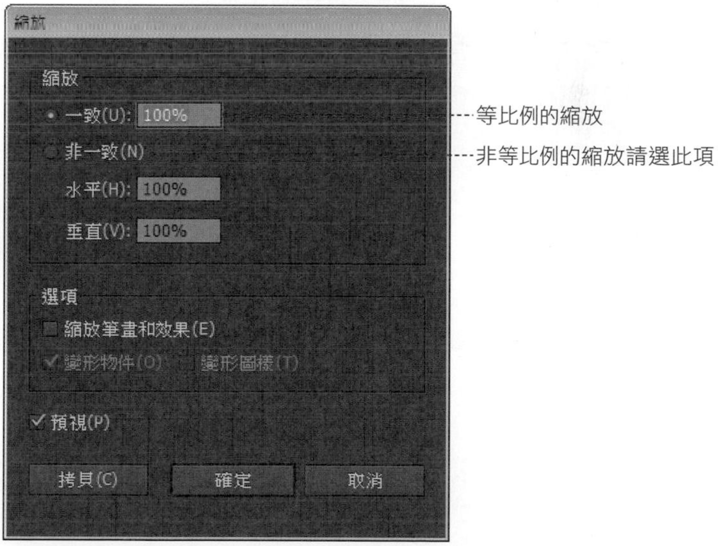

要注意的是，如果要縮放的造型物件有包含筆畫線條，那麼各位可以根據需求來選擇是否勾選「縮放筆畫和效果」的選項。如下圖所示，同一條魚在放大 300% 後，勾選與未勾選「縮放筆畫和效果」選項，其結果大不相同。

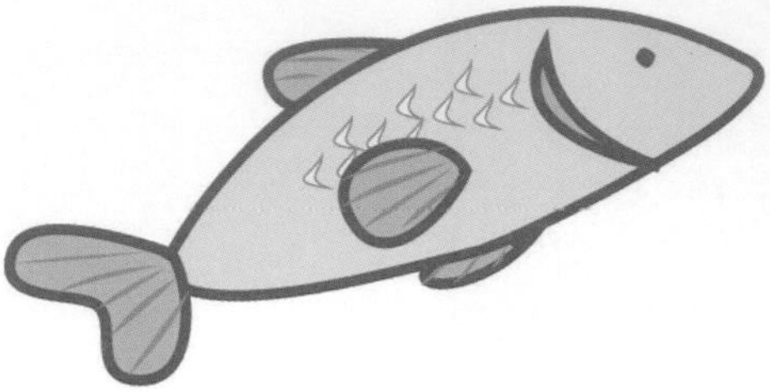

勾選「縮放筆畫和效果」

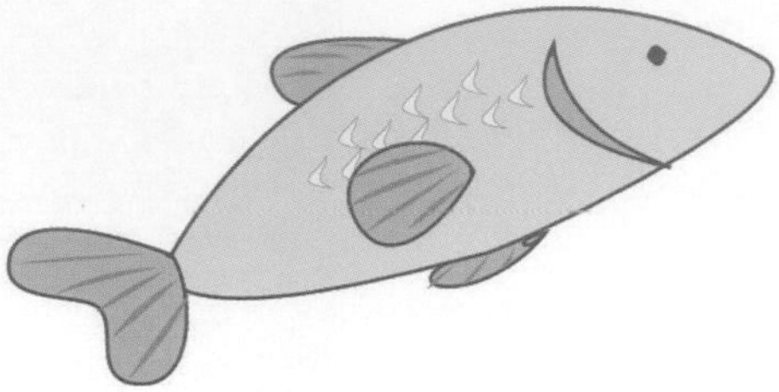

未勾選「縮放筆畫和效果」

3-7-6 傾斜造型物件

「傾斜工具」與「物件 / 變形 / 傾斜」指令是讓物件做水平或垂直方向的傾斜角度。

1

椰子林.ai @ 66.67% (RGB/預視)
路徑
66.67
1
傾斜
❶ 選取椰子樹後，點選「傾斜工具」
❷ 加按「Alt」鍵拖曳椰子樹

2

❶ 自動出現此視窗，請設定傾斜角度

❷ 按下「拷貝」鈕

3

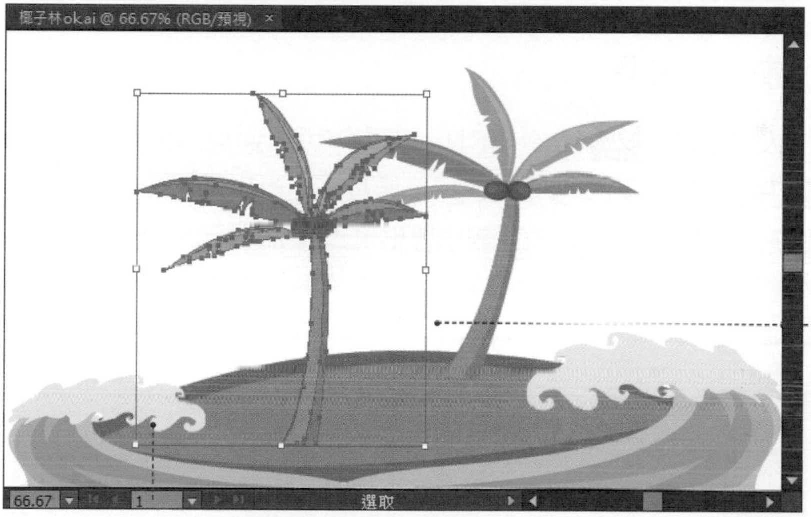

複製一棵椰子樹，但又有點不同的椰子樹

3-8 檢視物件

在編輯文件的過程中，有時要看整體畫面的效果，有時又得必須放大造形作細部的修整，雖然文件視窗的左下角處有提供「符合螢幕」及各種的顯示比例可以選擇，但是當放大到一定的比例後，還是得靠捲動軸或「手形工具」才能移到想要觀看的地方，因此如何有效率的檢視文件，在這裡跟各位做說明。

3-8-1 放大鏡工具

「放大鏡工具」 位在「工具」面板下方，選用該工具後將滑鼠移到文件上，放大鏡中會出現「+」的符號，此時按一下滑鼠即可放大該區域。若要縮小顯示比例，加按「Alt」鍵放大鏡中會出現「-」的符號，此時按一下滑鼠左鍵就會縮小顯示比例。另外，也可以利用拖曳的方式來決定要觀看的區域範圍。設定方式如下：

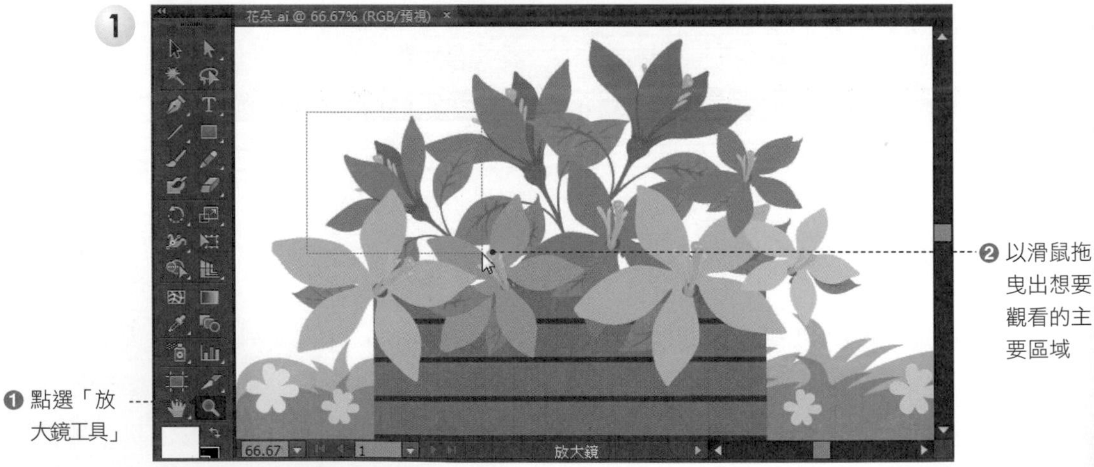

2

花朵.ai @ 204.14% (RGB/預視)
放大鏡
瞧！文件視窗已顯示該區域的造型物件

3-8-2 手形工具

當文件放大後，由於造型物件無法在文件視窗中完全顯現，此時可利用「手形工具」來移動畫面，只要按住滑鼠拖曳，就可以改變顯示的區域範圍。

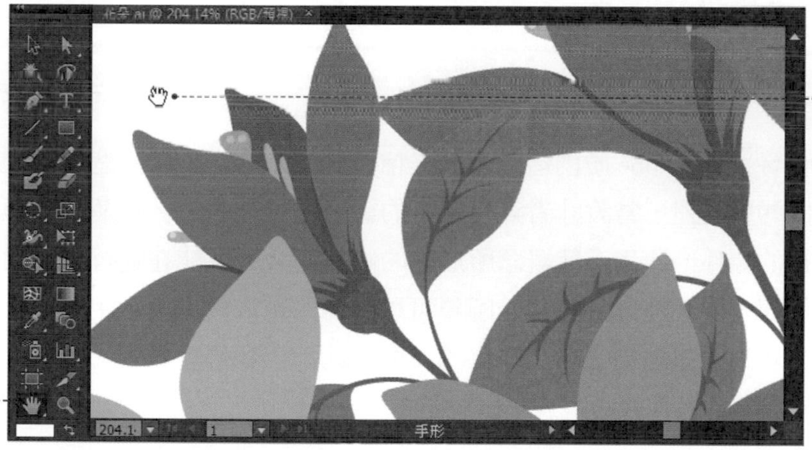
花朵.ai @ 204.14% (RGB/預視)
手形
❷ 以滑鼠拖曳文件，即可改變顯示的區域
❶ 點選「手形工具」

3-8-3 導覽器

如果執行「視窗 / 導覽器」指令可開啟「導覽器」面板，使用時只要移動下方的縮放顯示滑桿，就能縮放檢視比例，而預視窗裡的紅色框線是代表目前文件視窗所顯示的區域範圍，可拖曳紅框來改變檢視的區域。

3-9 圖層的編輯與使用

「圖層」是 Adobe 所創造出來的一種設計概念，它是將每個造型物件分別裝在不同的籃子裡，當設計者針對特定的籃子進行編輯時，它並不會影響到其他籃子裡的物件。運用這種概念所形成的圖層觀念，就能在進行創作設計時有更大的編輯空間，因為針對某一圖層可以隨時的選取起來再利用、再編輯，有必要時也可以加以群組分類，非常的方便。此節中我們就針對「圖層」面板以及與圖層有關的操作技巧跟大家做說明。

3-9-1 認識圖層面板

執行「視窗 / 圖層」指令可開啟「圖層」面板，由於新增的文件中只會顯示一個圖層，因此這裡先請各位開啟「圖層 .ai」檔，我們先來瞧瞧它的結構。

有執行「群組」功能的圖形會顯示「群組」

置入進來的插圖可選擇以連結或嵌入的方式　　路徑工具繪製的造形會顯示「路徑」

現在先針對「圖層」面板的圖示與按鈕做個簡要的說明。

按此開啟面板選單
三角形向右，表示裡面有被收合的圖層
不同圖層將以不同顏色區隔
圖形顯示狀態
圖形隱藏狀態
鎖定圖層
圖層總數
圖層名稱
右上角的三角形表示目前所在的圖層
方框表示物件被選取狀態
刪除選取圖層
指出物件位置
製作新圖層
製作 / 解除剪裁遮色片
製作新增子圖層
圖層
花
草地
鳥
樹林
天空
5 個圖層

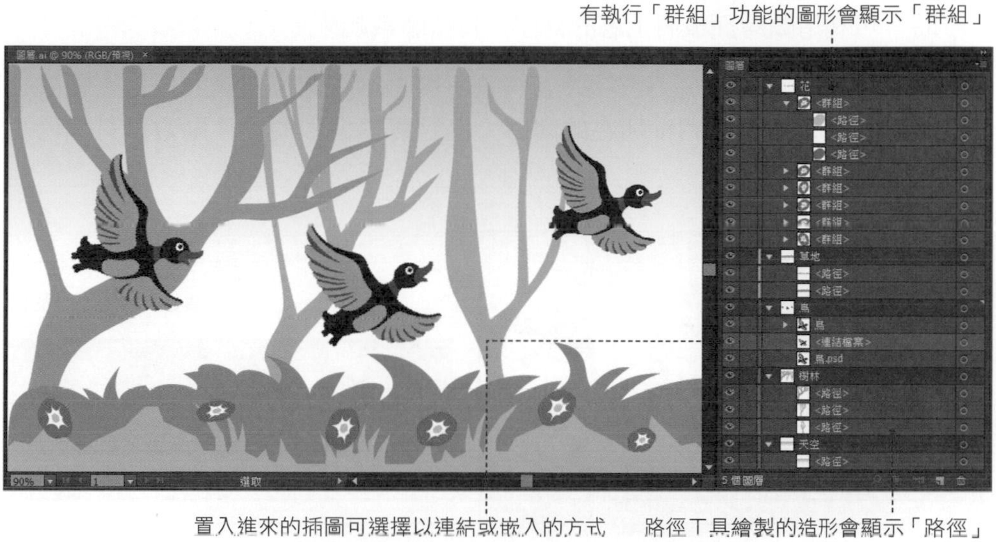

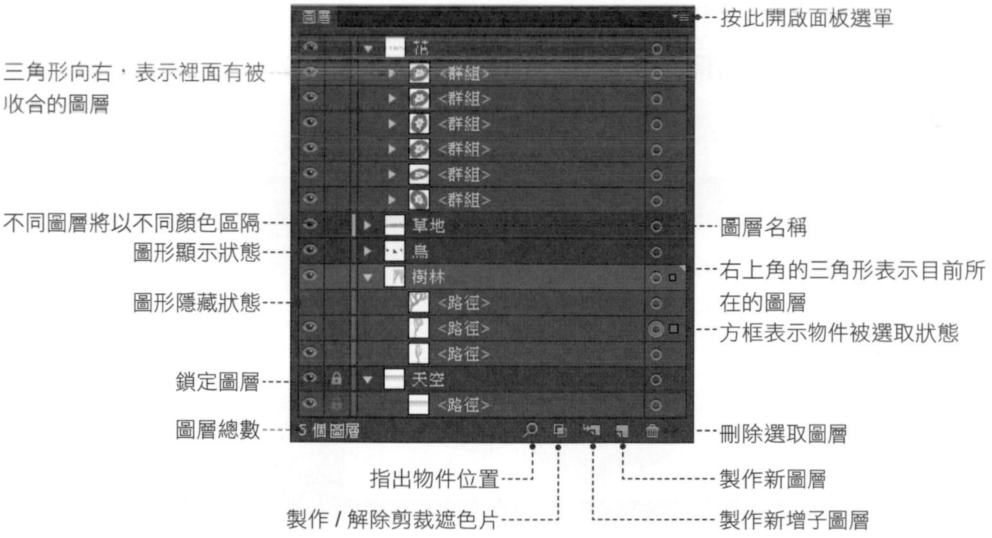

各位不要被這麼多的圖示按鈕給嚇著了，在這裡只要先記住以下兩點，其餘的按鈕功能或作用，我們會在後面一一為各位解說。

- 有眼睛 符號的表示看得到的圖層，按一下滑鼠左鍵眼睛會不見，就表示該圖層被隱藏起來。所以當物件的位置相近時，下層的物件不易被選取時，可利用圖層面板將上層的物件先暫時隱藏起來。
- 由文件視窗點選造形或物件時，圖層面板上也會顯示對應的位置。圖層右上角有三角形表示目前所在的圖層，但是實際選取的物件則會以有顏色的方框表示。

「樹林」的圖層中包含三根樹幹，這是目前所在的圖層
樹林
<路徑>
<路徑>
<路徑>
目前第二個樹幹被選取

3-9-2 圖層中的造型繪製

前面我們提過，新增的文件中只會顯示一個圖層，因此各位若未做任何的圖層設定時，都是在預設的「圖層 1」中繪製造型。

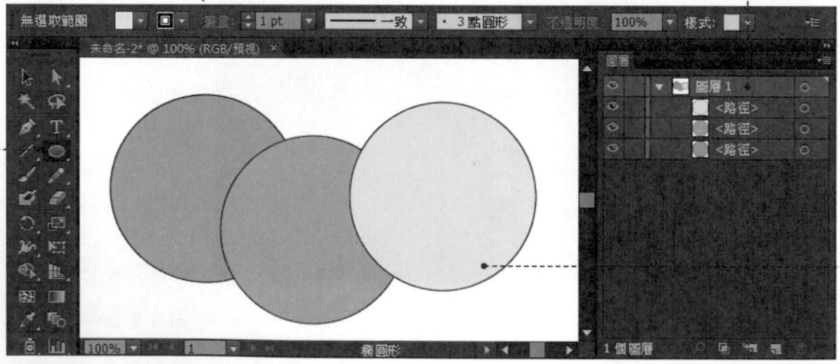
❶ 開啟空白文件
❹ 瞧！三個路徑都繪製在「圖層 1」之下
❷ 點選「橢圓形工具」
❸ 隨意繪製三個造型
無選取範圍
未命名-2* @ 100% (RGB/預視)
圖層
圖層 1
<路徑>
<路徑>
<路徑>
1 個圖層
橢圓形

3-9-3 圖層的命名

所繪製的圖層都會在預設的「圖層 1」當中，為了方便編排複雜的造型圖案，各位可以為圖層加以命名。

1

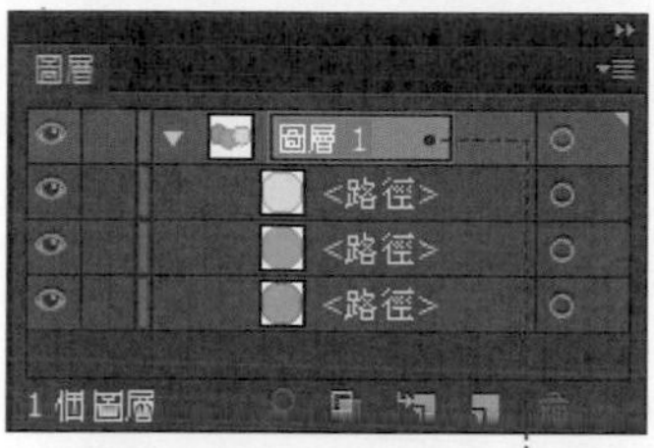

按滑鼠兩下於「圖層 1」的名稱上，使之呈現選取狀態

2

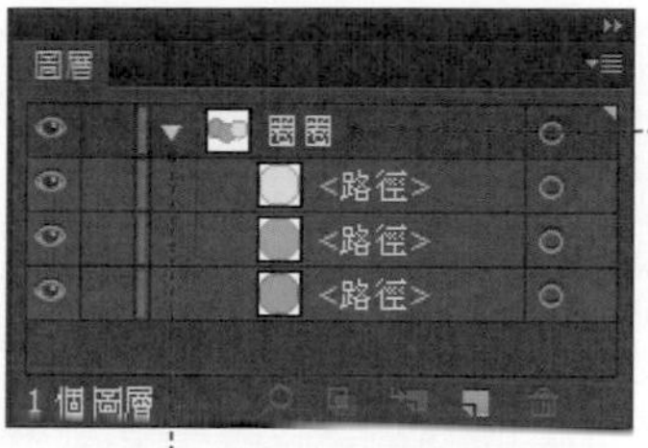

❶ 直接輸入新的名稱，按下「Enter」鍵即可完成

❷ 按一下向下的三角形鈕

3

圖層下方的物件被收合起來了

3-9-4 新增圖層

若要繪製其他的造型，各位可以從「圖層」面板來新增圖層，請由面板下方按下「製作新圖層」鈕，就會自動新增空白的圖層。

1

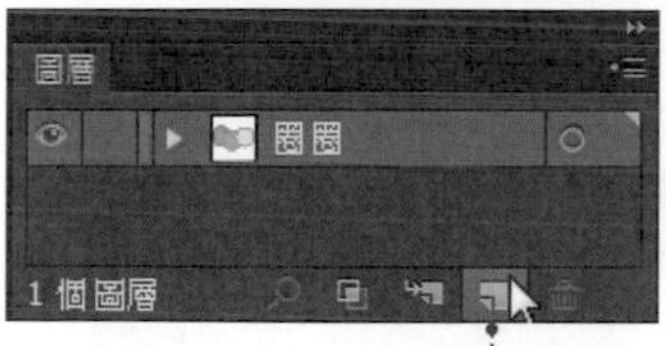

按下「製作新圖層」鈕

2

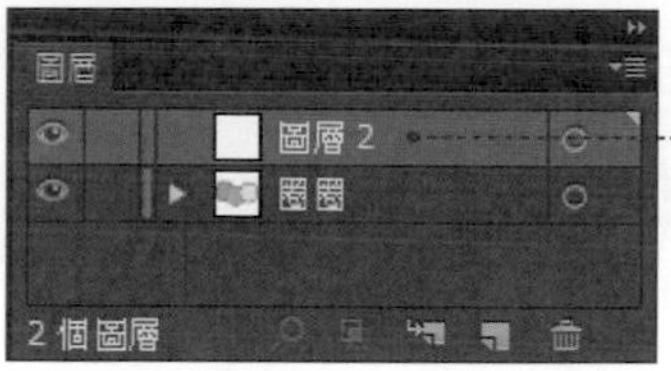

新增的圖層會顯示在上層

3-9-5 圖層中置入圖形

「圖層」除了會將繪製的路徑放置在點選的圖層中，也可以將其他程式所製作的影像插圖置入。執行「檔案 / 置入」指令可以「連結」或「嵌入」的方式將指定的檔案插入至點選的圖層裡。方式如下：

1

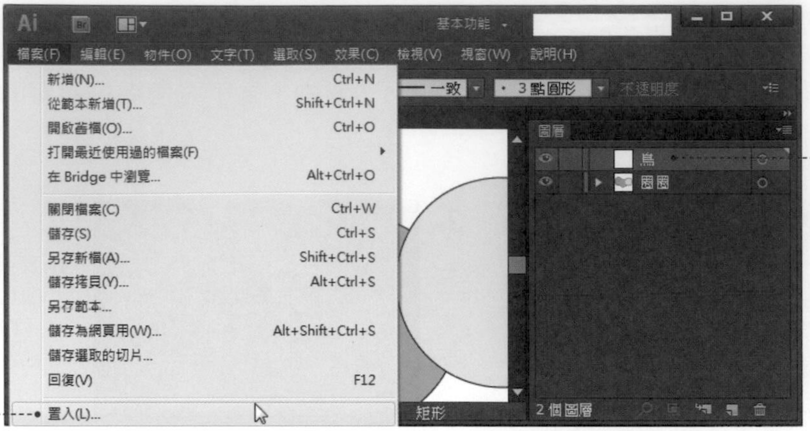

❶ 點選要置入插圖的圖層

❷ 執行「檔案 / 置入」指令，使進入下圖

2

❶ 點選插圖

❷ 預設值會勾選「連結」，表示插圖是以連結的方式連結到 Illustrator 文件

❸ 按下「置入」鈕

3

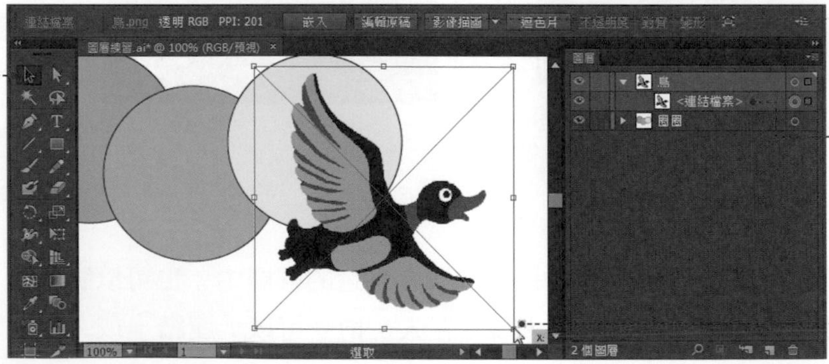

❶ 點選「選取工具」

按此鈕會將連結的檔案嵌入到文件中

❸ 瞧！圖層裡已顯示連結的檔案

❷ 拖曳四角可以縮小插圖的比例

如果在「置入」的視窗中取消「連結」的勾選，或是在連結檔案後由「控制」面板上按下 嵌入 鈕，那麼插圖會直接鑲嵌在文件中，文件的檔案量會變大；反之以「連結」方式必須將插圖與文件放置在一起，否則「連結」面板上會顯示遺失的符號，列印時品質就會因檔案的遺失而受到影響。

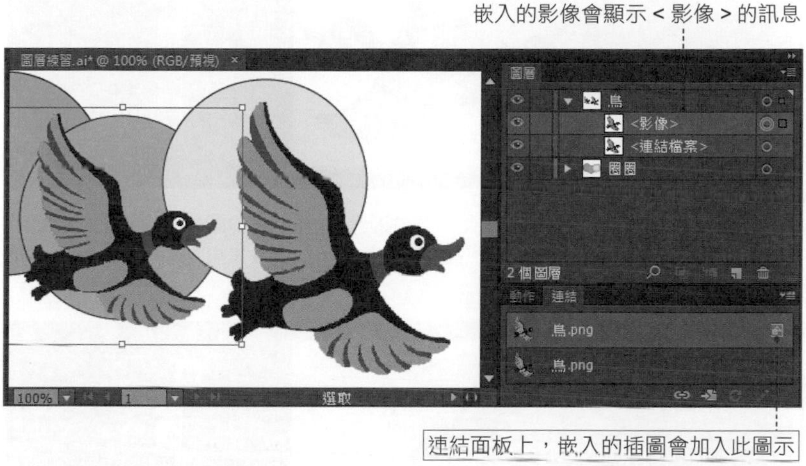

3-9-6 調整圖層順序

不管是圖層或圖層中的子圖層，想要對調圖層之間的先後順序，都是利用滑鼠拖曳的方式就可以辦到。

調換圖層順序

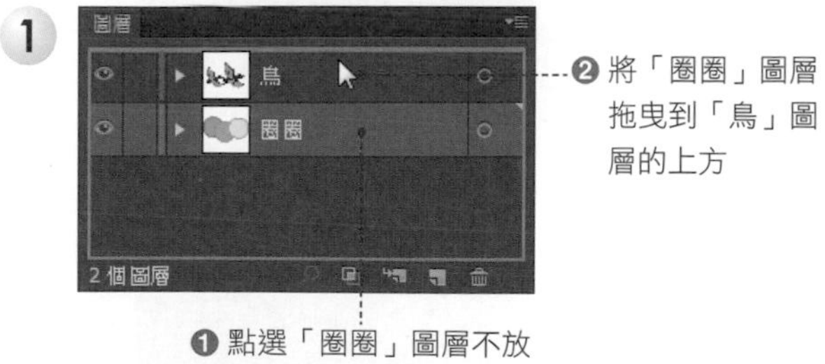

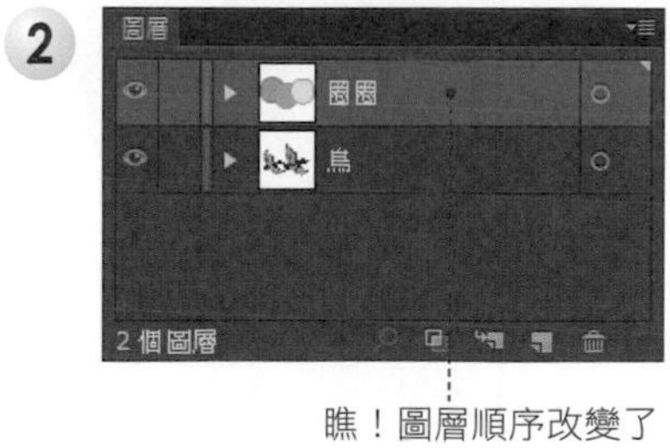

調換至不同圖層

1

按此選取要編輯的圖層物件（文件中對應的物件會被選取起來）

2

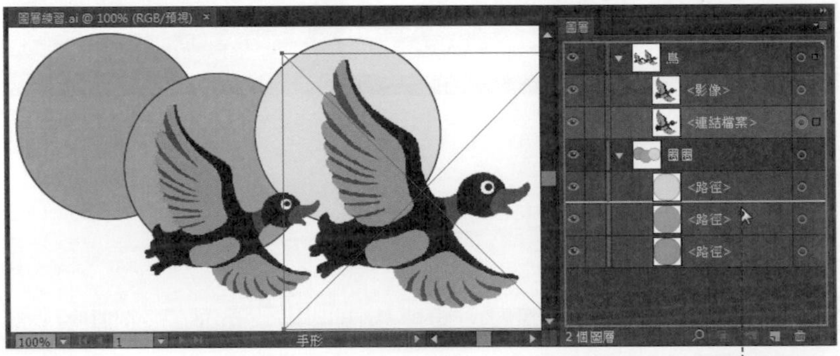

將選取的圖層拖曳到黃色圓與綠色圓之間

3

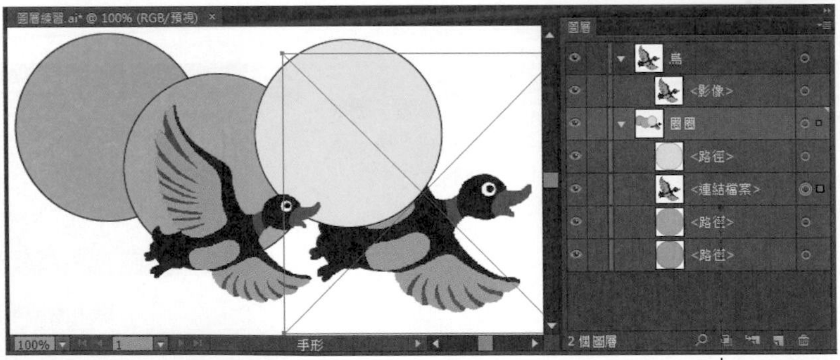

瞧！圖層改變後，畫面效果也會跟著變更

3-9-7 複製 / 刪除圖層

要複製圖層，可將圖層選取後拖曳到下方的「製作新圖層」鈕中，它就會在原位置上複製一份相同的圖層物件。若是要刪除圖層，可在點選後按下鈕就行了。

複製圖層

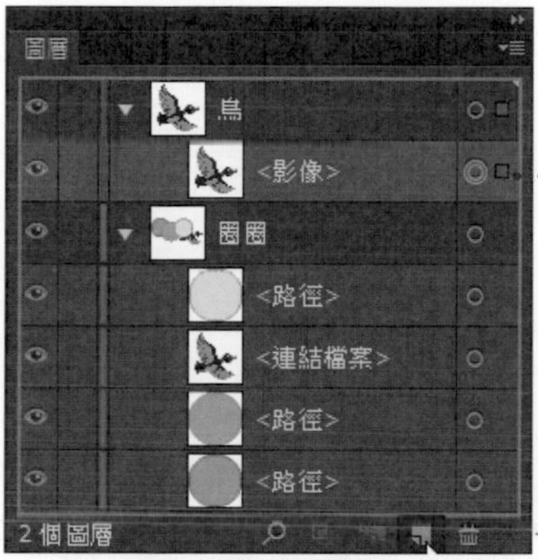
❶ 按此選取要複製的圖層
❷ 將圖層拖曳到此鈕中再放開滑鼠，即可完成複製圖層的工作

刪除圖層

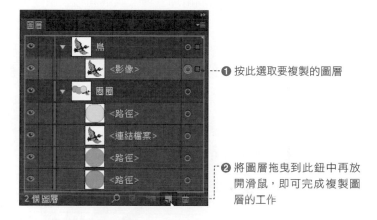

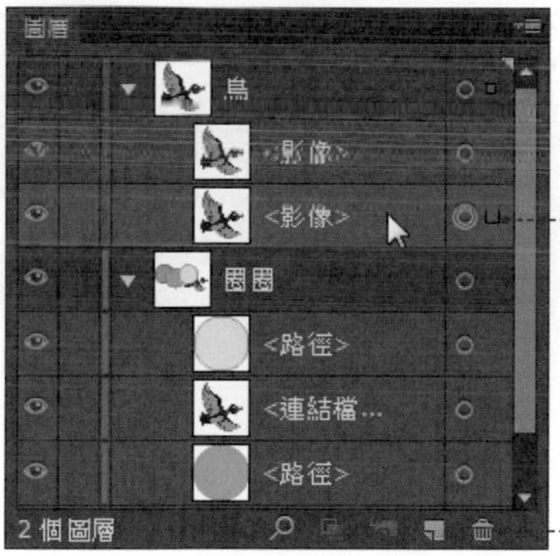
❶ 點選要刪除的圖層
❷ 按下此鈕即可刪除圖層

課後評量

一、簡答題

1. 請在 Illustrator 中新增一份具有 6 個工作區域的 A4 列印文件。
2. 請說明 Illustrator 設計的文件會用在哪兩種用途上？
3. 請說明書報刊物的版面閱讀方式有哪兩種？如何從 Illustrator 中做設定？
4. 請利用「範本」功能新增一份「日式範本 / 卡片 / 日式 _ 賀年卡」。
5. 要變更工作區域時，可利用哪三種工具或面板來做變更？

二、實作題

1. 請利用左下圖的基本形，應用「物件 / 變形 / 旋轉」指令，完成如右下圖的花朵造型。

   來源檔案：花瓣設計 .ai

   完成檔案：花瓣設計 ok.ai

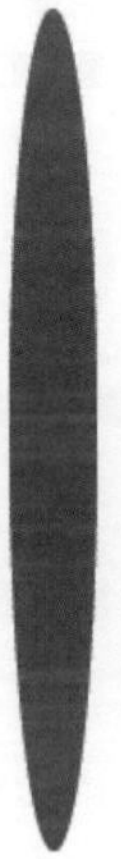

基本形

完成圖

【提示】

(1) 選取基本造形後，執行「物件 / 變形 / 旋轉」指令，將旋轉角度設為「20」度，按下「拷貝」鈕離開。

(2) 按「Ctrl」+「D」鍵再次變形物件，即可形成花朵造型。

2. 請將海港上的建築物，利用「鏡射」功能完成如圖的建築物倒影效果。

【來源檔案】海港 .ai

【來源檔案】海港 ok.ai

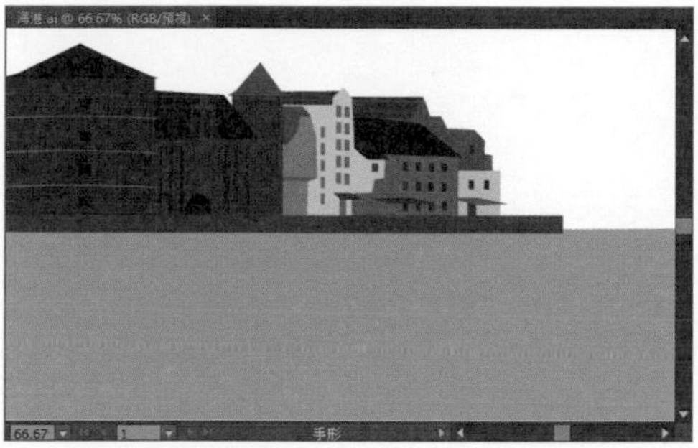

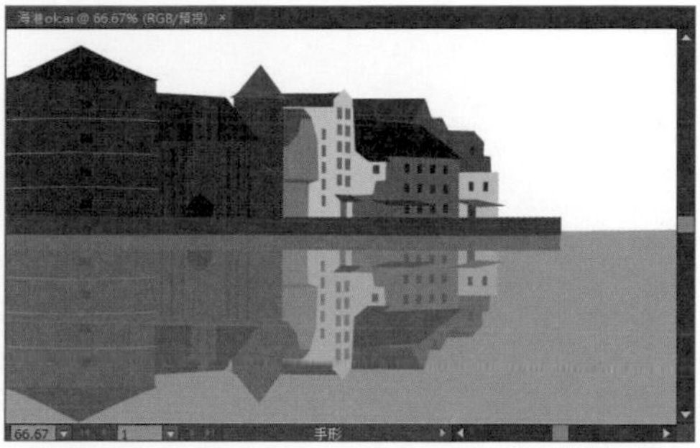

【步驟提示】

(1) 選取建築物後，執行「物件 / 變形 / 鏡射」指令，設定為「水平」，按下「拷貝」鈕。

(2) 將複製物移到海平面下，由「控制」面板將「不透明度」改為「50%」。

MEMO

CHAPTER 04

造形繪製和組合變形－標誌設計

學習指引

Illustrator 是以向量繪圖為主的軟體，對於造型的繪製，當然功能比其他的影像繪圖軟體來得強。造形若要從無到有開始繪製，可以利用基本的幾何造型工具來組成，也可以利用鋼筆工具來畫出貝茲曲線，而這個章節中我們主要探討幾何造型工具的繪製技巧與應用。各位可別小看這些幾何繪圖工具，透過這些基本造型的組合也可以變化出各種圖案，再加上形狀模式的聯集、差集、交集…等各種組合變化，就可以形成各種唯妙唯肖的造型。

利用基本的幾何造型工具，也可以組合出各種好看的造型

4-1 幾何造型工具

幾何造型工具主要包括矩形工具、圓角矩形工具、橢圓形工具、多邊形工具、星形工具五種，如下圖所示：

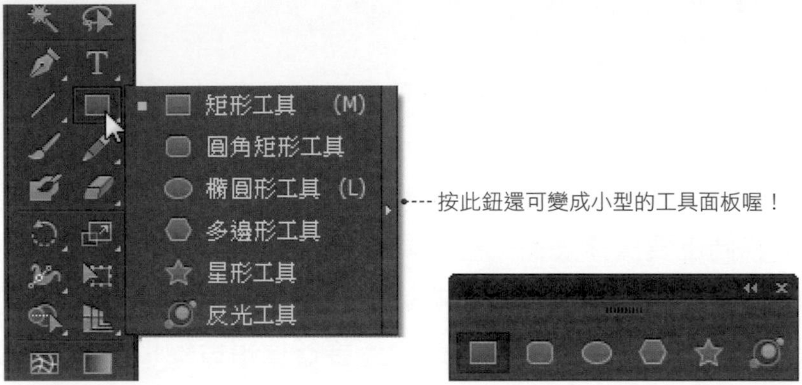

4-2 形狀繪製

接下來我們將利用這些繪圖工具來繪製如下的幾種幾何造型。由於工具的使用技巧大致相同，因此各位可自行舉一反三，這裡僅對較特別的效果做說明。

4-2-1 繪製矩形 / 正方形

選取「矩形工具」鈕後，直接在文件上拖曳滑鼠，就會看到圖形的大小，確定所要的比例後放開滑鼠，矩形即可完成。若要繪製正方形可加按「Shift」鍵再拖曳造型。若希望從圖形的中心點往外畫出造型則加按「Alt」鍵。

1

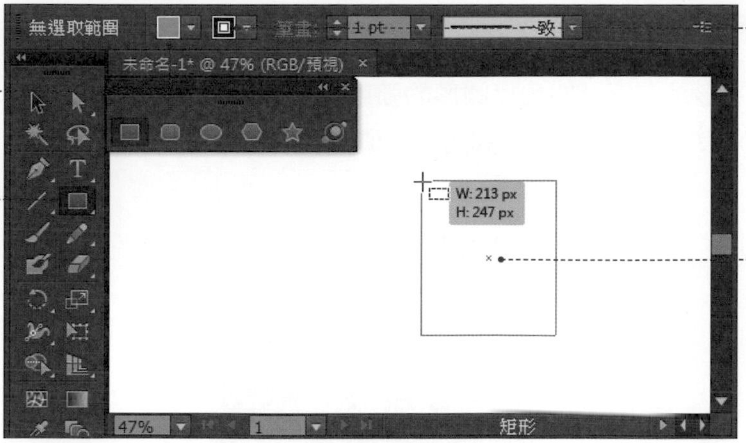

2

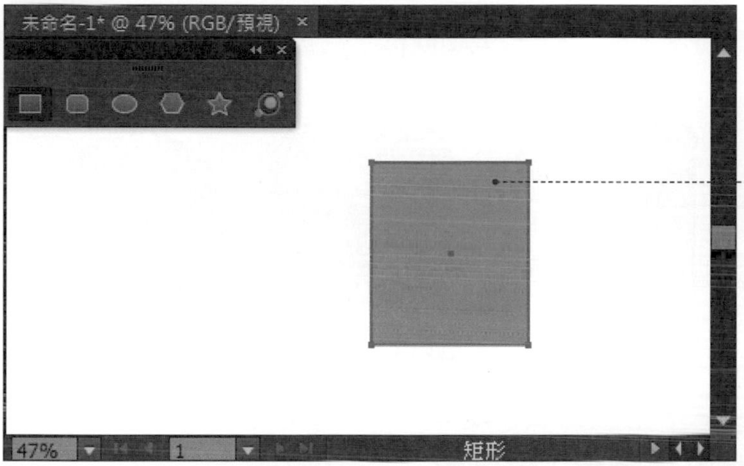

如果需要設定精準的矩形或正方形的尺寸，那麼請先在文件上按下左鍵，出現如下視窗即可設定精確的寬度與高度。

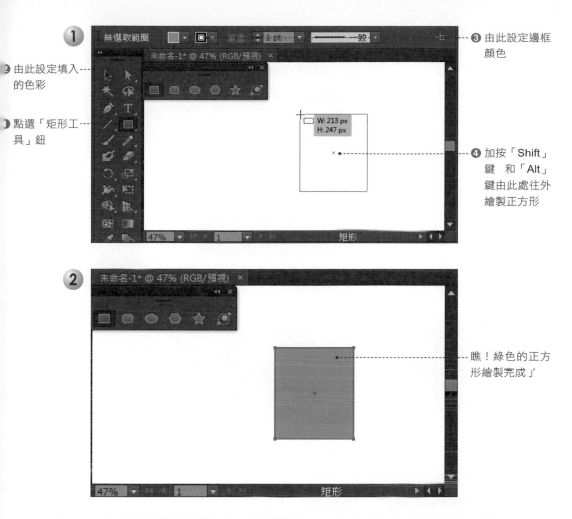

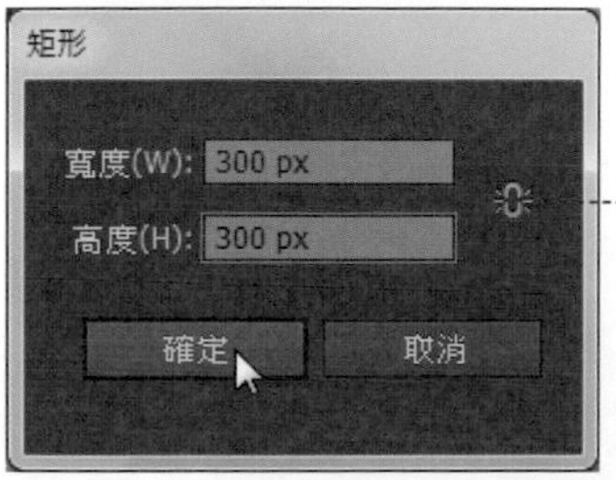

4-2-2 繪製圓角矩形 / 圓角正方形

圓角矩形是在矩形四角以圓形的弧度取代直角，因此在繪製時，可依設計者的需要來設定圓角半徑值，圓角半徑值越大則圓角的弧度越大。

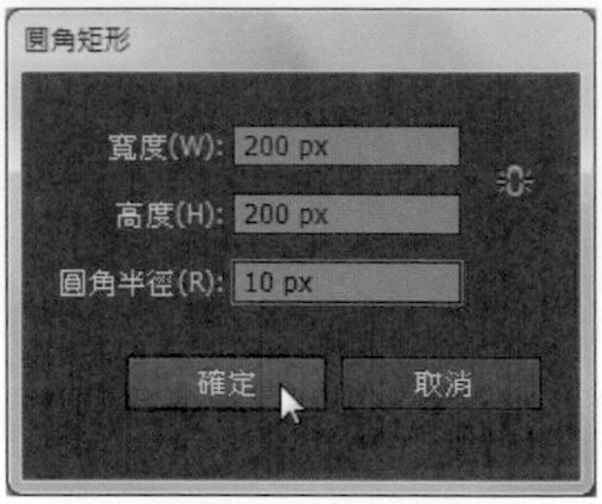

如下圖所示，寬 / 高皆設為 200 px，圓角半徑值設的不一樣，效果也完全不同。

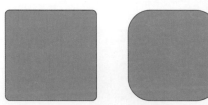

圓角半徑：10 px　圓角半徑：50 px　圓角半徑：100 px

4-2-3 繪製正圓形 / 橢圓形

「橢圓形工具」可繪製正圓形或橢圓形，繪製正圓形可加按「Shift」鍵再拖曳造型，加按「Alt」鍵則是從中心點往外畫出正圓或橢圓形。

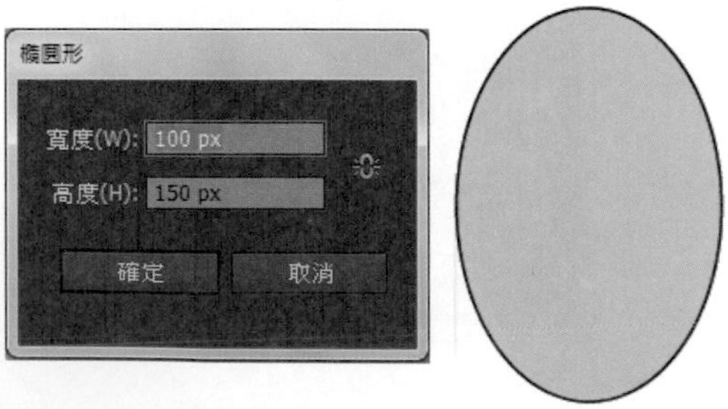

4-2-4 繪製多邊形

要繪製多邊形，請在文件上按下左鍵，即可在如下的視窗中設定多邊形的邊數。

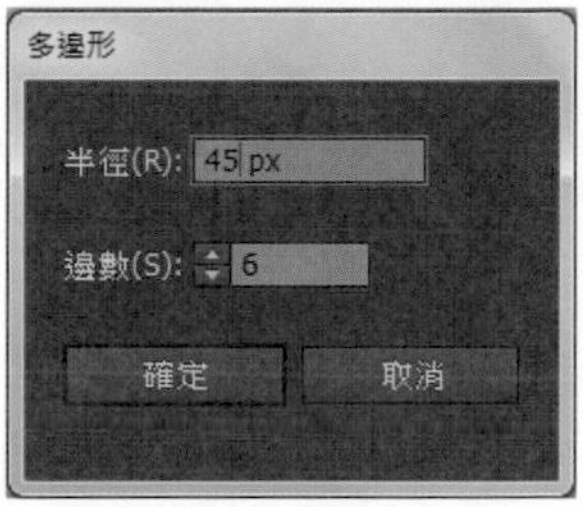

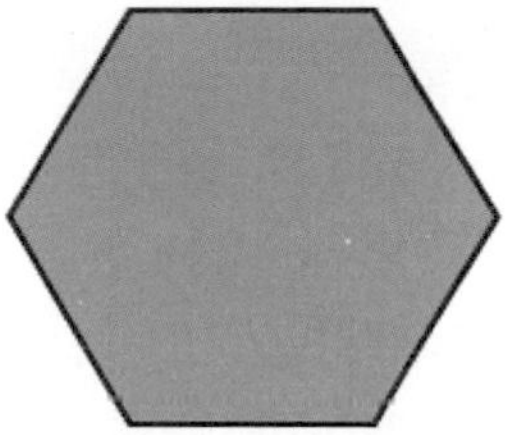

4-2-5 繪製星形 / 三角形

要繪製星形圖案，可在如下視窗中先設定兩個半徑值和星芒數。

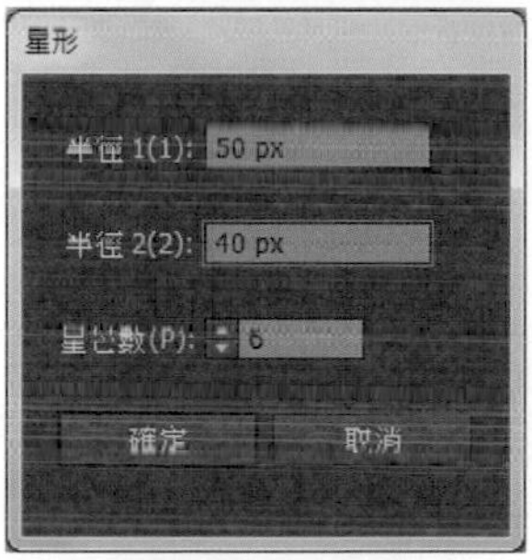

兩個半徑的比例會影響到星芒的銳利程度，如下圖所示，同樣半徑 1 設為「50」，另一個半徑分別設為「40」、「30」、「20」，所呈現的效果也不相同。

50，40，6 50，30，6 50，20，6

透過「星形工具」也可以畫出三角形及三角形的變形效果，如圖示：

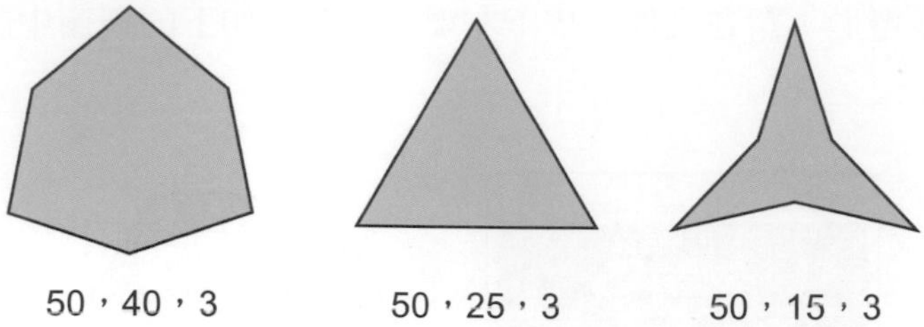

介紹這麼多的幾何造型工具，真得就可以畫出很多造型嗎？各位不用懷疑，像是本章一開始所放的鉛筆、建築物、玩具手機等造型圖案，不外乎就是利用橢圓形、圓角矩形、矩形、星形所組合而成。

鉛筆

藍色的筆身是由矩形和多個橢圓形所組合而成，筆尖則是利用兩個不同色彩的三角形所繪製而成，而三角形可利用「星形工具」或「多邊形工具」繪製出來。

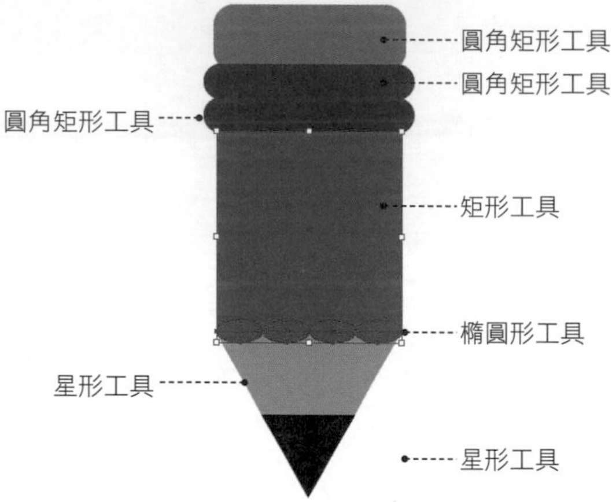

玩具手機

中間的紅色面板是利用圓形和圓角矩形所組合而成，手機的機身則是利用兩個不同色彩的圓角矩形堆疊而成。

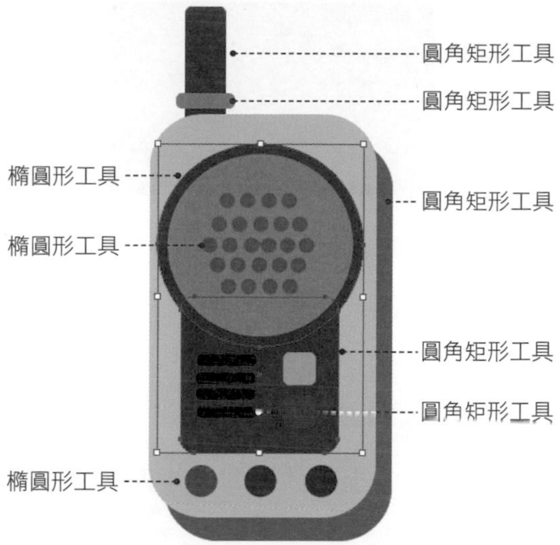

4-3 造形的組合

在沒有框線的情況下，利用堆疊或相同顏色的方式，可以把較特殊的造型給「變」出來，那麼如果需要線框出現的時候豈不是露了餡。關於這點各位不用擔心，對於較複雜的造形，可以利用「路徑面板」中的聯集、差集、交集、合併、分割…等各種功能來處理。另外還可以利用「直接選取工具」選取造型上的錨點，再透過「控制」面板作錨點的刪除或轉換，也可以讓幾何造形產生更多的變化。這一小節中，我們就針對「路徑面板」及「形狀建立程式工具」做介紹，讓各位輕鬆組合成想要的造型圖案。

4-3-1 認識路徑面板

請各位先由「視窗」功能表中勾選「路徑管理員」的選項，使開啟「路徑管理員」面板。

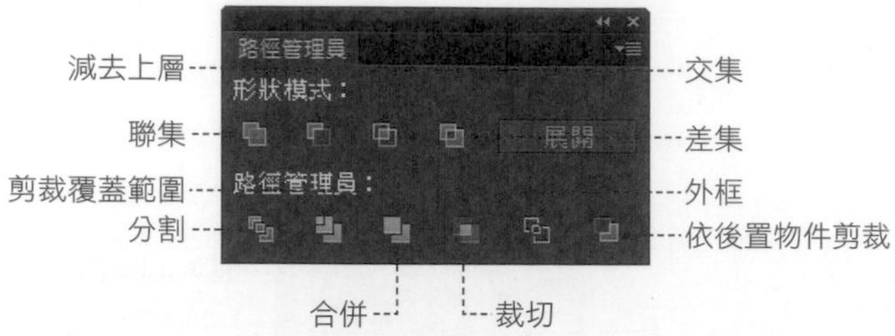

接下來我們依序針對形狀模式和路徑管理員所提供的功能按鈕作說明。

4-3-2 聯集

「聯集」可將選取的各種物件融合在一起，而變成一個單一的獨立物件。

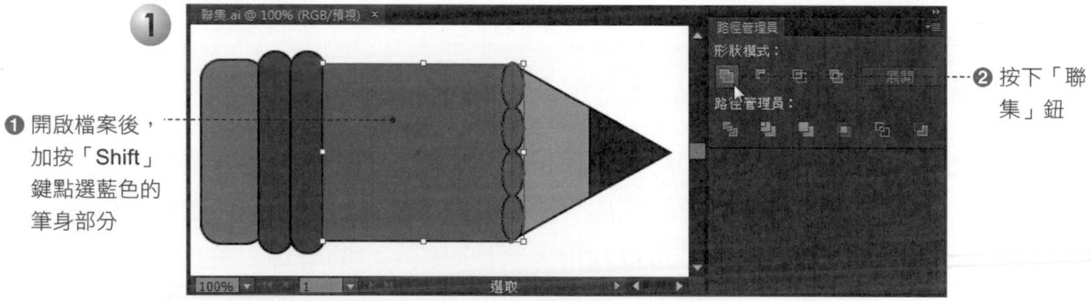

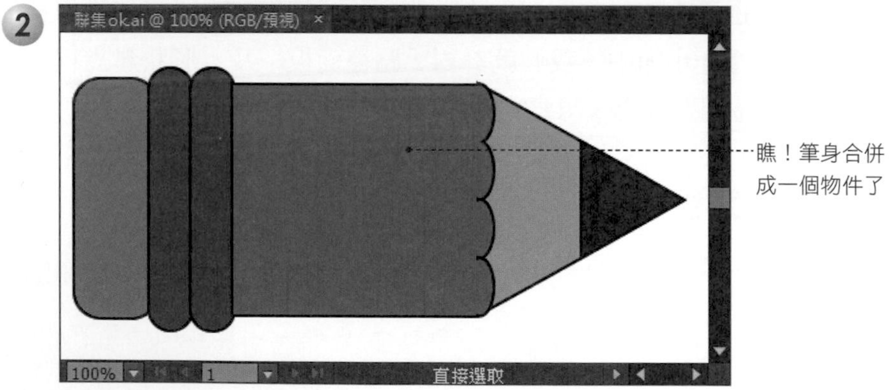

4-3-3 減去上層

「減去上層」是將下層物件減掉上層的物件，而重疊的部分會形成鏤空的狀態。

1

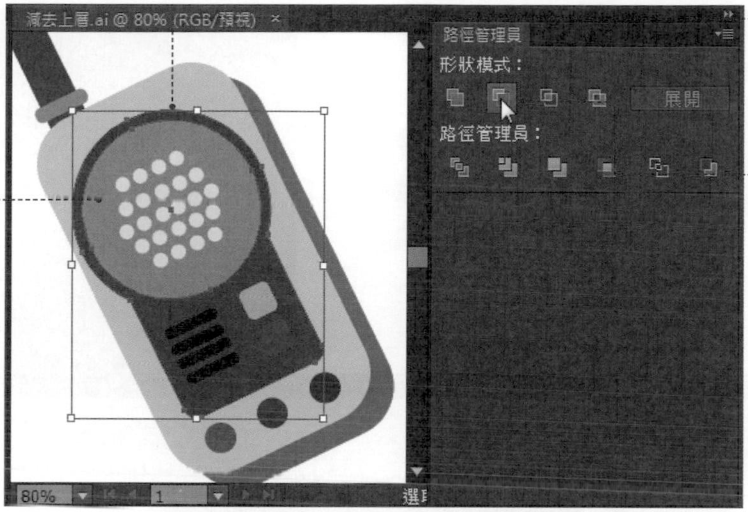

❶ 先點選紅色的造型（此造形已合併成單一造形）

❷ 加按「Shift」鍵點選橘色的圓形部分

❸ 按下「減去上層」鈕

2

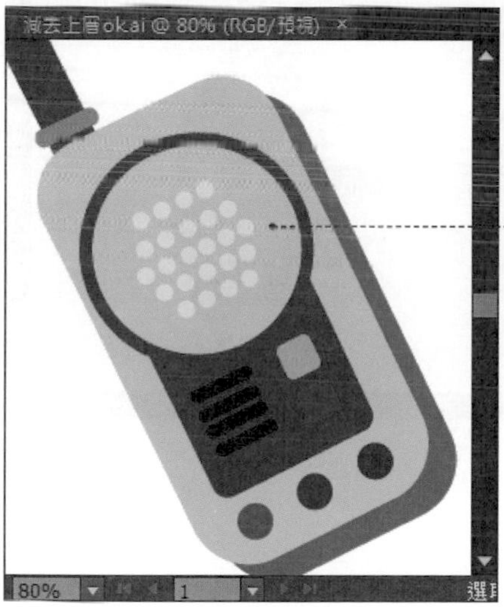

圓形區域變鏤空了，而顯現出底下的淡藍色面板

4-3-4 交集

「交集」 只會保留兩選取物件的重疊部分。

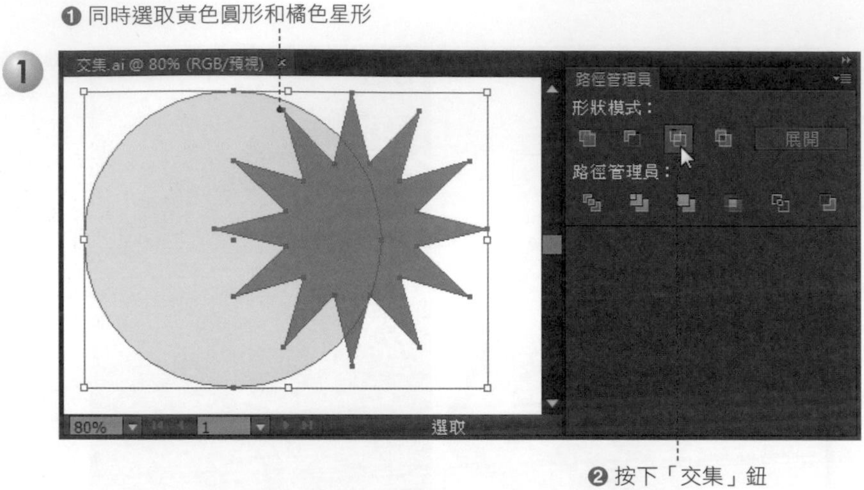

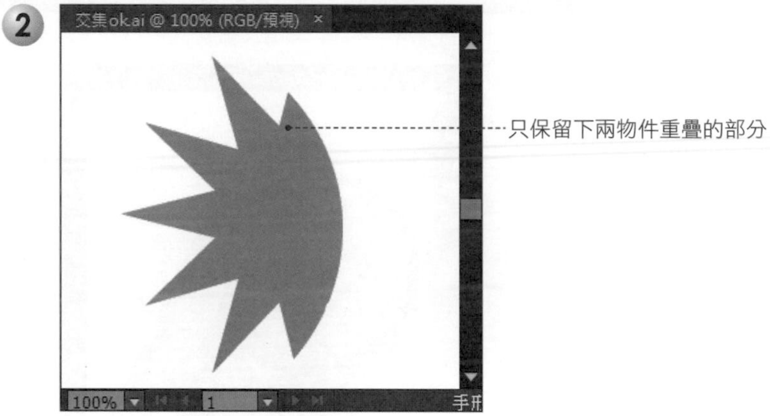

4-3-5 差集

「差集」 會保留物件間未重疊的部分，並以最上層物件的顏色填入，而重疊的部分則會變成鏤空的狀態。

❶ 同時選取綠色、黃色、橘色三個物件

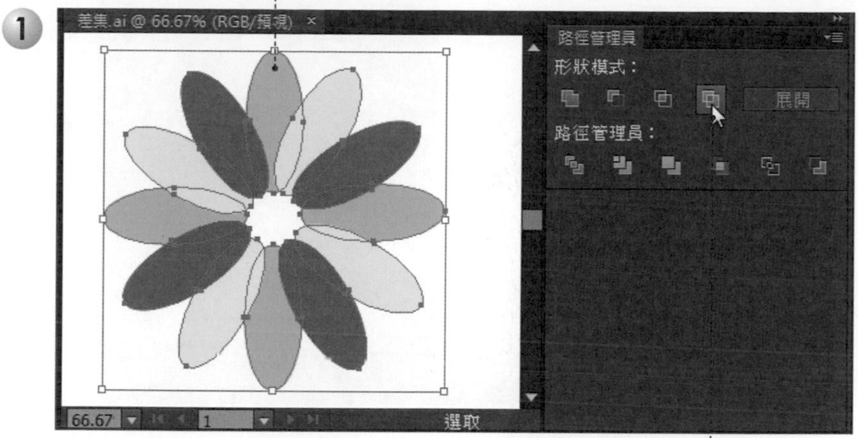

❷ 按下「差集」鈕

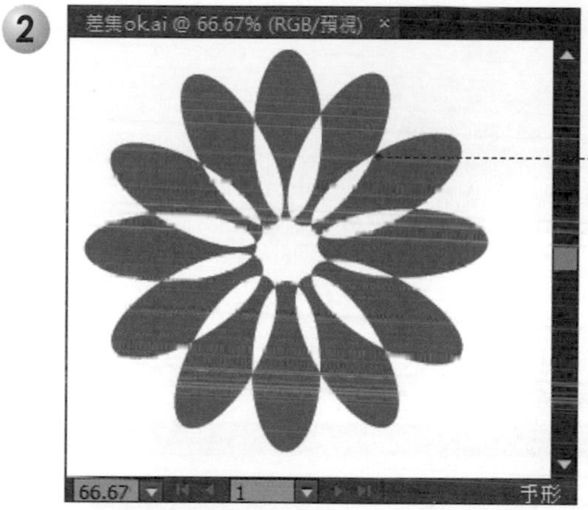

瞧！三個物件都變成橙色，重疊部分則變鏤空

4-3-6 分割

「分割」 會將物件重疊的部分切割成一塊塊的物件，不過分割後必須利用「群組選取工具」 才可以調整分割後的物件。

1

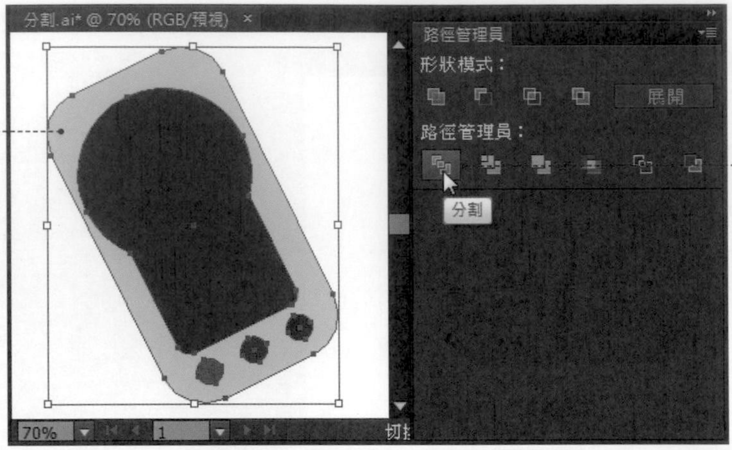

❶ 加按「Shift」鍵選取此五個物件

❷ 按下「分割」

2

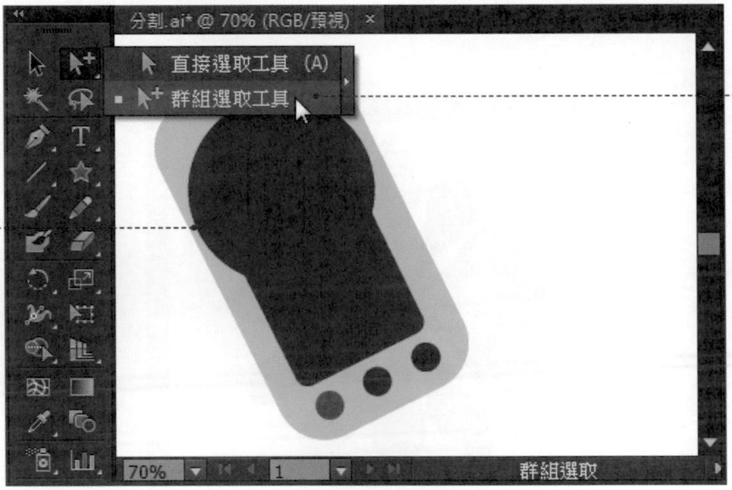

❶ 先取消物件的選取狀態

❷ 由此改選「群選取工具」

3

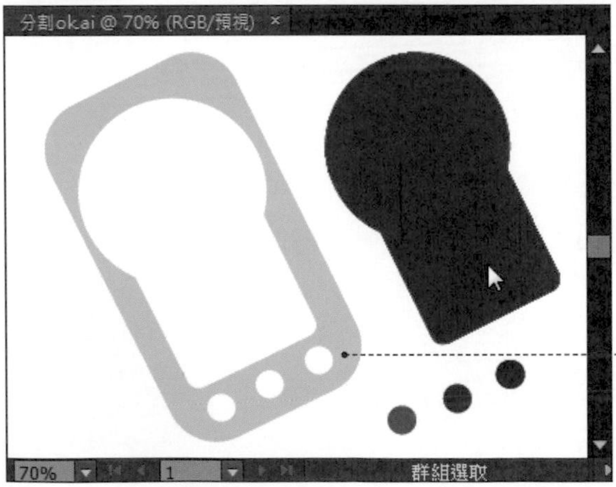

依序以滑鼠拖曳上層的造形，即看到原先淡藍色的圓角矩形，已成鏤空的效果

4-3-7 剪裁覆蓋範圍

「剪裁覆蓋範圍」會將物件相重疊的地方消除，同時物件上若有加入框線，也會一併將框線去除。

1

選取此二圖形

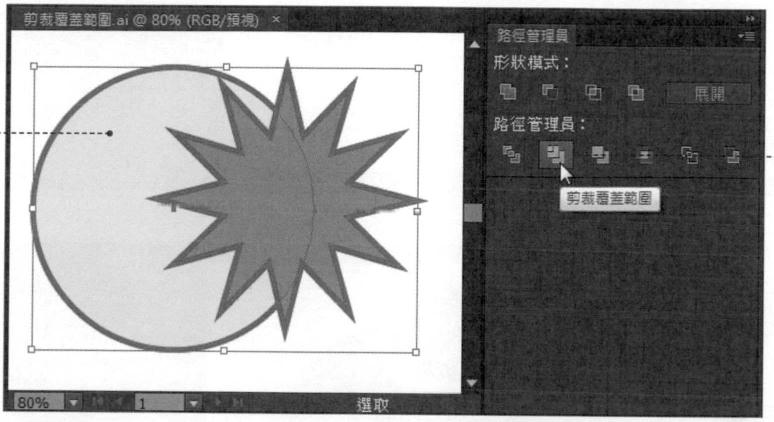

❷ 按下「剪裁覆蓋範圍」鈕

2

點選「群組選取工具」

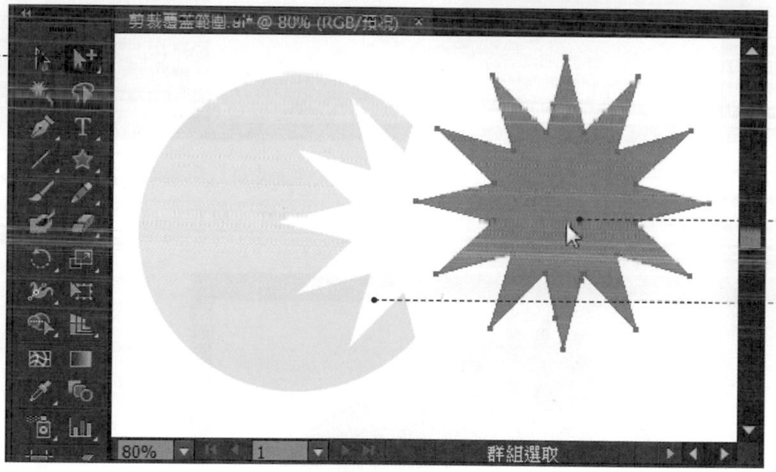

❷ 以滑鼠拖曳即可移動物件

❸ 瞧！框線及重疊處都被剪裁掉了

4-3-8 合併

「合併」的作用有部分與「剪裁覆蓋範圍」雷同，對於不同色彩的造型，都會將重疊的部分切除，然後移除筆畫框線，只留下填色。但是若合併的是相同色彩的造形，則會合併成一個物件。

1

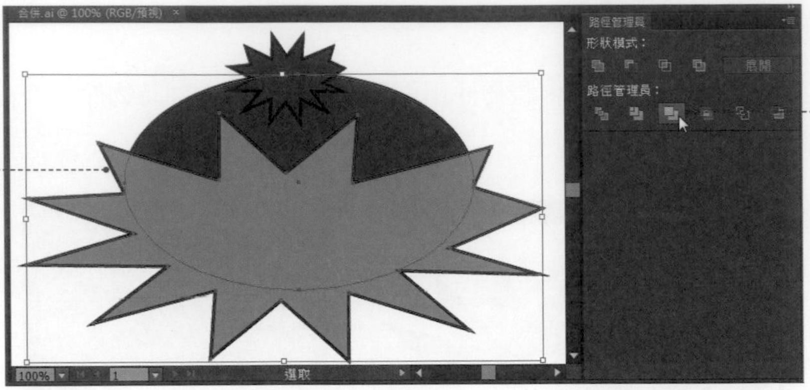

❶ 選取褐色橢圓形和綠色的星狀造型

❷ 按下「合併」鈕

2

❶ 點選「群組選取工具」

❷ 在文件上點選綠色造型，按「Delete」鍵即可刪除，使留下上方的頭髮

❸ 同時點選上方的頭髮及星狀造型

❹ 按下「合併」鈕

3

由於是相同色彩，所以合併成一個造型物件

4-3-9 裁切

「裁切」▣會將重疊的部分保留下來，而以下層的顏色顯示，如果原先有設定框線，則線框會被移除。

1

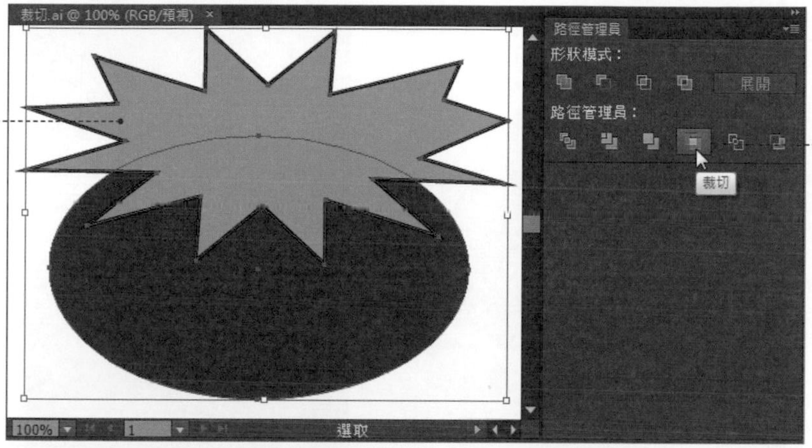

2

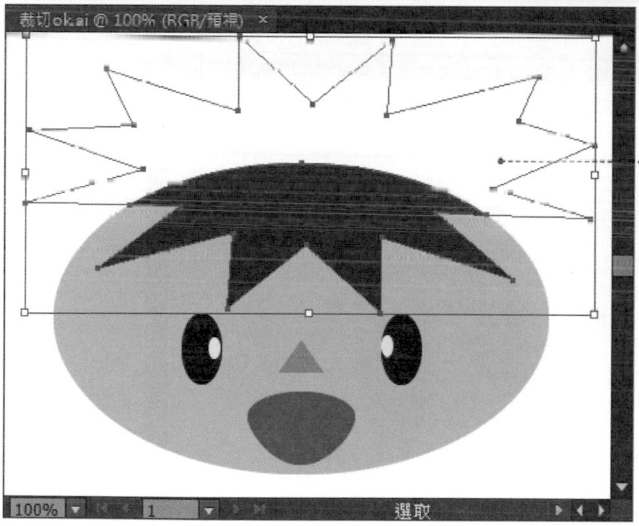

4-3-10 外框

使用「外框」鈕會將物件裁切成個別的線段。如圖示：

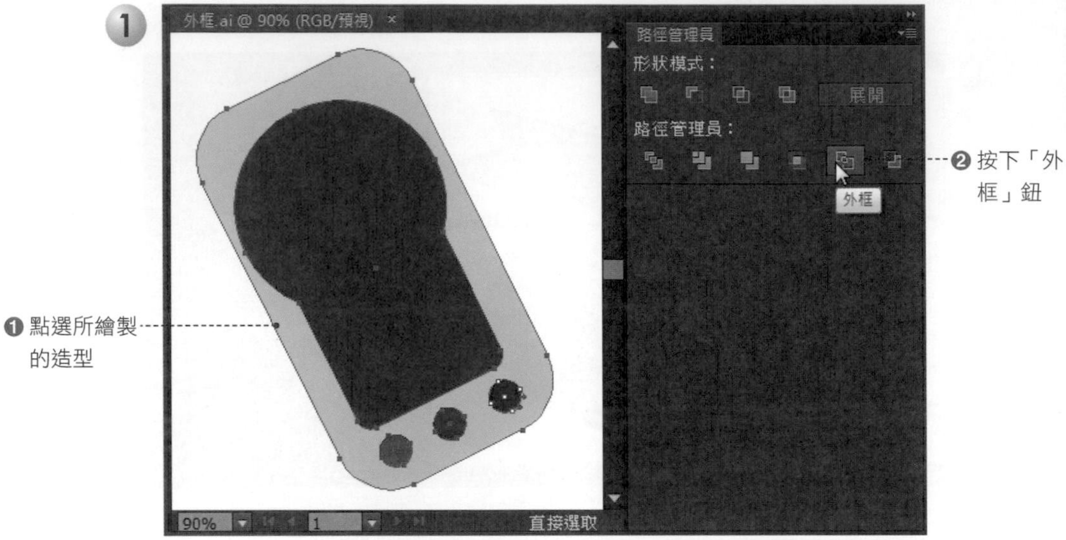
外框.ai @ 90% (RGB/預視)
路徑管理員
形狀模式：
展開
路徑管理員：
外框
❷ 按下「外框」鈕
❶ 點選所繪製的造型
90%
1
直接選取

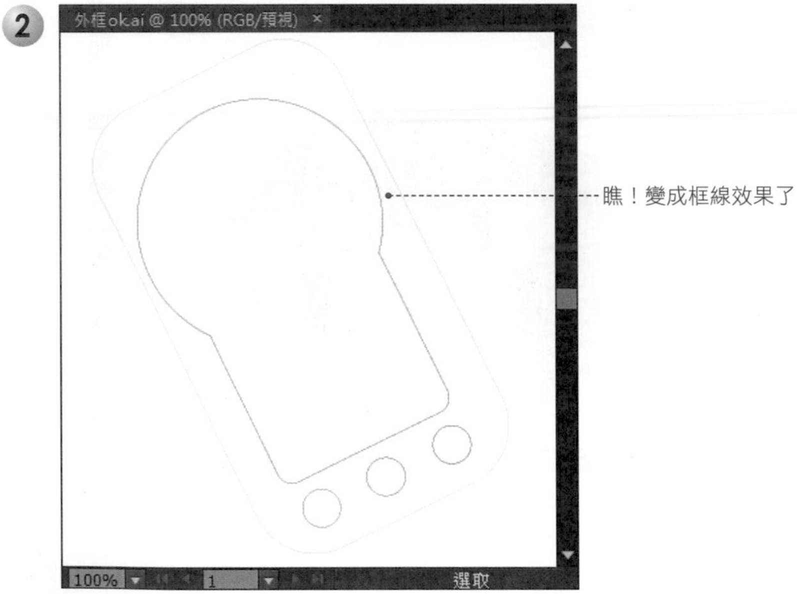
外框ok.ai @ 100% (RGB/預視)
瞧！變成框線效果了
100%
1
選取

圖案變成線框後，只要利用「直接選取工具」就可以調整線段或錨點，若選用「選取工具」則可以為外框加入填色或筆畫寬度。如圖示：

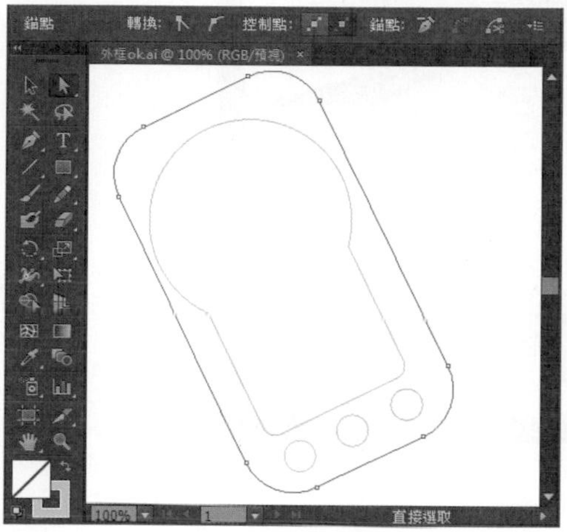

選用「直接選取工具」可由「控制」面板調整錨點

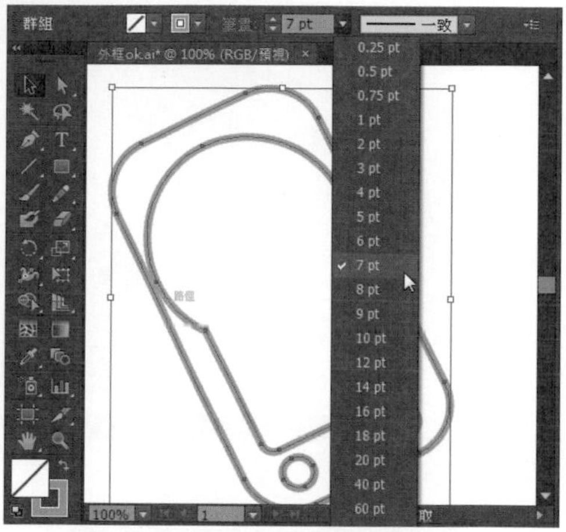

選用「選取工具」可由「控制」面板色定填色或筆畫

4-3-11 依後置物件剪裁

「依後置物件剪裁」會將上層的物件減去下層的物件。

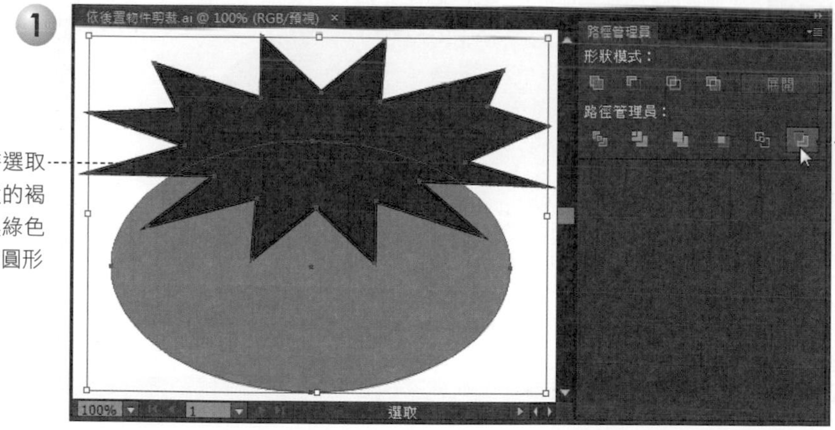
1
❶ 同時選取星狀的褐色與綠色的橢圓形
❷ 按下「依後置物件剪裁」鈕
路徑管理員
形狀模式：
路徑管理員：

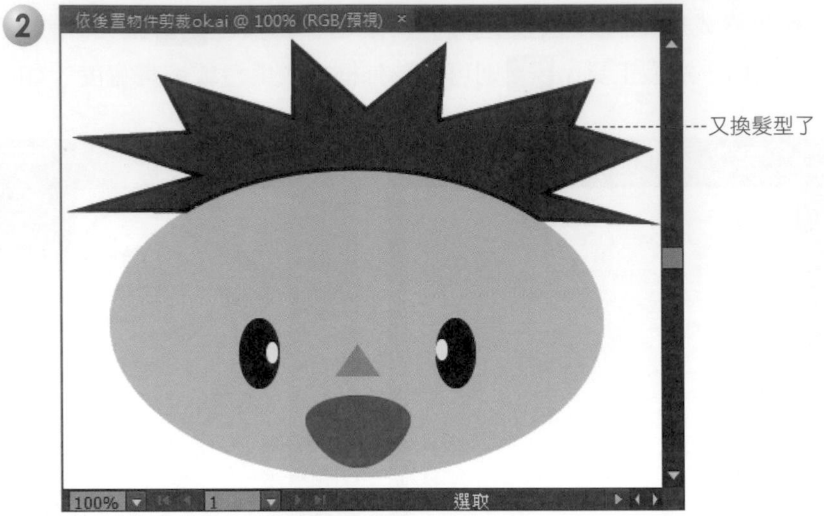

4-3-12 形狀建立程式工具

「形狀建立程式工具」是另一個可以加快物件組合速度的工具，原則上若要合併物件，可以利用滑鼠拖曳出來的直線作圖形的合併，而加按「Alt」鍵則可以減去造型。使用方式說明如下：

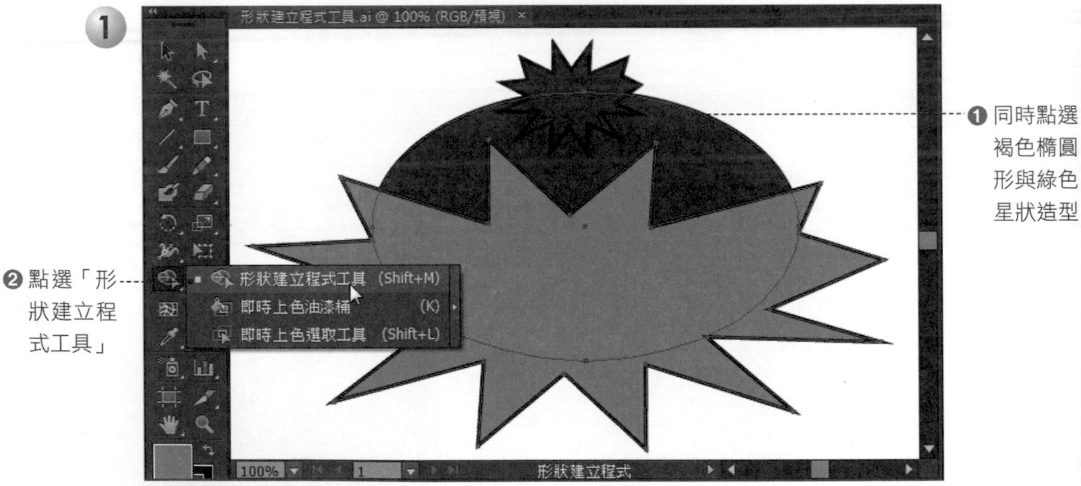

2

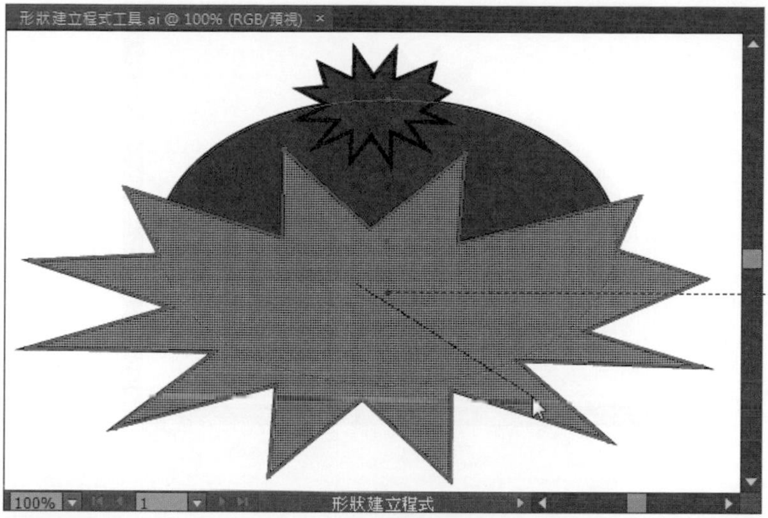

加按「Alt」鍵，並以滑鼠拖曳出如圖的直線，即可減去綠色的星狀造型

3

❶ 同時點選兩個褐色的造型

再點選「形狀建立程式工具」

4

以滑鼠拖曳出如圖的直線，使跨越三個區塊

5

瞧！兩個褐色已合併成一個造形了

4-4 造形的變形

前面的小節中，我們已經學會了如何利用基本繪圖工具來創造造型，接下來還有一些工具可以幫助各位快速為造型作變形，這些工具包括了橡皮擦工具、剪刀工具，及美工刀工具。另外還有可以透過彎曲、扭轉、膨脹、皺摺、扇形…等工具的設定，讓造型產生細微的變形，這裡就針對這些功能做說明。

4-4-1 橡皮擦工具

「橡皮擦工具」 用來可以擦去畫面上多餘的區域，透過橡皮擦工具選項的設定，即可設定想要的橡皮擦的尺寸、角度、和圓度。

1

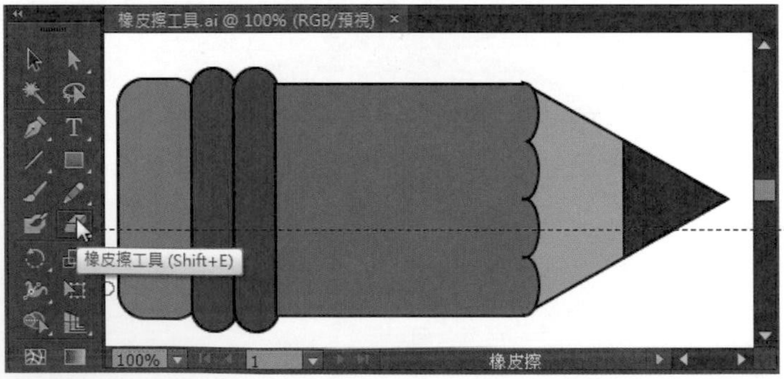

點選「橡皮擦工具」後，按滑鼠兩下於工具上，使顯現「橡皮擦工具選項」視窗

2

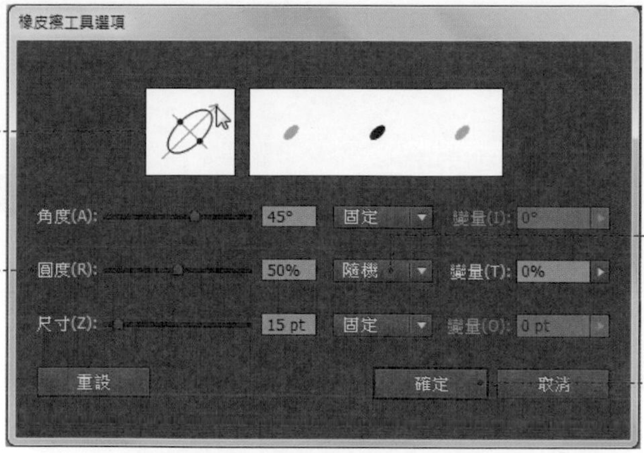

❶ 拖曳此處可以控制筆觸的角度

❷ 依序設定圓角和筆觸尺寸

若勾選「隨機」，可由後方設定變量值

❸ 設定完成按「確定」鈕離開

3

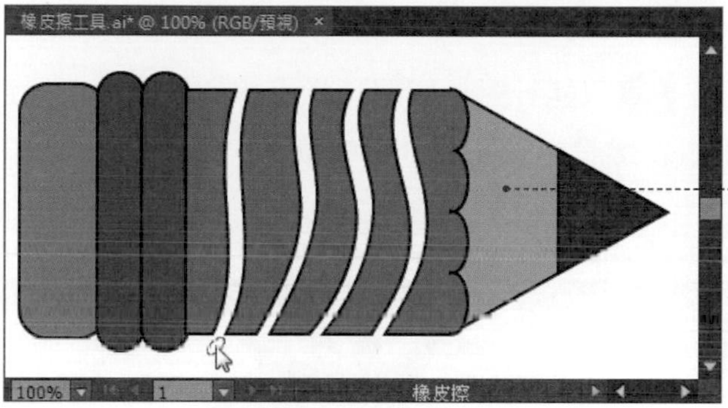

直接以滑鼠拖曳，就可以擦除出造型

4-4-2 美工刀工具

「美工刀工具」 可以沿著任何的形狀或路徑進行不規則的切割，而切割後的造形會自動變成封閉的路徑。

1

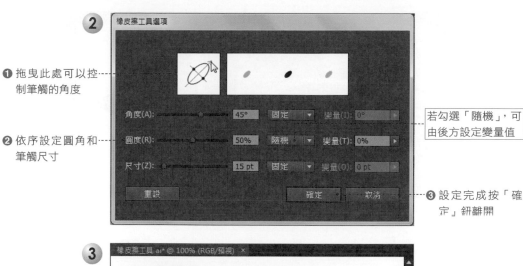

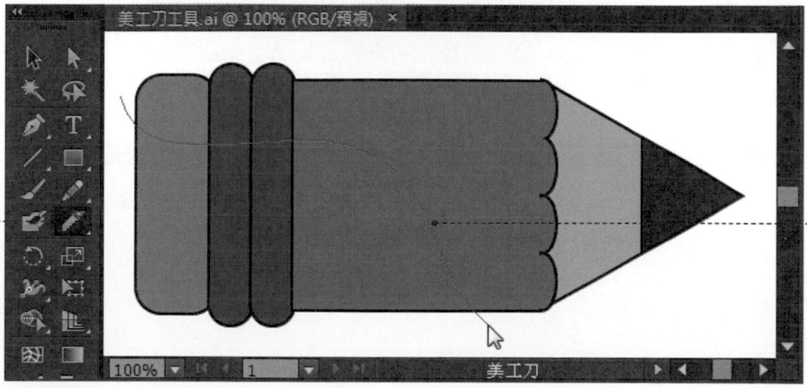

❶ 點選「美工刀工具」

❷ 以滑鼠拖曳出想要切割的線條

2

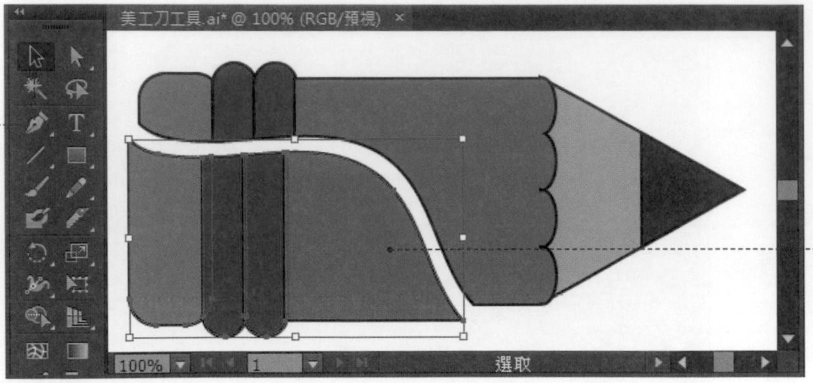
美工刀工具.ai* @ 100% (RGB/預視)
100%
選取
❶ 點選「移動工具」
❷ 同時點選
割的區塊
即可作位

4-4-3 剪刀工具

「剪刀工具」只能針對一個路徑做直線的切割，所以選取路徑後，請在路徑上按下滑鼠左鍵設定兩個要分割的錨點，即可利用「選取工具」移動切片的位置。

1

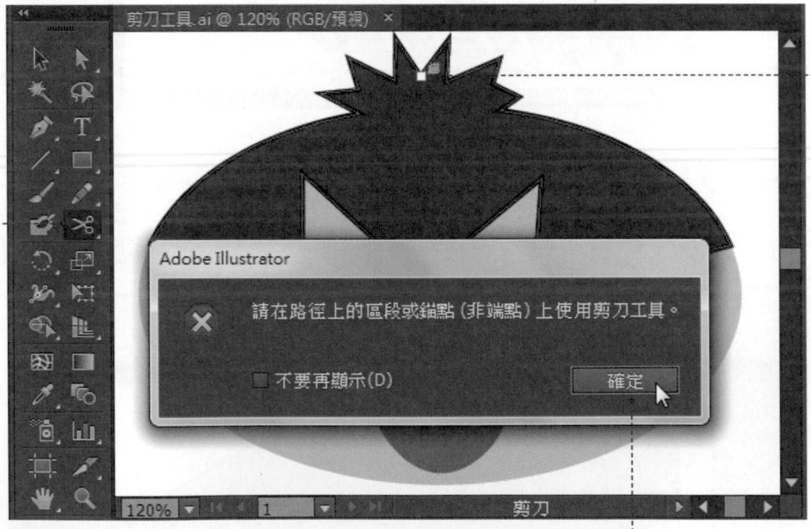
剪刀工具.ai @ 120% (RGB/預視)
Adobe Illustrator
請在路徑上的區段或錨點 (非端點) 上使用剪刀工具。
不要再顯示(D)
確定
120%
剪刀
❶ 點選「剪刀工具」
❷ 按下此錨
❸ 若出現此視窗，請按「確定」鈕離開

2

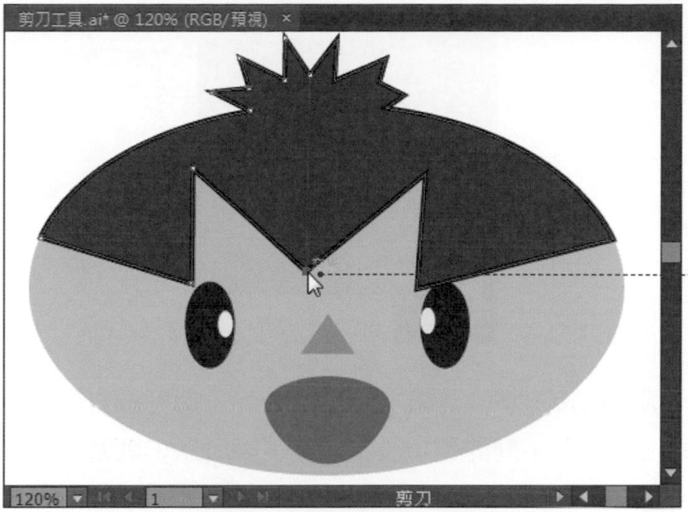

再按下此錨點

3

以「選取工具」移動頭髮的位置，瞧！變成中分頭了

4-4-4 液化變形

液化變形是指利用寬度工具、彎曲工具、扭轉工具、縮攏工具、膨脹工具、扇形化工具、結晶化工具、皺摺工具等，將造型做細微的變形。工具鈕的位置如下：

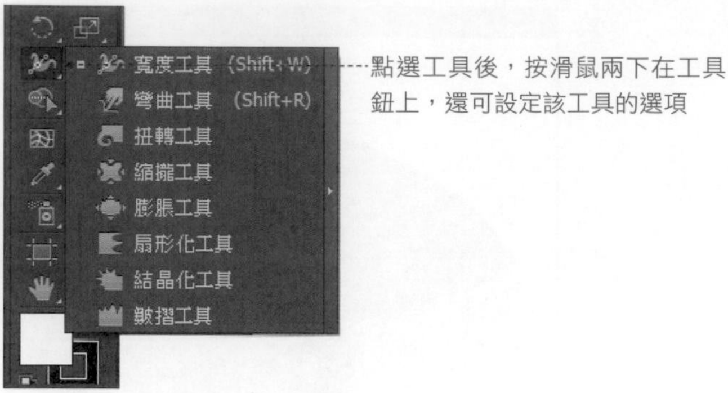

點選任一個工具後，在工具鈕上按滑鼠兩下，還可針對該工具的選項做設定，而不同的工具就有不同的選項設定，如下圖所示，則為「扭轉工具選項」的視窗畫面。

扭轉工具選項
整體筆刷尺寸
寬度(W): 50 px
高度(H): 50 px
角度(A): 0°
強度(I): 50%
使用壓感式鋼筆(U)
扭轉選項
扭轉程度: -69°
細節(D): 2
簡化(S): 50
顯示筆刷大小(B)
在按下工具前先按住 Alt 鍵，可以動態地變更筆刷大
重設 確定 取消

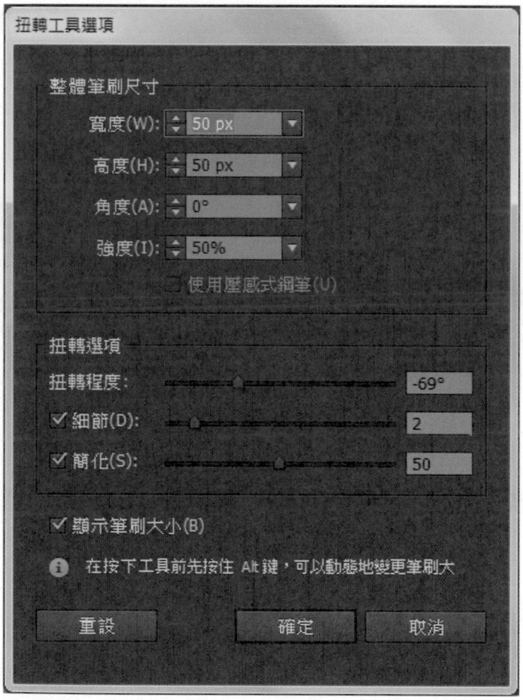

從各工具鈕的圖示上，各位也可以看出它所產生的變化效果，因此這裡僅就部分效果做示範說明：

1
點選「扭轉工具」，並按兩下滑鼠於工具鈕上
液化變形.ai @ 100% (RGB/預視)
扭轉工具
100%
扭轉

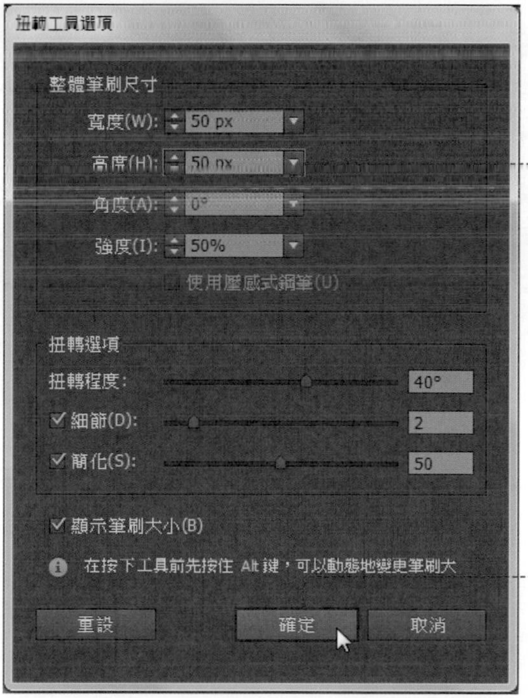
2
扭轉工具選項
整體筆刷尺寸
寬度(W): 50 px
高度(H): 50 px
角度(A): 0°
強度(I): 50%
使用壓感式鋼筆(U)
扭轉選項
扭轉程度: 40°
細節(D): 2
簡化(S): 50
顯示筆刷大小(B)
在按下工具前先按住 Alt 鍵，可以動態地變更筆刷大
重設
確定
取消
❶ 將工具的「寬度」與「高度」改為「50」
❷ 按下「確定」鈕離開

3

按此處，使之將門以旋轉扭曲的方式來變形

4

❶ 點選「縮攏工具」

❷ 分別將左右兩側的城堡由外往內的方向做聚集和收縮的變形

5

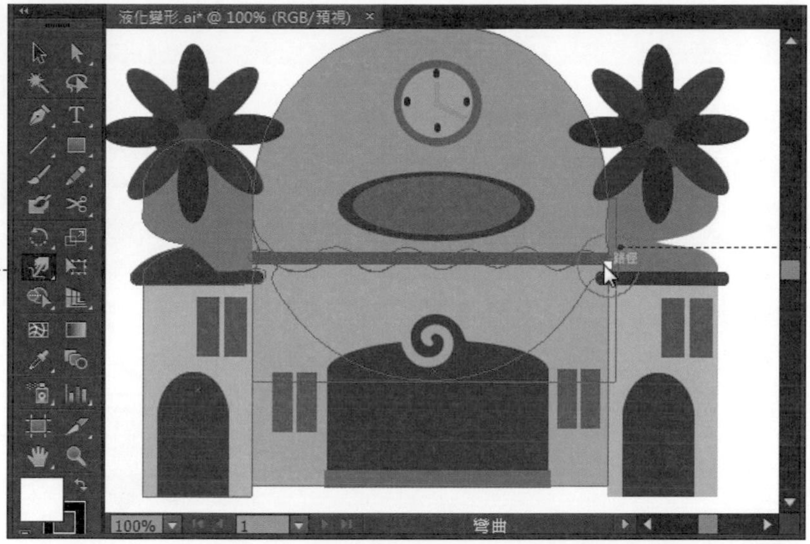
液化變形.ai* @ 100% (RGB/預視)
100%
彎曲

❶ 點選「彎曲工具」

❷ 上下拖曳此造形，使形成拉伸的變形效果

6

液化變形ok.ai @ 100% (RGB/預視)
100%
手形

輕鬆完成造形的變形

4-5 範例實作：標誌設計

在這個範例中，我們將利用本章所學習的技巧來完成如圖的標誌設計。我們將會運用到星形工具、橢圓型工具、矩形工具、圓角矩形工具、路徑管理員面板、美工刀工具，以及形狀建立程式工具。話不多說，咱們開始進行吧！

4-5-1 建立星形外輪廓

首先我們要在寬 960 像素，高 560 像素的文件上，繪製一個包含 24 個星芒數的星形，同時確定中間圓形的區域範圍，以便將繪製的造型人物放置在裡頭。

1

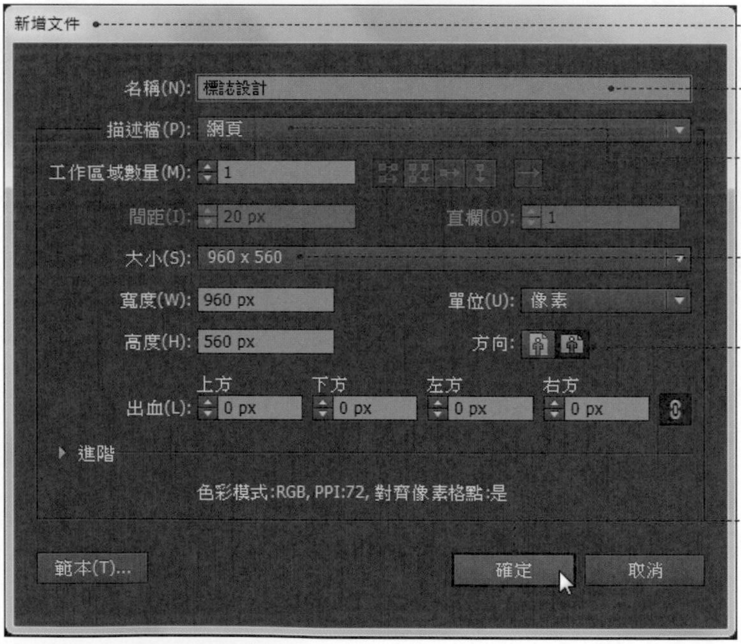

❷ 設定填色為橙色，筆畫為無

2

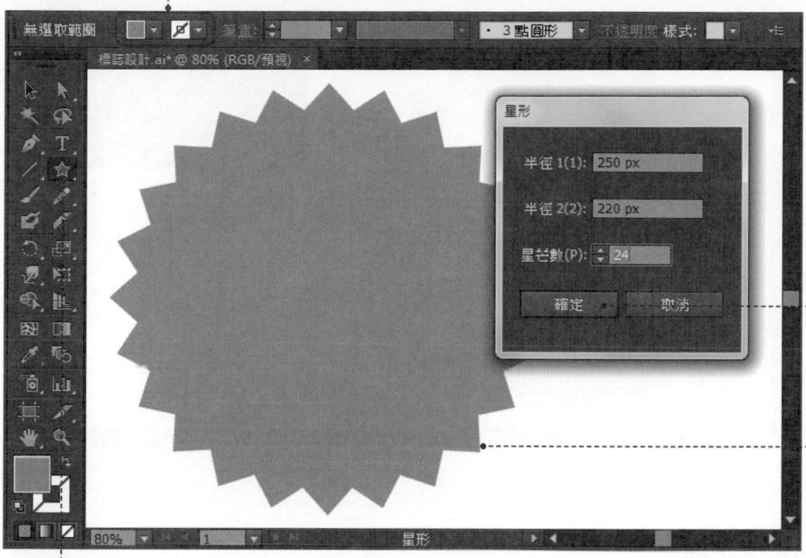

❸ 在文件上按一下左鍵，使出現此視窗，設定半徑為 250 及 220，星芒數為 24，按下「確定」鈕離開

❹ 顯示完成的星形造型

❶ 點選「星形工具」

❷ 分別將色彩設為綠色和黃色，框線為無

3

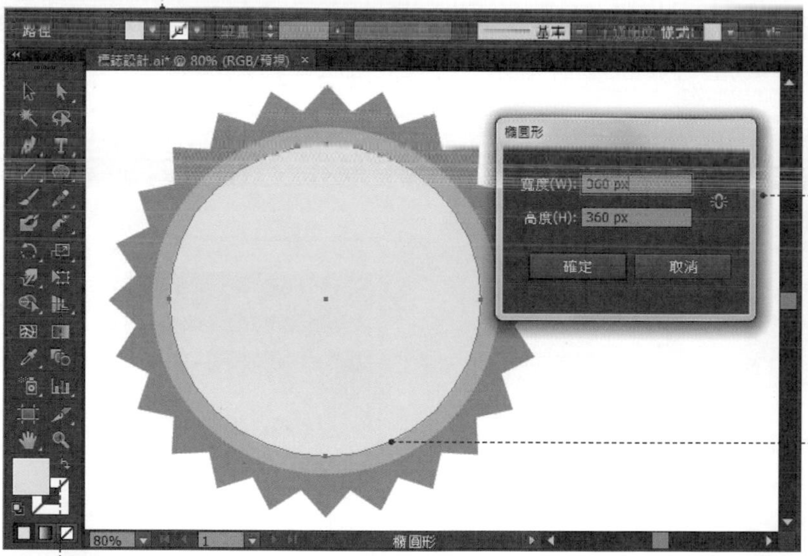

❸ 按一下义件，分別設定寬高 400 和寬高 360 的兩個圓形，按「確定鈕離開

❹ 顯示圍成的兩個正圓形

❶ 改選「橢圓型工具」

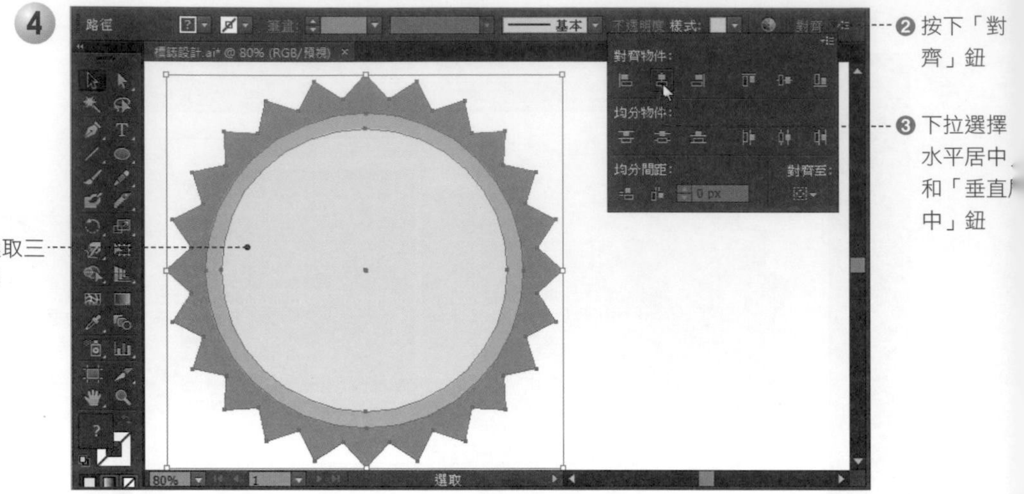
❶ 同時選取三個造形
❷ 按下「對齊」鈕
❸ 下拉選擇水平居中和「垂直居中」鈕

4-5-2 頭形繪製

確定標誌的外輪廓後，接下來要開始繪製頭形。我們將以「橢圓型工具」分別繪製一個寬高為 225 像素的膚色（R：244，G：205，B：130）和褐色（R：96，G：56，B：19）的圓形。利用「美工刀工具」切割出頭髮的造型後，臉的部分則加入橢圓形當作耳朵，然後與圓臉做聯集處理。

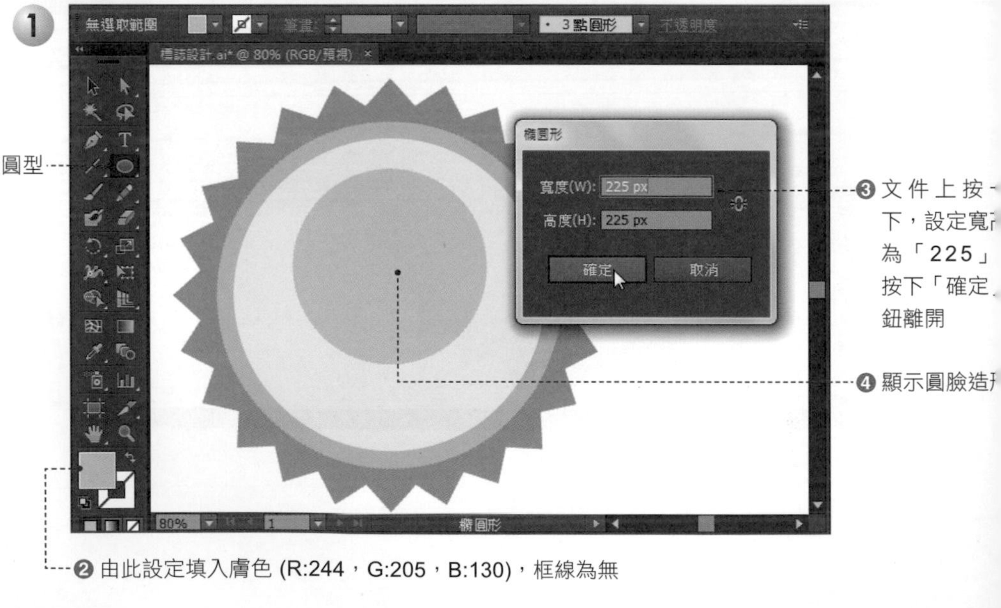
❶ 點選「橢圓型工具」
❷ 由此設定填入膚色 (R:244，G:205，B:130)，框線為無
❸ 文件上按一下，設定寬高為「225」，按下「確定」鈕離開
❹ 顯示圓臉造形
橢圓形
寬度(W): 225 px
高度(H): 225 px
確定
取消

2

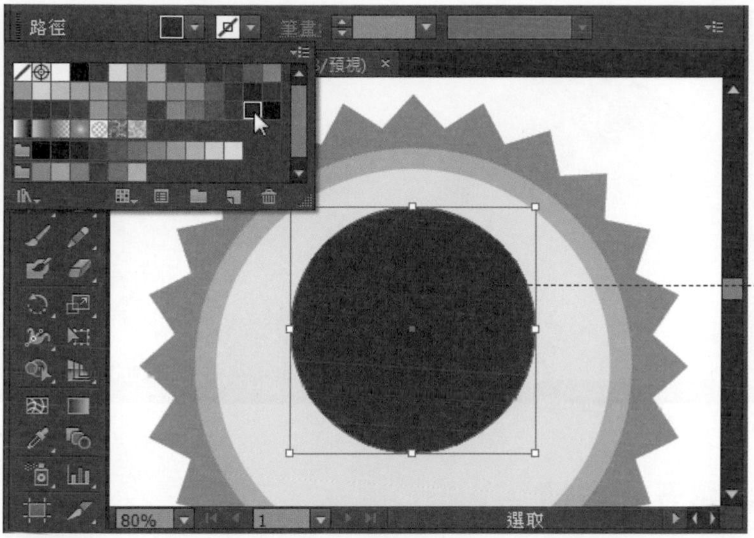

加按「Alt」鍵拖曳造形，使複製圓形一份，並置於圓臉造型之上

3

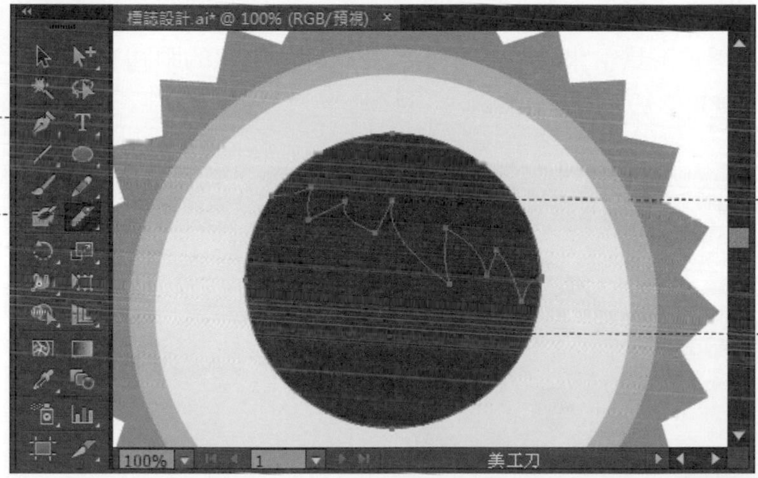

❸ 再點選「選取工具」

❶ 點選「美工刀工具」

❷ 切割出如圖的劉海造形

❹ 將下方的褐色造形按「Delete」鍵刪除，使顯現臉形

4

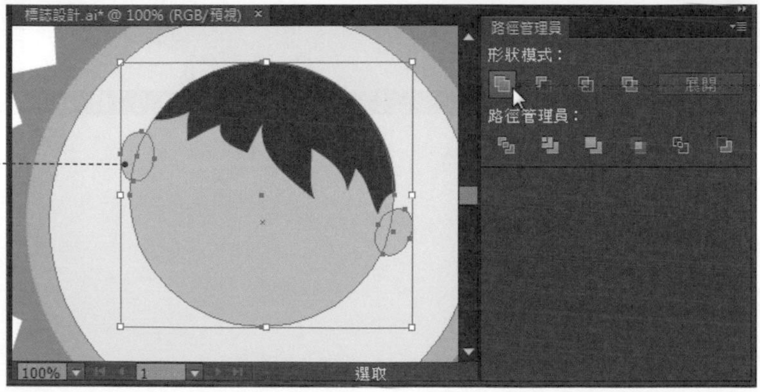

❶ 以「橢圓型工具」繪製兩個橢圓形，置於臉的兩側，使形成耳朵

❷ 選取三個物件後，按下「聯集」鈕，使變成一個物件

5

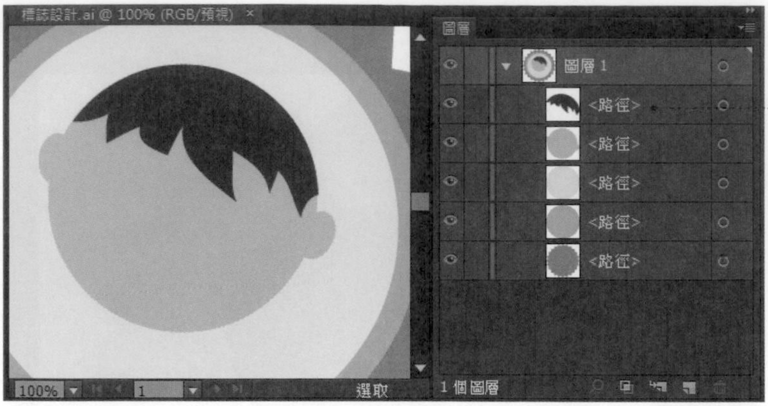

由「圖層」面板將褐色頭髮移到最上層，完成頭形的繪製

4-5-3 繪製五官表情

頭形確定後，接下來要加入眼睛、眉毛、嘴巴、腮紅等，在此我們將運用「形狀建立程式工具」來做眉毛和嘴巴的處理，其餘的眼睛和腮紅則利用「橢圓型工具」就可完成。

1

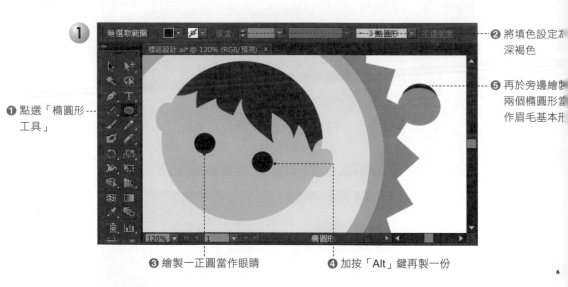

❶ 點選「橢圓形工具」

❷ 將填色設定為深褐色

❸ 繪製一正圓當作眼睛

❹ 加按「Alt」鍵再製一份

❺ 再於旁邊繪製兩個橢圓形當作眉毛基本形

2

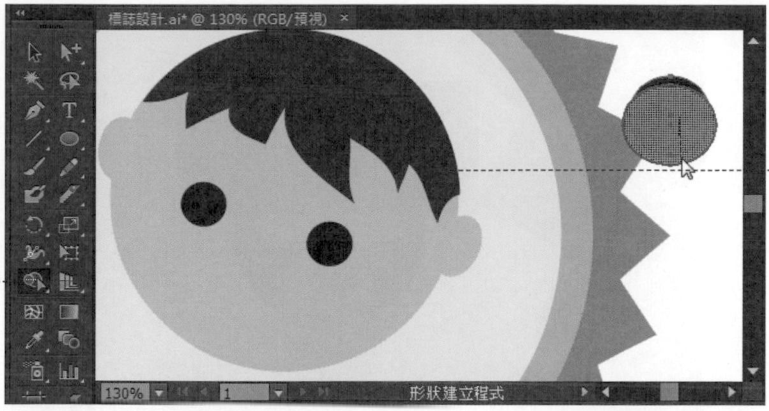

選取兩個形後，點選「形狀建立程式工具」

❷ 加按「Alt」鍵拖曳出直線，使減掉淺褐色部分

3

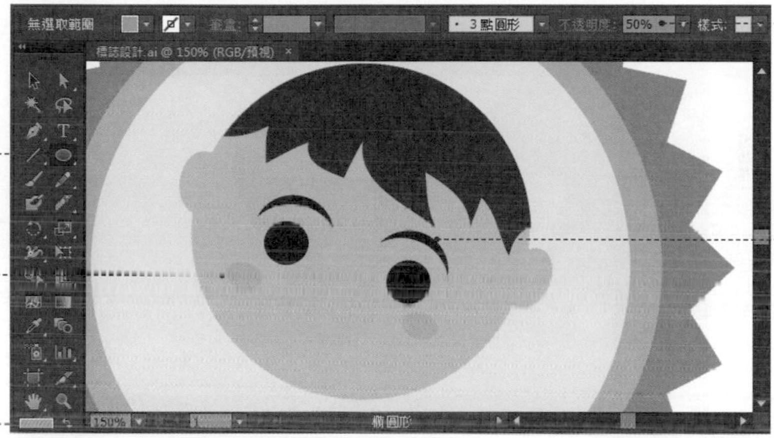

❺ 不透明度設為「50%」

❷ 點選「橢圓形工具」

❹ 繪製橢圓的腮紅

❶ 將眉形移到眼睛之上，再製一份後，以「旋轉工具」調整其角度

❸ 填色設定粉紅色 (R:252，G:169，B:203)

4

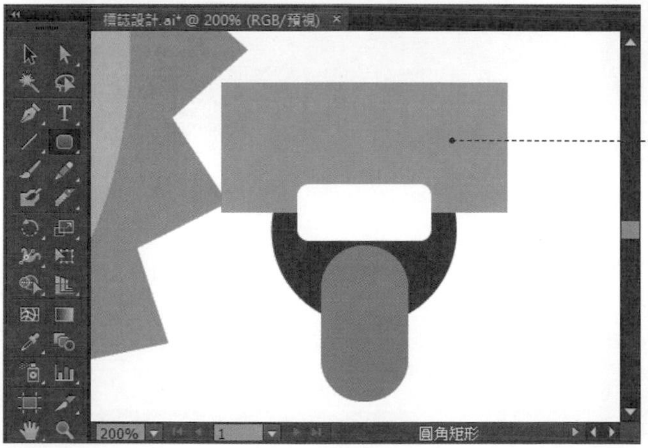

在標誌旁邊，以矩形工具、橢圓形工具、圓角矩形工具繪製如圖的四個造型

5

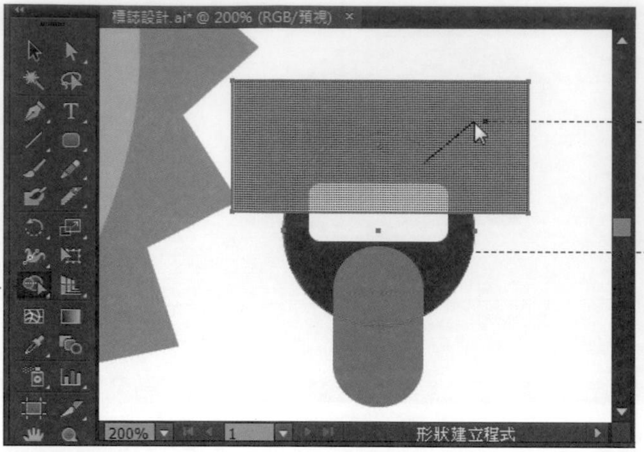

❸ 加按「Alt」鍵拖曳出直線，使減掉綠色

❶ 同時點選褐色的橢圓和綠色的矩形

❷ 點選「形狀建立程式工具」

6

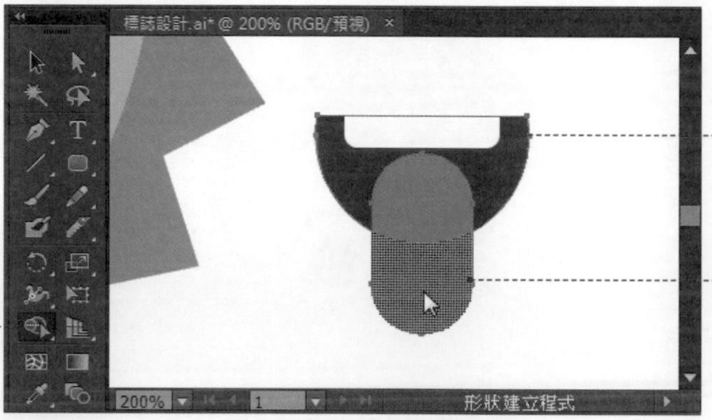

❶ 同時點選褐色的嘴巴與粉紅色的舌頭

❸ 加按「Alt」鍵點選此部分，使之減掉

❷ 點選「形狀建立程式工具」

7

同上方式，減掉上方的白色，即可完成嘴巴的造型，再將嘴巴移到臉形中，以「旋轉工具」旋轉到如圖的角度

4-5-4 繪製頭飾和身形

頭形完成後，最後就是加入身體和頭飾，由於標誌的重點在於臉形上，所以身體和頭飾就盡量簡單化。繪製的衣服若超出圓形的標誌範圍，仍舊可以利用「形狀建立程式工具」將其減掉。

❷ 設定填入綠色，框線為深綠色，筆畫為「11」

1

❶ 以「橢圓型工具」繪製一圓

❸ 再以「矩形工具」繪製一矩形

2

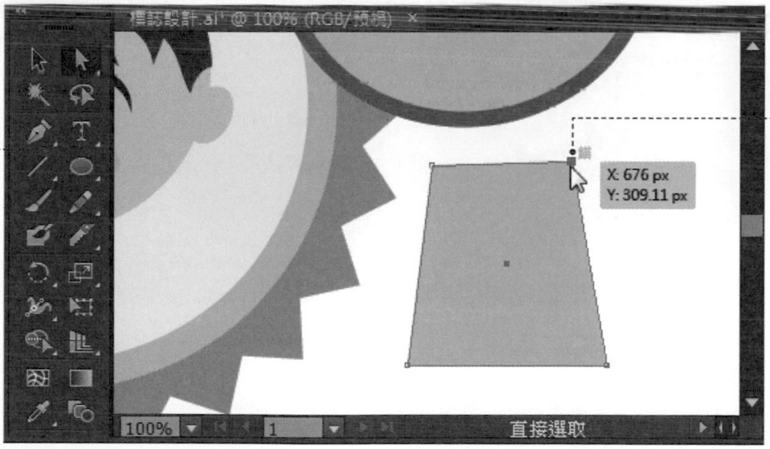

❶ 點選「直接選取工具」

❷ 分別移動矩形上方的兩個錨點，使之變成梯形

3

加按「Alt」鍵再製 2 個梯形 ，縮小後置於左右兩側，使變成衣服，選取三個梯形後，以「形狀建立程式工具」拖曳出直線，使合併成一個造形

開啟「圖層」面板，將頭飾和衣服移到頭形下層，使顯現如圖

4

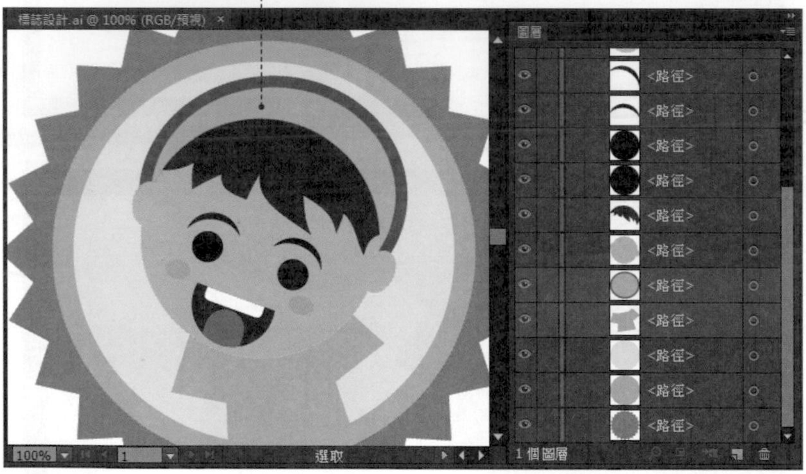

5

同時點選黃色圓形和綠色衣服，以「形狀建立程式工具」減掉多餘的衣服

6

同時點選橘色星形和綠色圓形，以「形狀建立程式工具」減掉綠色部分

7

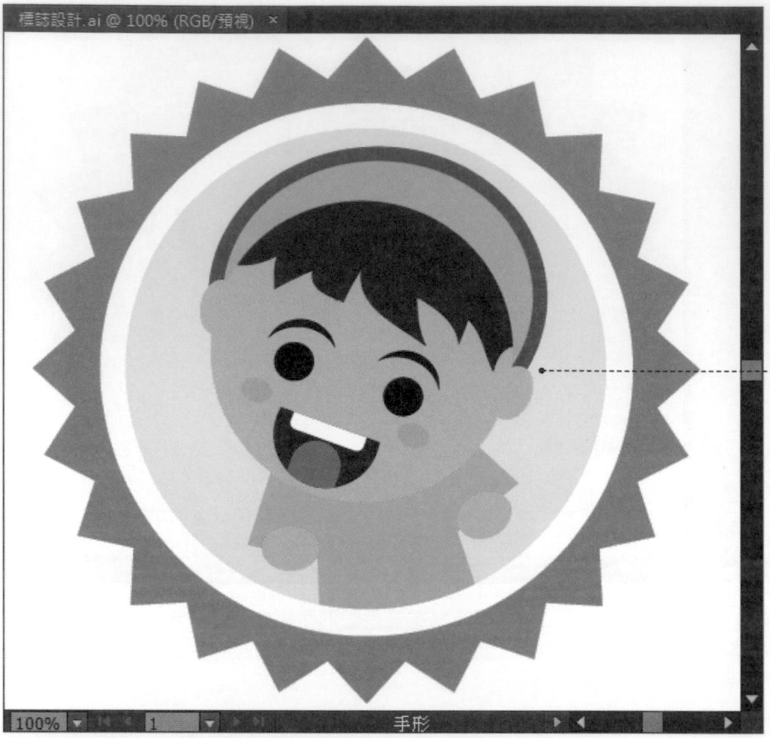

最後以「橢圓形工具」繪製兩個手掌，即可完成標誌設計

實作題

1. 請利用橢圓型工具、矩形工具、圓角矩形工具完成如下的郵筒繪製。

   【完成檔案】郵筒 ok.ai

完成圖

   【提示】

   (1) 先以橢圓型工具、矩形工具、圓角矩形工具等工具繪製基本造型，筆畫寬度設為「5」，深褐色。

   (2) 同時選取紅色橢圓形和紅色矩形的造型，由「路徑管理員」面板中按下「聯集」鈕，即可變成一個造形。黃色橢圓形和黃色矩形也一樣比照辦理。

2. 請利用橢圓型工具和圓角矩形工具完成如圖手套繪製。

   【完成檔案】手套 _ 基本形 .ai、手套 ok.ai

【提示】

(1) 先以橢圓型工具和圓角矩形工具等工具繪製基本造型，筆畫寬度設為「5」，深灰色。(可參閱手套 _ 基本形 .ai)

(2) 利用「路徑管理員」面板中的「聯集」鈕，將手指尖的橢圓形與手指的圓角矩形合併在一起。

(3) 繪製黑色圓形，筆畫設為無，繪製後，加按「Alt」鍵依序複製。

3. 請利用橢圓型工具、矩形工具、圓角矩形工具、多邊形工具、形狀建立程式工具、美工刀工具完成如圖的女孩繪製。

【完成檔案】女孩 _ 基本形 .ai、女孩 ok.ai

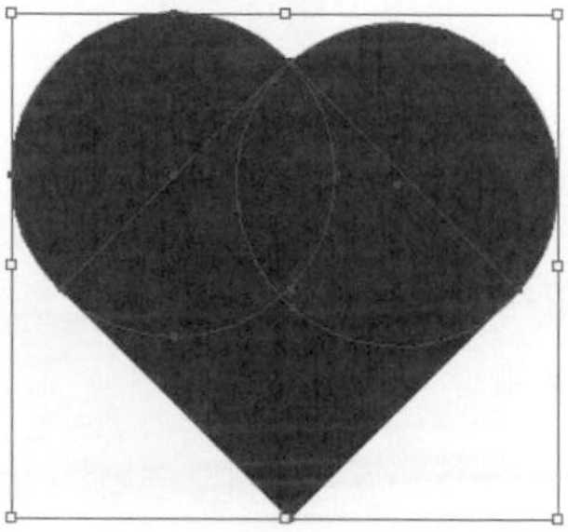

心形參考圖

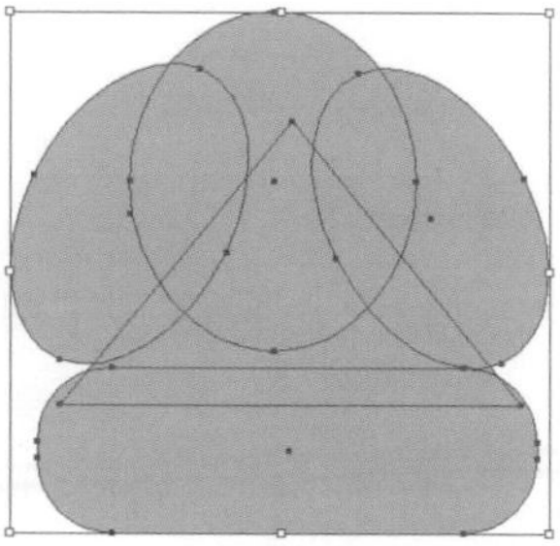

身體參考圖

【提示】

(1) 頭髮部分是以美工刀切割而成的劉海與馬尾造形。

(2) 嘴巴和眉毛的製作的請參閱「4-5-3 繪製五官表情」的介紹。

(3) 紅心是由兩個橢圓形和一個方形合併而成。(請參閱心形參考圖)

(4) 身體部分由三個橢圓形 + 一個三角形 + 圓角矩形組合而成。(請參閱身體參考圖)

05 CHAPTER

線條的建立與編修－吉祥物繪製

學習指引

對於封閉的幾何造型，相信各位在前一章節中已經能夠運用自如，至於線條的繪製與編修、貝茲曲線的繪製與編修、或是筆刷效果的應用，則在這一章中會跟各位探討。

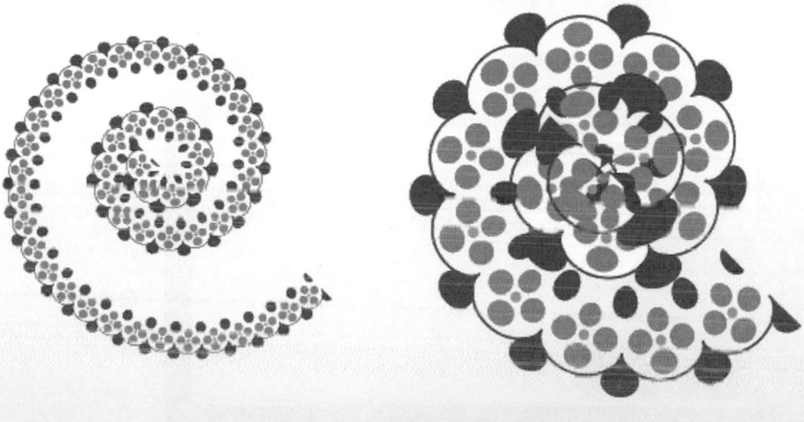

利用不同線條寬度繪製出不同感覺的影像

5-1 繪製線條

在線條方面，不管是直線、曲線、弧線、螺旋狀線條、格狀、放射狀等，Illustrator 都有相關的工具可供設計者使用。此外，想要繪製有包含箭頭的線條也不是問題喔！現在就來看看這些線條要如何繪製。

5-1-1 以「線段區段工具」繪製直線

「線段區段工具」用來繪製線段，使用時只要按下滑鼠建立起點位置，拖曳後放開滑鼠，線段就會自動顯現。若加按「Shift」鍵則限定在水平線、垂直線、或 45 度角的線段。若需要特定的長度或角度，可按左鍵於文件上，軟體就會自動顯現「線段區段工具選項」的視窗。

1

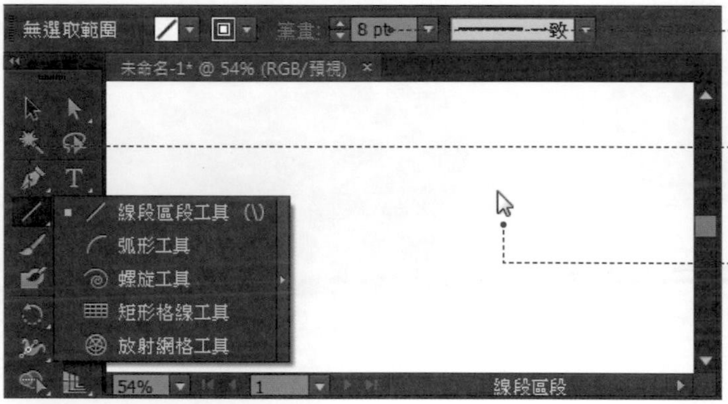

❷ 由「控制」面板設定框線的色彩和筆畫寬度

❶ 按此選擇「線段區段工具」

❸ 在文件上按下左鍵，使出現選項視窗

2

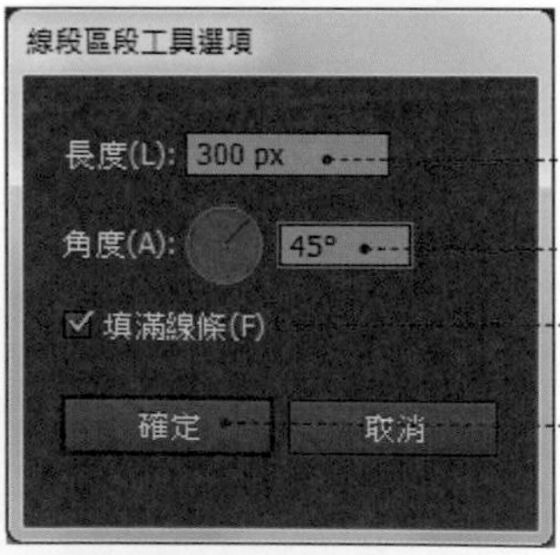

❶ 輸入長度

❷ 設定角度

❸ 勾選「填滿線條」

❹ 按「確定」鈕

3

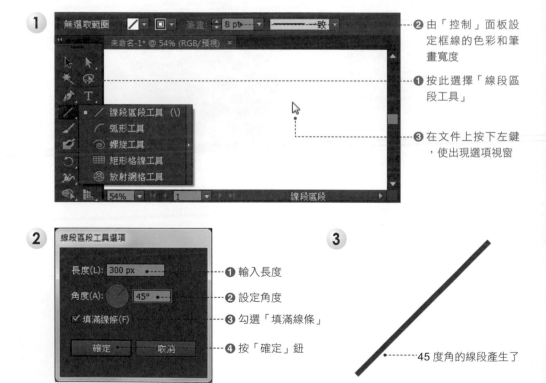

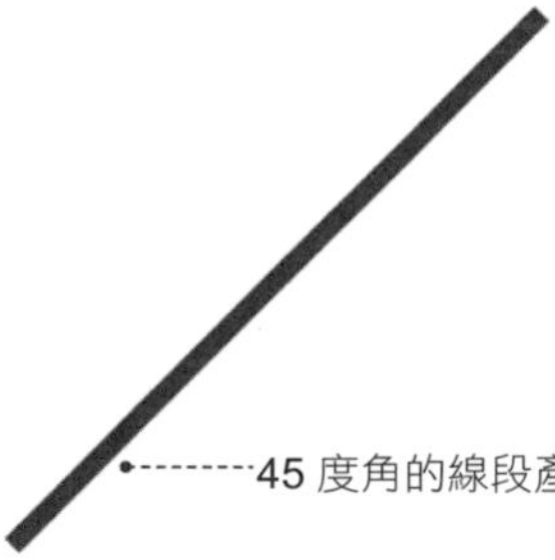

45 度角的線段產生了

5-1-2 以「鉛筆工具」繪製曲線

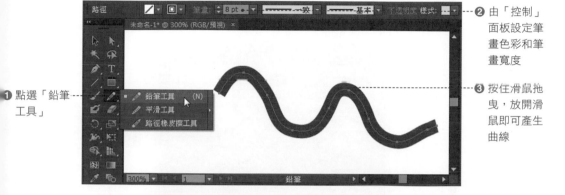

如果要繪製自由的不規則線條，那麼可以利用「鉛筆工具」來處理，只要由「控制」面板上設定好筆畫色彩和筆畫寬度，直接拖曳滑鼠即可產生自由曲線。

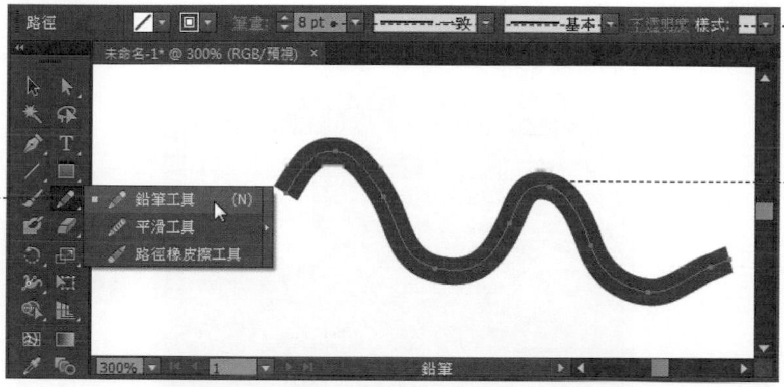

❶ 點選「鉛筆工具」

❷ 由「控制」面板設定筆畫色彩和筆畫寬度

❸ 按住滑鼠拖曳，放開滑鼠即可產生曲線

以「鉛筆工具」繪製曲線時，如果加按「Alt」鍵，它就會自動變成封閉的造型而非線條。另外，若按兩下於工具鈕上，還會顯示如下的選項視窗，可設定鉛筆的擬真度與平滑度。

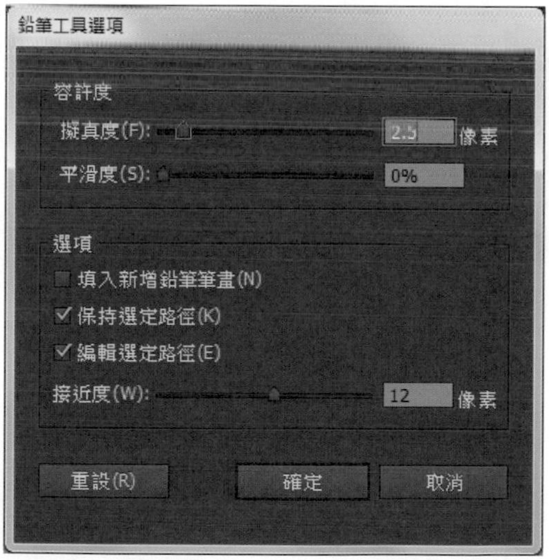

5-1-3 以「弧形工具」繪製弧狀線條

「弧形工具」 用來繪製弧狀線條，它和「線段區段工具」 一樣是按下滑鼠建立起點位置，拖曳後放開滑鼠，弧狀線條就會產生。繪製時若加按「C」鍵可做為扇形和弧形間的切換。若要進一步控制弧形效果，可按工具鈕兩下，使出現選項視窗。選項視窗如下：

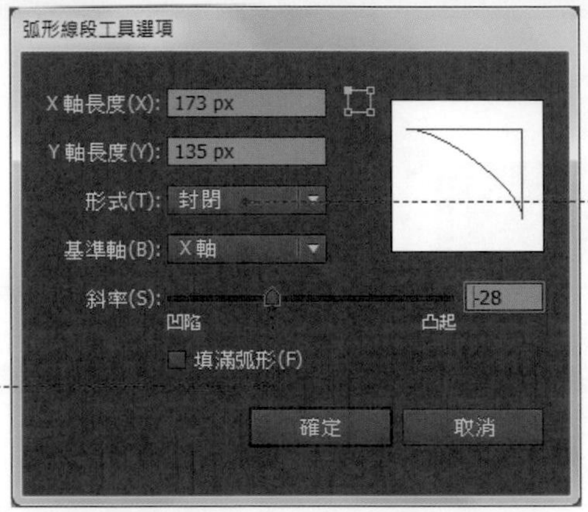

選擇「開放」則繪製成弧狀，選擇「封閉」則繪製成扇形

斜率用來設定弧形凹陷或突出的效果

5-1-4 以「螺旋工具」繪製螺旋狀造形

「螺旋工具」 可畫出順時針或逆時針方向的螺旋狀造型。通常一圈會包含四個區段，然後從螺旋的中心點到最外側的距離之間做比例的衰減。要設定螺旋效果，請在文件上按一下左鍵，即可在如下視窗中做設定。

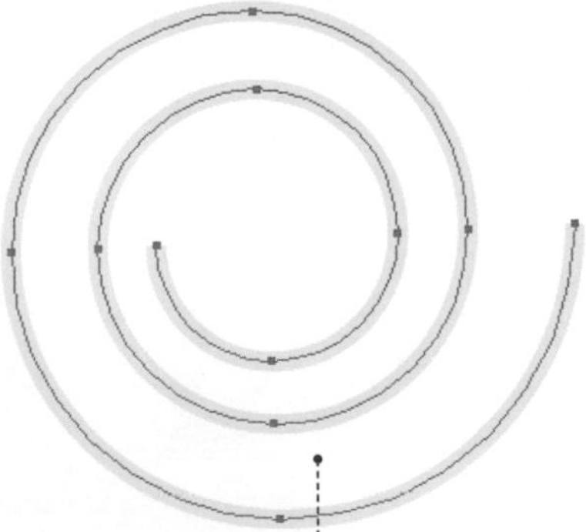

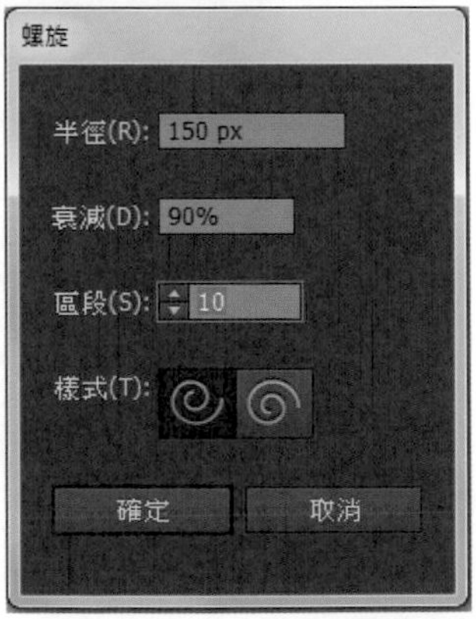

包含 10 個區段，作 90% 衰減的螺旋形

5-1-5 為線條加入虛線與箭頭

繪製的線條，通常透過「控制」面板就可以變更線條的顏色和筆畫寬度，但是如果想要加入箭頭符號，或是想要變換成虛線效果，那就得透過「筆畫」面板來處理。請執行「視窗 / 筆畫」指令使開啟「筆畫」面板。

在預設的狀態下，「筆畫」面板上只會顯示「寬度」的屬性，各位必須由面板右側下拉選擇「顯示選項」指令，才能看到如下的完整面板。

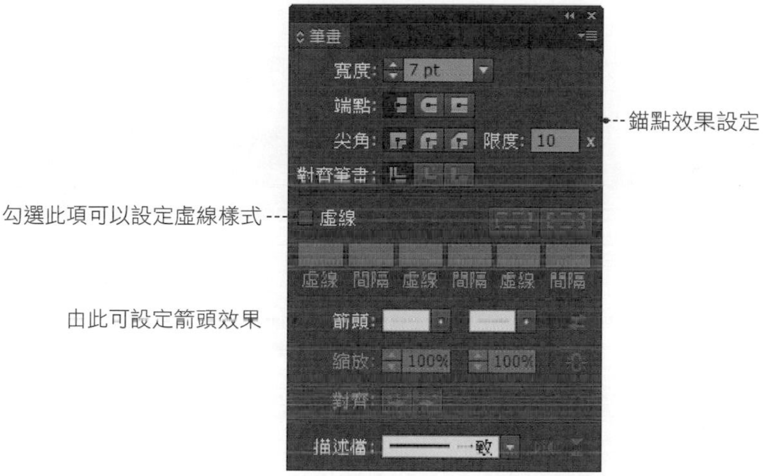

錨點效果設定

「端點」用於設定線條的起始點和結束點的效果，「尖角」則是設定線條轉彎處的效果。各位可以比較一下它的不同點。

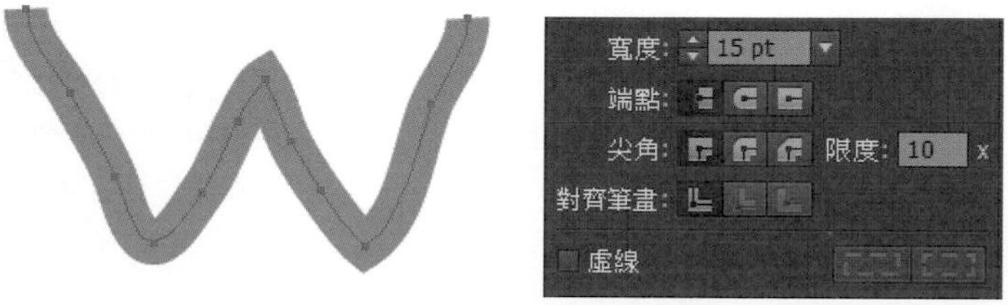

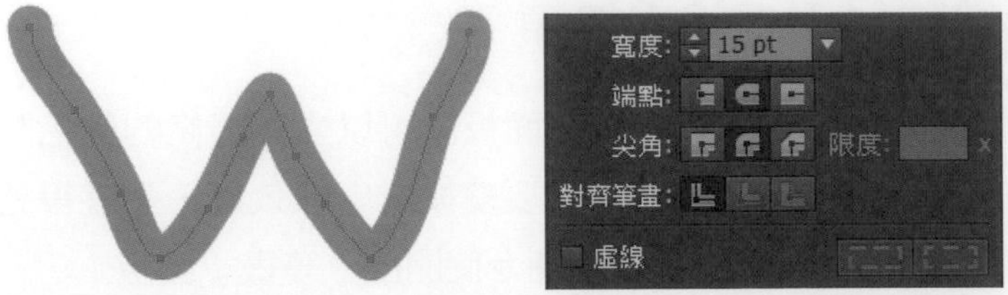

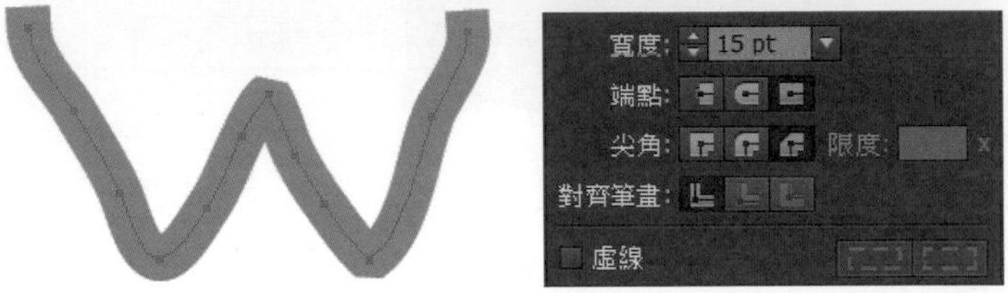

虛線

勾選「虛線」後，可以透過虛線或間隔的設定來產生不同的虛線效果。

箭頭

可以控制起始點與結束點的箭頭效果或縮放比例。

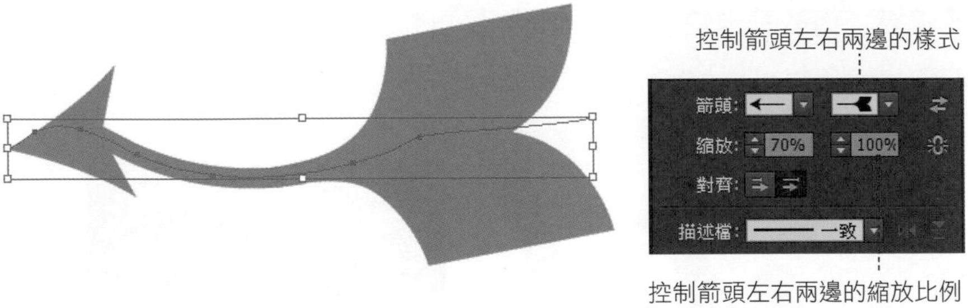

5-1-6 以「鋼筆工具」繪製直線或曲線區段

「鋼筆工具」 可以繪製直線區段，也可以繪製曲線區段。使用方式略有不同，各位可以比較一下：

繪製直線

只要依序按下滑鼠左鍵，即可建立錨點。若將結束點與起點相重疊，則可產生封閉的造型。

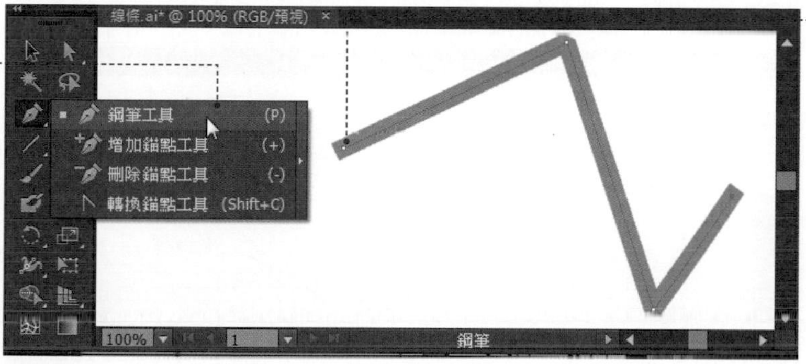
線條.ai* @ 100% (RGB/預視)
鋼筆工具 (P)
增加錨點工具 (+)
刪除錨點工具 (-)
轉換錨點工具 (Shift+C)
100%
鋼筆
❶ 點選「鋼筆工具」
❷ 由左而右依序按滑鼠左鍵於三個點上，繪製完成時切換到「選取工具」，即可完成直線區段的繪製

繪製曲線

建立第一個錨點後，再按下滑鼠建立第二個錨點時，必須同時做拖曳的動作才能產生曲線，而錨點的左右兩側顯現控制桿和把手，可控制曲線的弧度。若要轉換成尖角，可以加按「Alt」鍵。若將起點與結束點相連接，它就會自動變成封閉的造型。

1

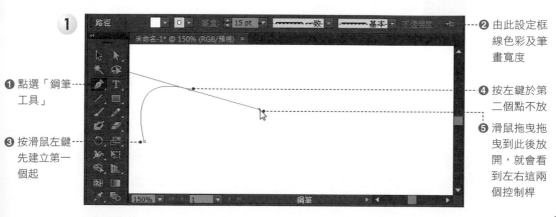

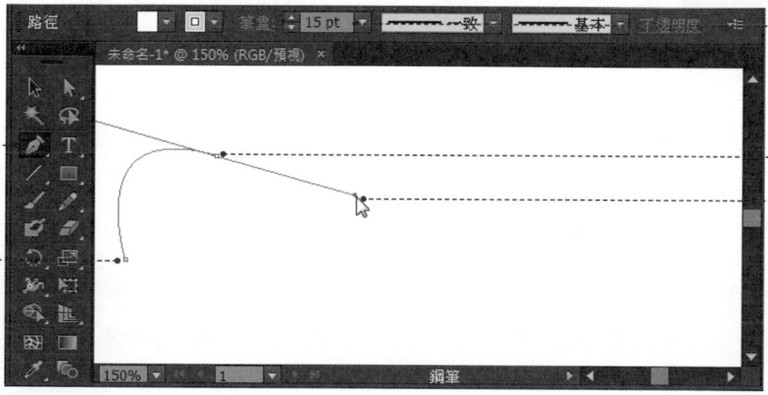
路徑
筆畫: 15 pt
一致
基本
不透明度
未命名-1* @ 150% (RGB/預視)
150%
鋼筆
❶ 點選「鋼筆工具」
❷ 由此設定框線色彩及筆畫寬度
❸ 按滑鼠左鍵先建立第一個起
❹ 按左鍵於第二個點不放
❺ 滑鼠拖曳拖曳到此後放開，就會看到左右這兩個控制桿

2
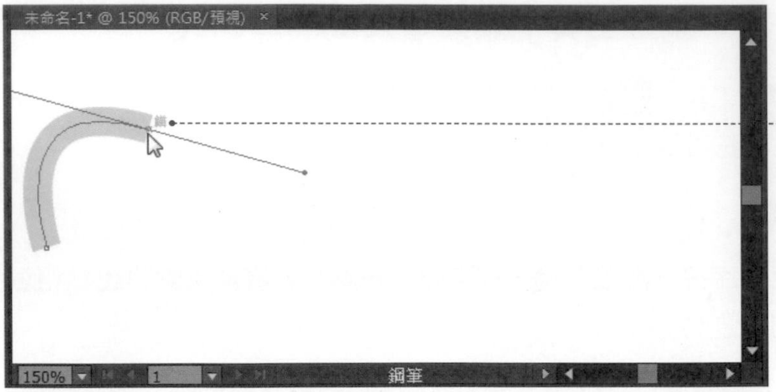
未命名-1* @ 150% (RGB/預視)
150%
鋼筆
加按「Alt」鍵點選第二個錨點，則右側的控制桿會消失，可利於下個弧度的控制

3
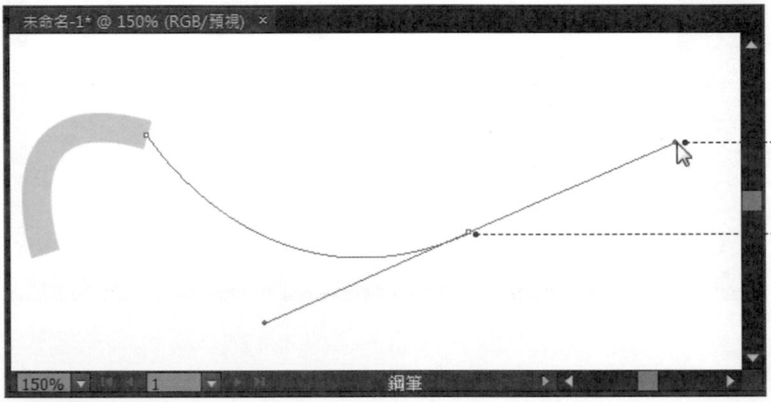
未命名-1* @ 150% (RGB/預視)
150%
鋼筆
❷ 滑鼠拖曳拖
到此後放開
❶ 在此按下左
不放，使建
第三個錨點

4
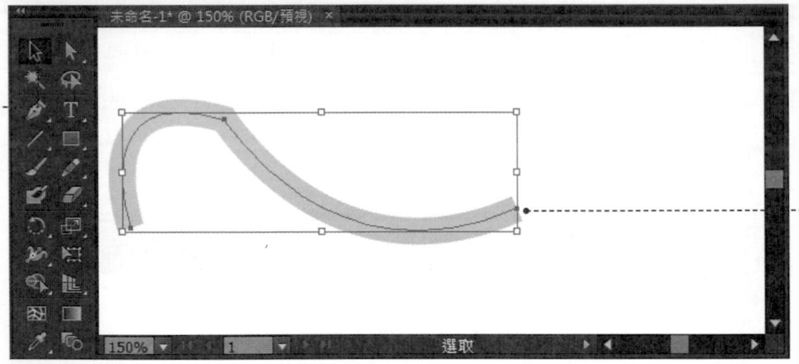
❷ 切換到「選取工具」即表示完成路徑繪製
未命名-1* @ 150% (RGB/預視)
150%
選取
❶ 加按「Alt」
點選第三個
點，使隱藏
側的控制桿

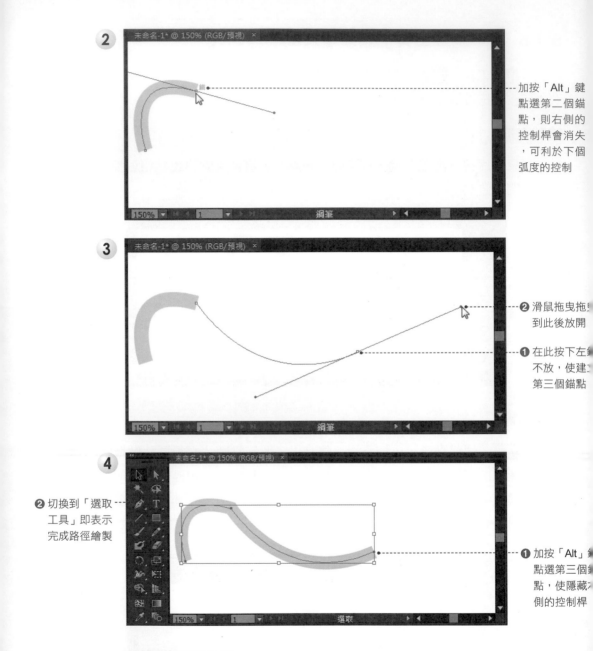

5-1-7 繪製矩形格線

「矩形格線工具」 可以繪製如表格般的水平與垂直分隔線。基本上使用者可以先設定好矩形的寬度與高度，再設定寬度或高度間所要加入的分隔線數目。

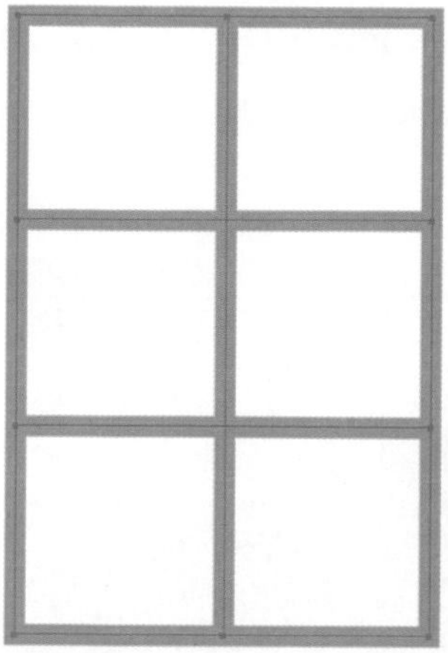

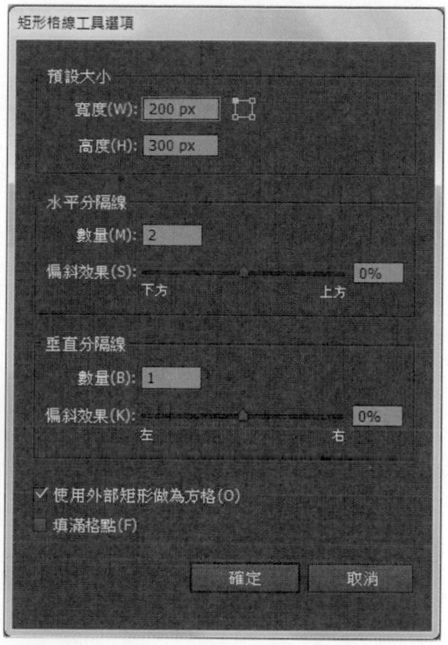

寬度 200，高度 300，水平分隔線加入 2 條，垂直分隔線加入 1 條

另外若有設定「偏斜效果」，它會依照設定的方向或百分比例做偏斜。

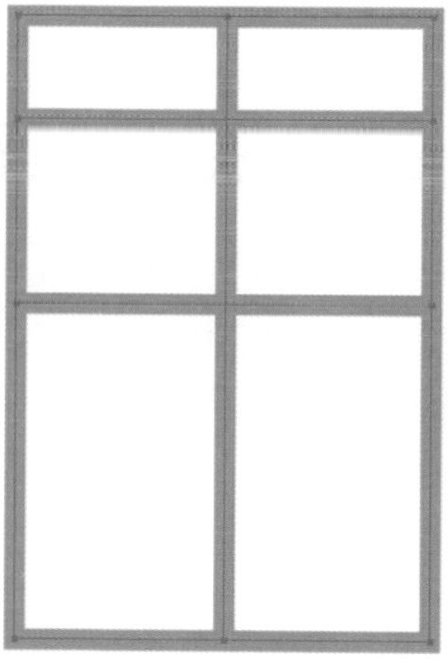

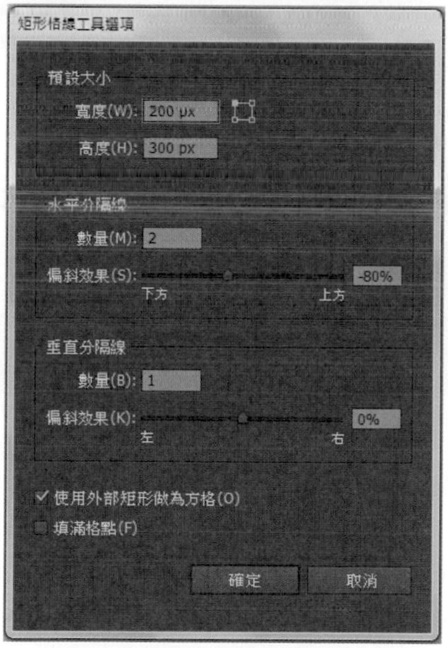

偏斜 -80%

5-1-8 繪製放射網格

「放射網格工具」和「矩形格線工具」雷同，它可在一個固定寬高的圓形中間，加入同心圓分隔線和放射狀分隔線，同時可加入偏斜效果的設定。

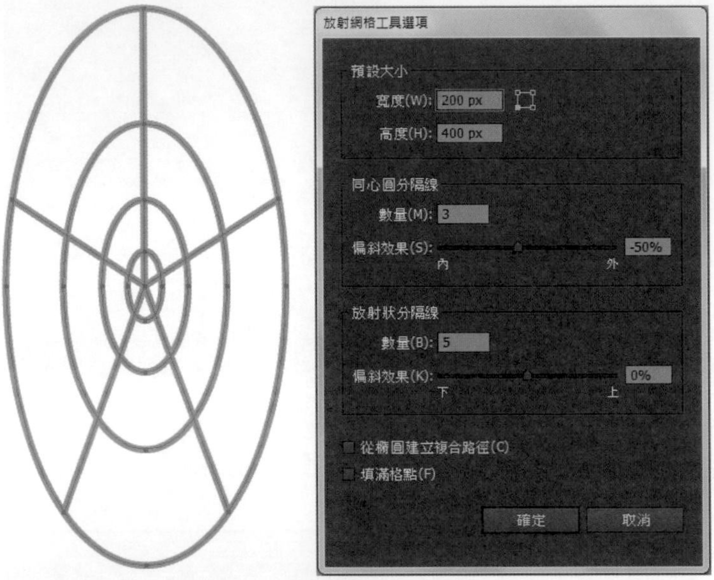

5-2 編修線條與輪廓

在繪製線條或封閉路徑後，萬一線條不夠完美，而要加以修改，那麼有幾個工具可以幫助各位做編修。諸如：直接選取工具、增加錨點工具、刪除錨點工具、轉換錨點工具、平滑工具、路徑橡皮擦工具等。

5-2-1 直接選取工具

在 3-6-2 節中我們曾經提過，「直接選取工具」可以針對物件造型進行路徑和錨點的編修，「控制」面板上也有提供錨點的轉換或刪除。

由此可以轉換錨點

1

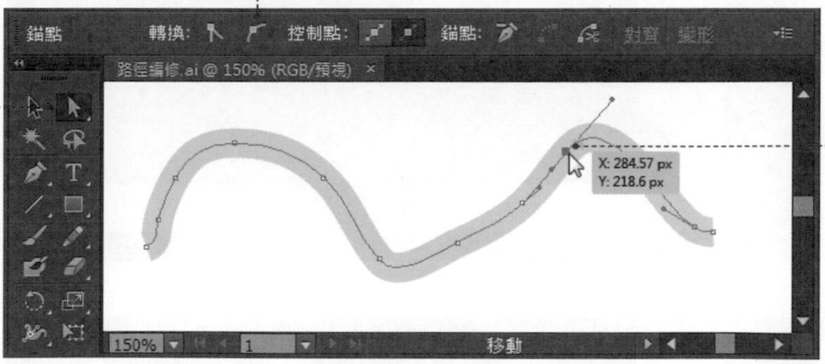

點選「直接選取工具」

❷ 直接點選錨點，即可變更錨點位置

2

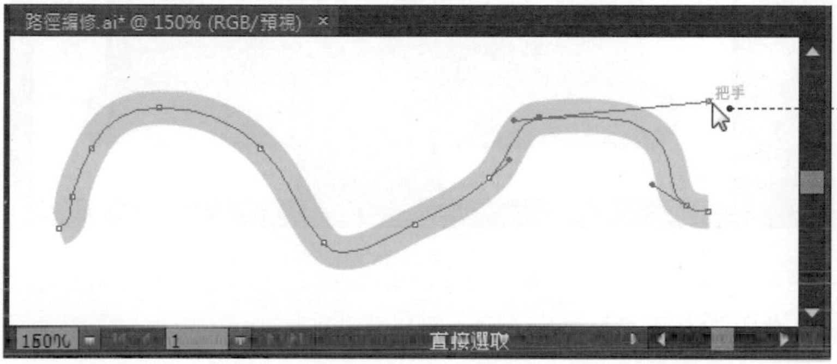

拖曳把手則可以變更曲線的弧度

5-2-2 增加錨點工具

「增加錨點工具」可在選取的路徑上加入錨點。

1

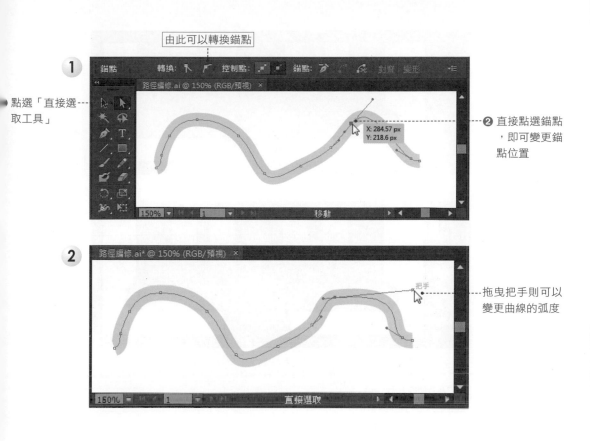

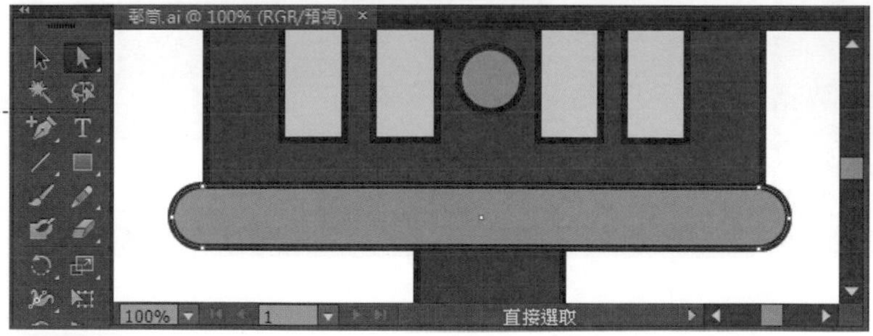

先以「直接選取工具」點選要編修的路徑

2

❶ 改選「增加錨點工具」

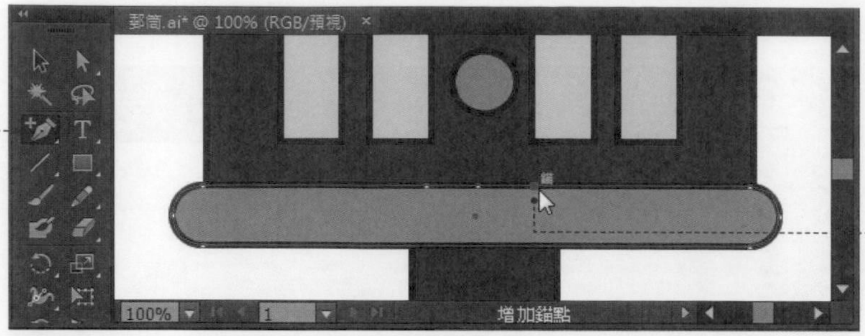

❷ 在選取的路
上增加如圖
三個錨點

3

❶ 改選「直接選取工具」

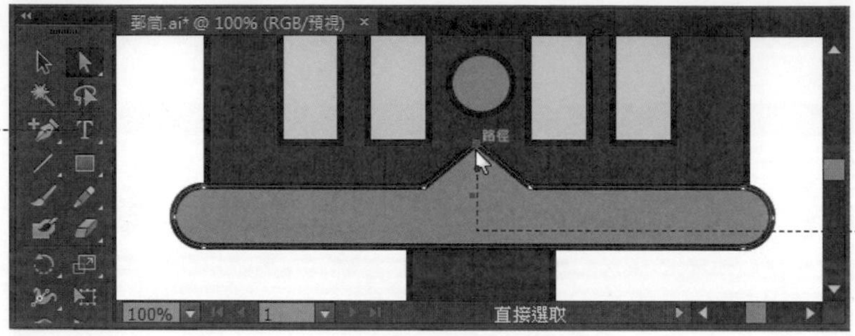

❷ 拖曳中間的
制點，就可
改變造型

5-2-3 刪除錨點工具

「刪除錨點工具」的作用在於將點選的錨點去除，作用和「直接選取工具」控制面板上的鈕相同。

1

❶ 點選「刪除錨點工具」

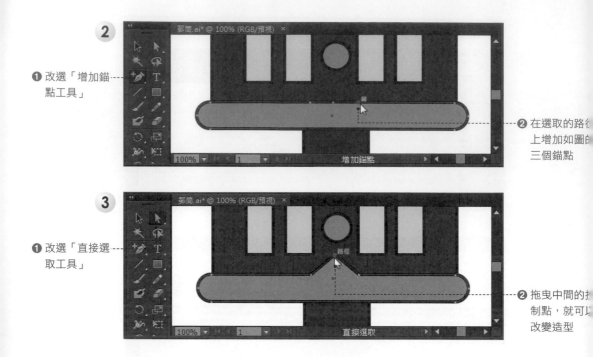

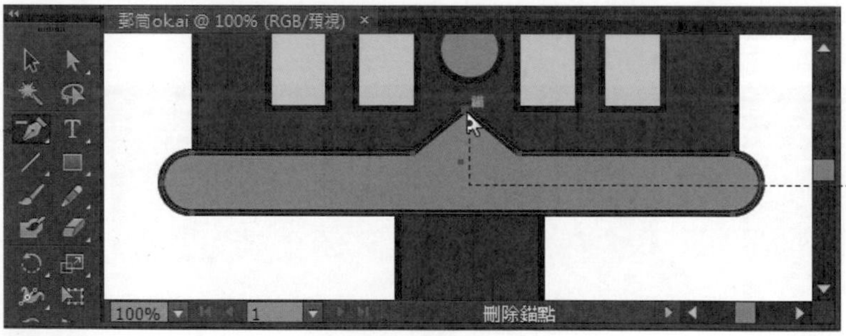

❷ 按下此錨點

2

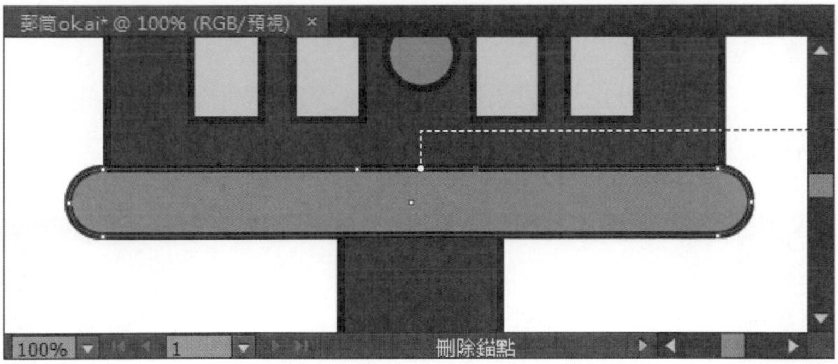

5-2-4 轉換錨點工具

「轉換錨點工具」的作用是將平滑的線條，透過錨點的點選而改變成尖角的效果。

1

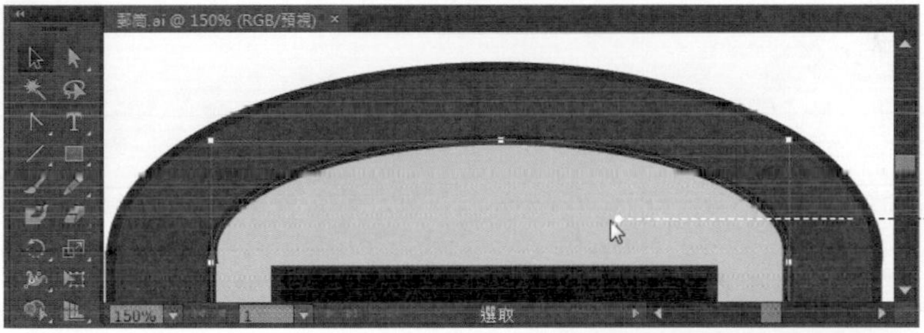

2

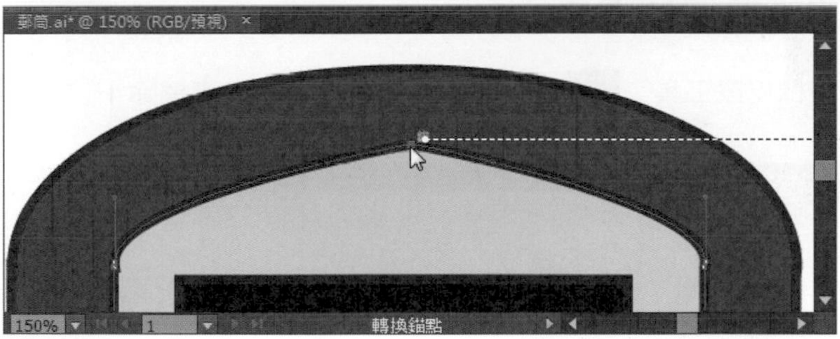

5-2-5 平滑工具

「平滑工具」可以讓原先繪製的尖銳線條變得較平滑些，使用時只要利用滑鼠反覆拖曳，即可讓線條變平順。

1

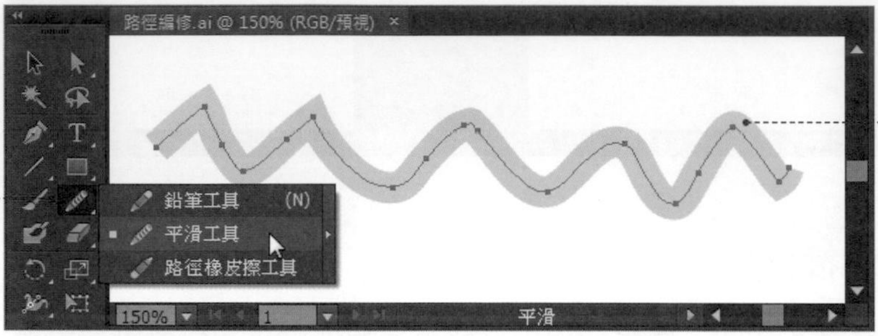

❶ 先以選取工具點選要編修的線條

❷ 切換到「平滑工具」

2

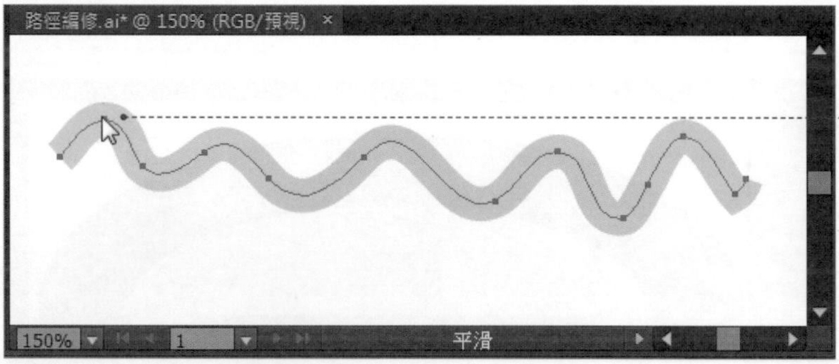

反覆拖曳在錨點處，線條就變平順了

5-2-6 路徑橡皮擦工具

「路徑橡皮擦工具」是透過滑鼠拖曳的動作，來擦除不要的線條。

1

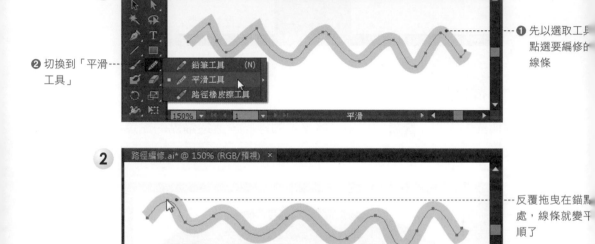

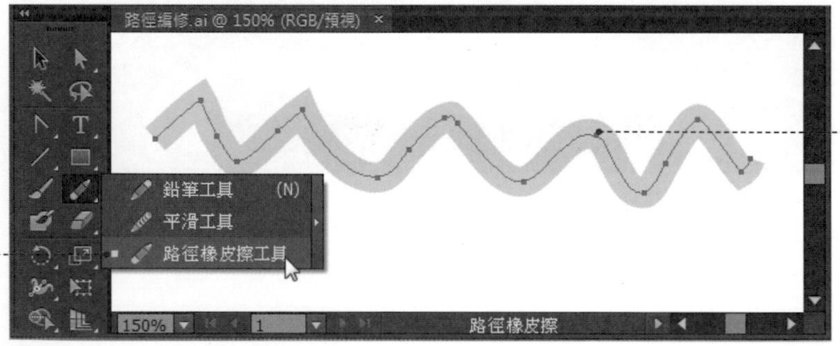

❶ 先以選取工具點選要編修的線條

❷ 切換到「路徑橡皮擦工具」

2

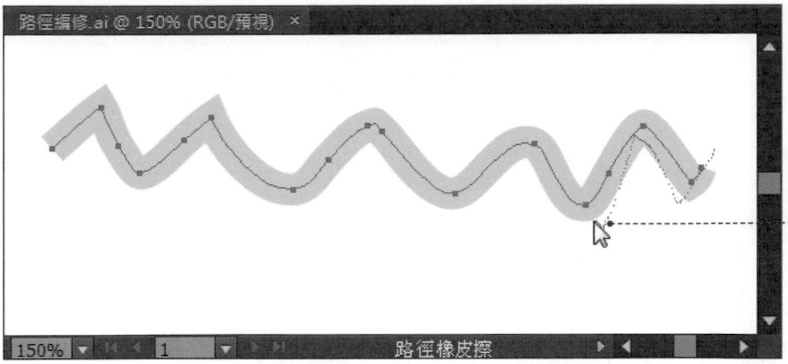

3

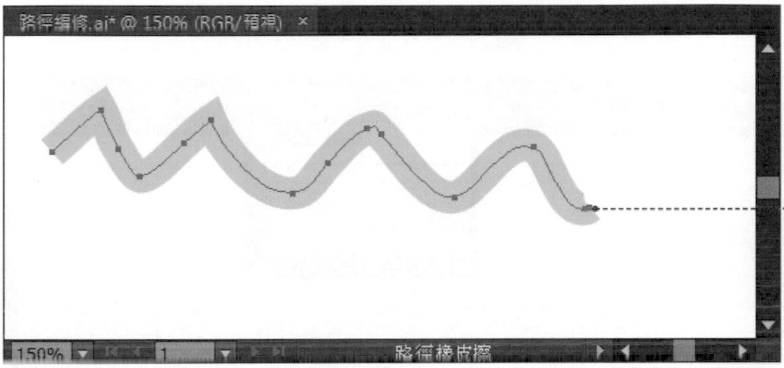

5-3 筆刷效果

前面小節中，各位已經學會了各種線條的繪製方式，接下來要探討的則是 Illustrator 的「筆刷」。「筆刷」功能可以隨意畫出各種特殊線條或圖案，只要透過筆刷資料庫，就能輕鬆選用像是毛刷、沾水筆、圖樣…等各種筆刷。這一小節將針對繪圖筆刷工具、筆刷面板以及筆刷資料庫的使用方式做說明。

5-3-1 以「繪圖筆刷工具」建立筆觸

由工具點選「繪圖筆刷工具」 後，透過「控制」面板即可設定筆畫顏色、筆畫寬度、變數寬度描述檔、筆刷定義、不透明度、或繪圖樣式。

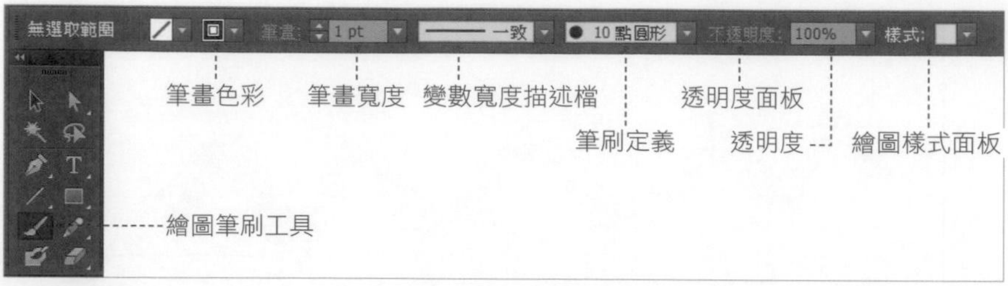
筆畫色彩
筆畫寬度
變數寬度描述檔
透明度面板
筆刷定義
透明度
繪圖樣式面板
繪圖筆刷工具

對於控制面板上的筆畫色彩和筆畫寬度的使用，相信各位都相當的熟悉，這裡我們要利用「筆刷定義」、「變數寬度描述檔」和「筆畫寬度」的設定，來建立與眾不同的筆觸。

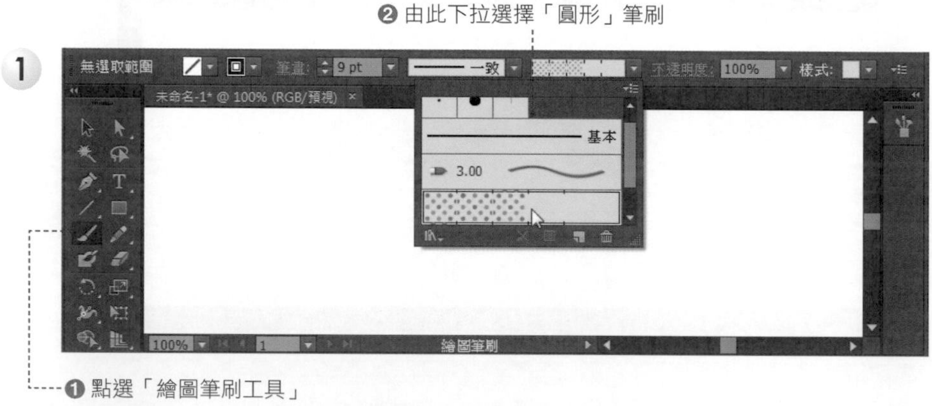
❷ 由此下拉選擇「圓形」筆刷
1
❶ 點選「繪圖筆刷工具」

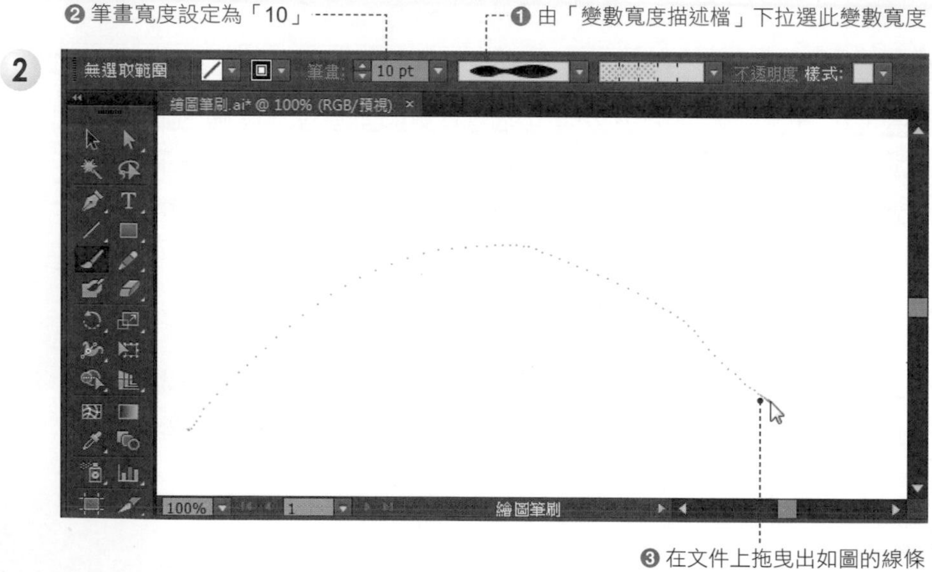
❷ 筆畫寬度設定為「10」
❶ 由「變數寬度描述檔」下拉選此變數寬度
2
❸ 在文件上拖曳出如圖的線條

輕鬆做出如圖的筆刷效果和變化

3

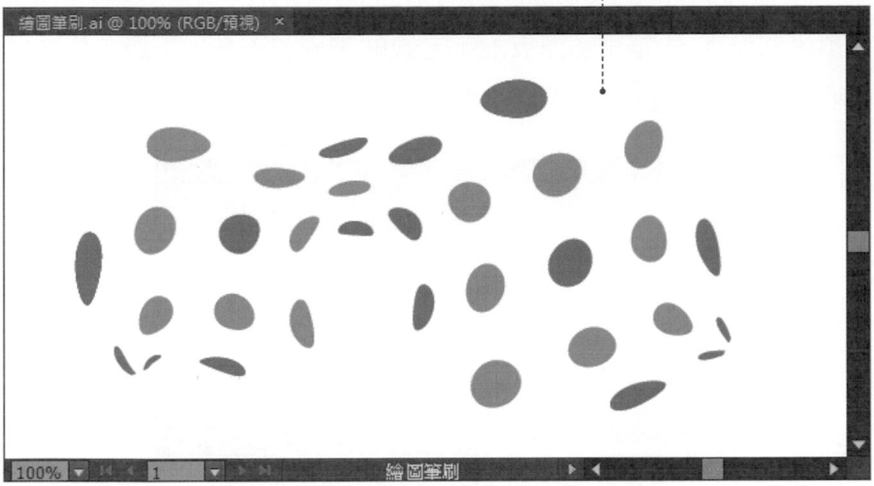

5-3-2 認識筆刷面板

剛剛輕鬆的在文件上畫上一筆，就出現這樣特別的圓形圖案，那麼到底有哪些已經定義好的筆刷可以使用呢？請各位先執行「視窗 / 筆刷」指令來開啟「筆刷」面板，各位會發現它所存放的筆刷樣式就和「控制」面板上的「定義筆刷」完全相同。

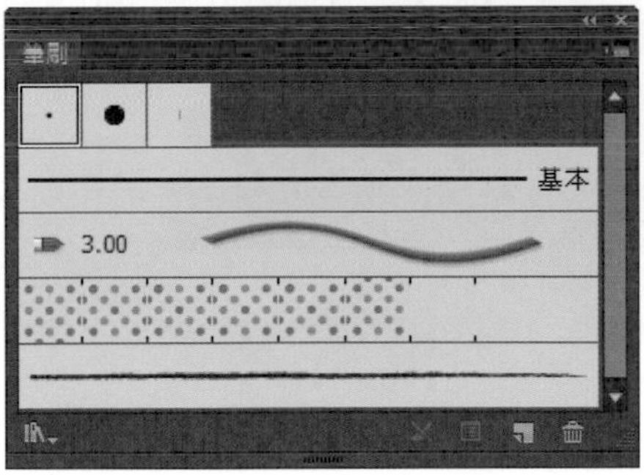

5-3-3 開啟筆刷資料庫

在預設狀態下，「筆刷」面板上所定義的筆刷並不多，不過各位可以透過「筆刷資料庫選單」鈕來開啟各種的筆刷資料庫。開啟方式如下：

1

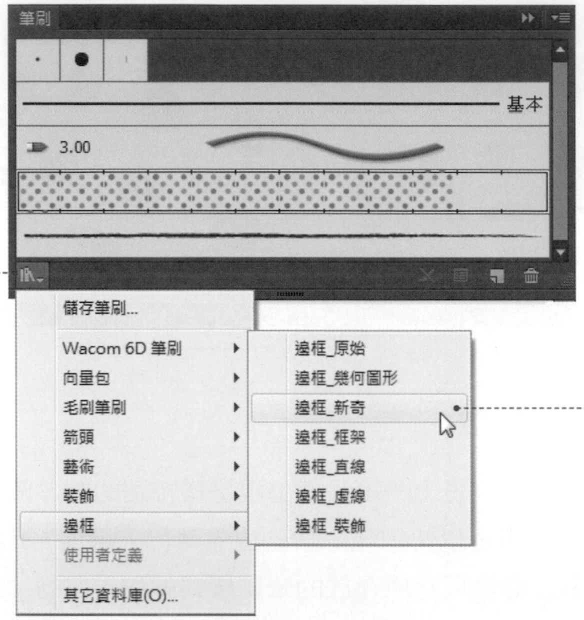

❶ 按下「筆刷資料庫選單」鈕

❷ 下拉選擇「邊框 / 邊框 / 新奇」的選項

2

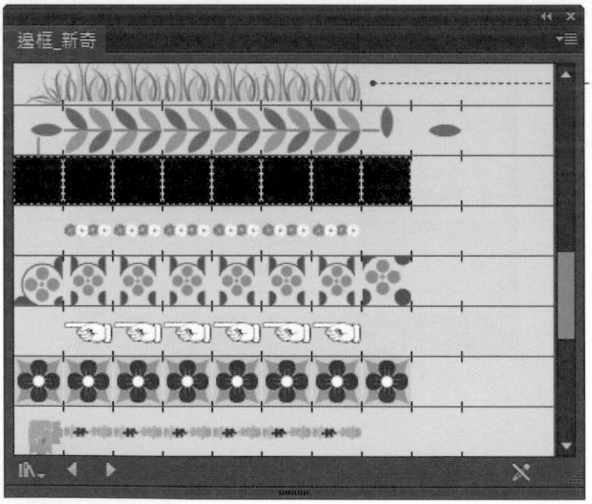

另外顯示如圖的視窗，以標籤方式顯示各位開啟的筆刷資料庫

5-3-4 套用筆刷資料庫

開啟筆刷資料庫後，現在可以準備將想要使用的筆刷樣式套用到指定的路徑當中。

1

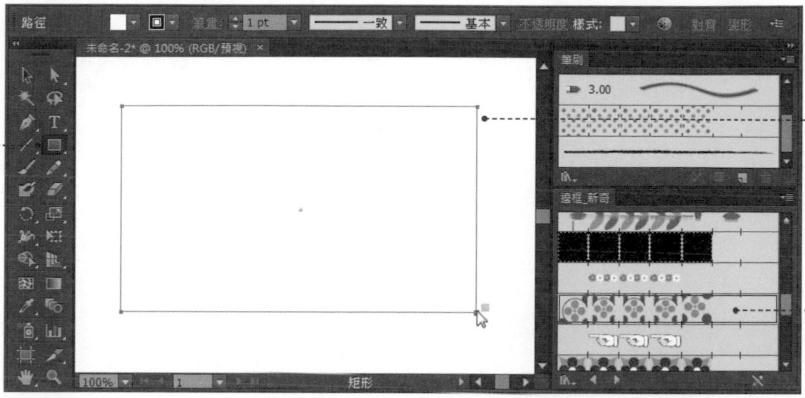
點選「矩形工具」
❷ 在文件上繪製一矩形
❸ 點選此樣式

2

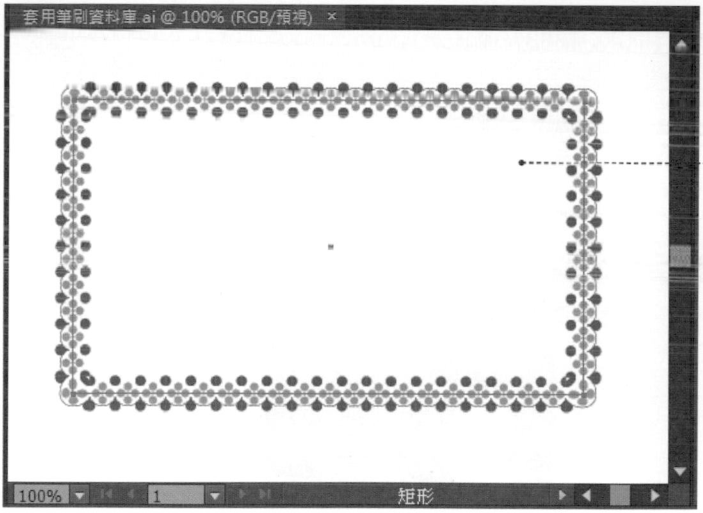
套用筆刷資料庫.ai @ 100% (RGB/預視)
矩形框輕鬆套用了藝術花草圖飾
100%
矩形

同樣地，各位也可以使用鉛筆工具、繪圖筆刷工具、鋼筆工具、線段區段工具、弧形工具。螺旋工具…等來繪製任何的路徑，因為只要是路徑，就可以透過以上的方式來套用筆刷資料庫中的筆刷樣式，而「筆畫寬度」則是設定樣式的筆觸粗細。

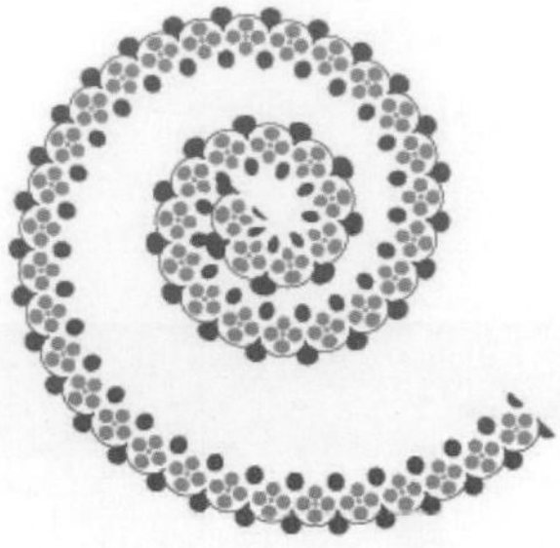

筆畫寬度為「1」的效果

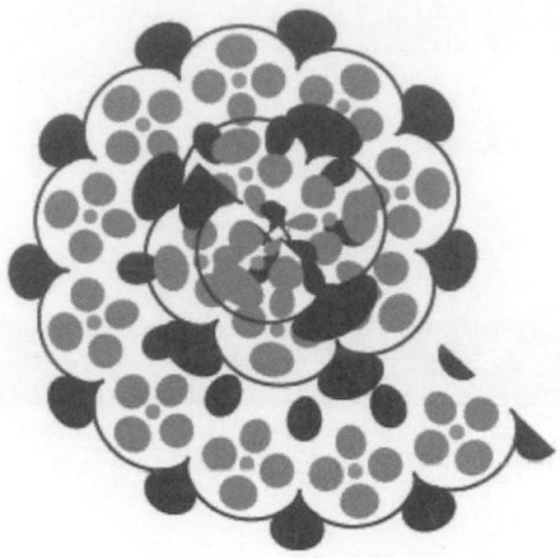

筆畫寬度為「3」的效果

5-4 範例實作：吉祥物繪製

在這個範例中，我們將運用各種的路徑工具來繪製一隻吉祥物 - 馬，象徵「馬到成功」之意。完成畫面如下：

5-4-1 文件置入參考圖

請在開啟空白文件後，利用「檔案 / 置入」指令將「馬 .jpg」插圖置入，以方便我們描繪造型。

1

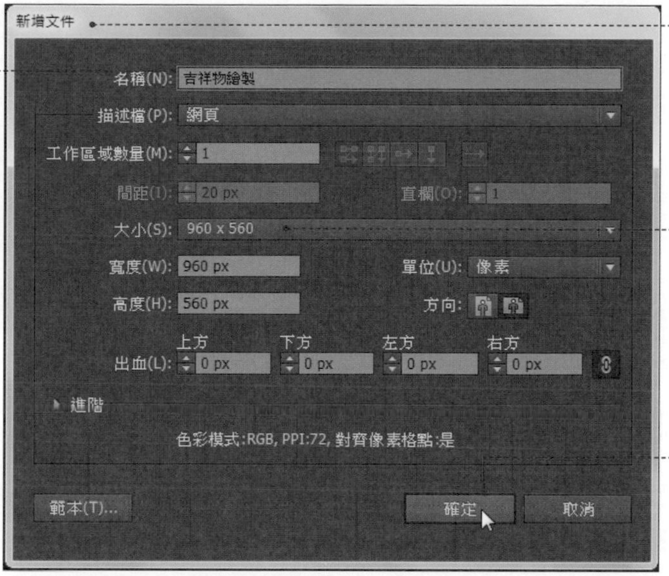

❶ 執行「檔案 / 新增」指令，使進入此視窗

❷ 輸入文件名稱

❸ 設定如圖大小

❹ 按此鈕確定

2

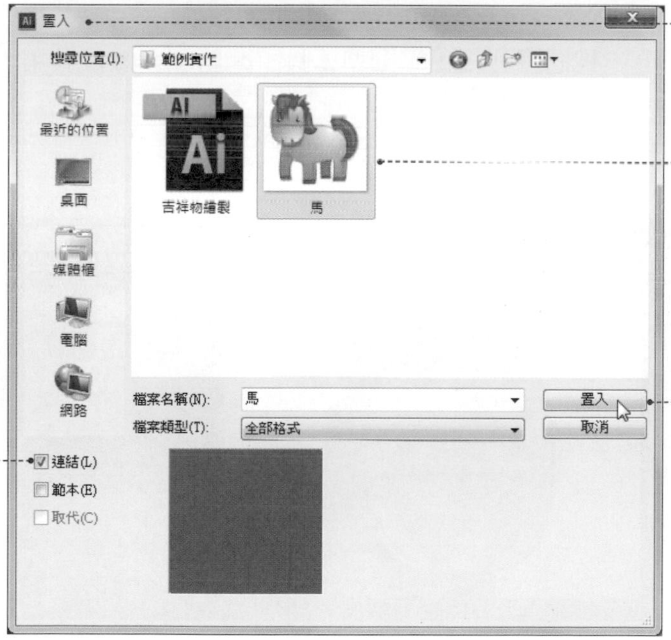

❶ 執行「檔案 / 置入」指令進入此視窗

❷ 點選參考的插圖

❸ 取消「連結」的勾選

❹ 按此鈕置入檔案

3
❶ 將參考圖等比例放大至如圖的大小
❷ 開啟「圖層
面板，按此
將圖層鎖住
以避免不小
去移動到

5-4-2 以路徑工具繪製馬形

為了方便路徑的繪製，首先將填色設為無，筆畫寬度設為 1，框線則設為黑色。同時另外新增一個圖層來放置所繪製的各項物件。

馬臉

在馬臉部分，我們將利用「橢圓型工具」來繪製，然後利用「直接選取工具」來編修路徑。

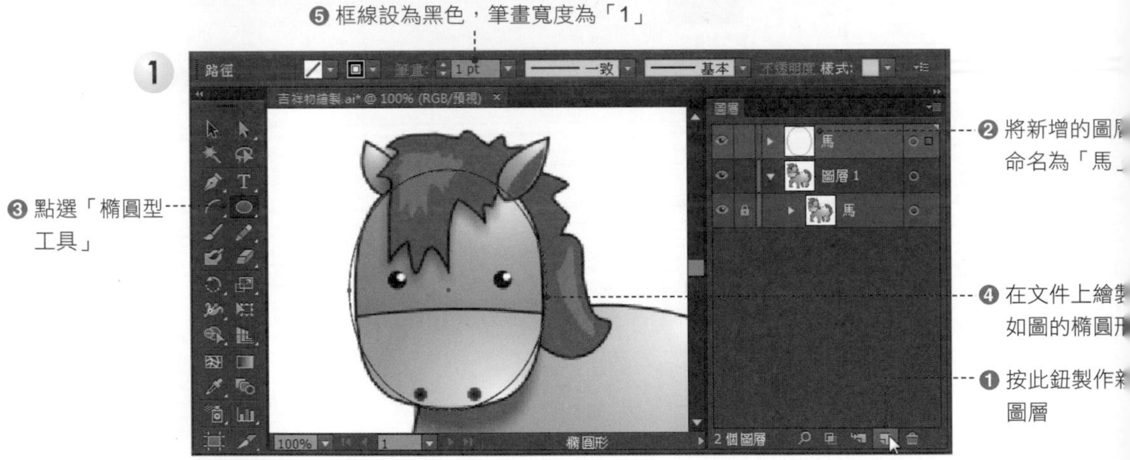
❺ 框線設為黑色，筆畫寬度為「1」
1
❸ 點選「橢圓型工具」
❷ 將新增的圖
命名為「馬
❹ 在文件上繪
如圖的橢圓
❶ 按此鈕製作
圖層

2

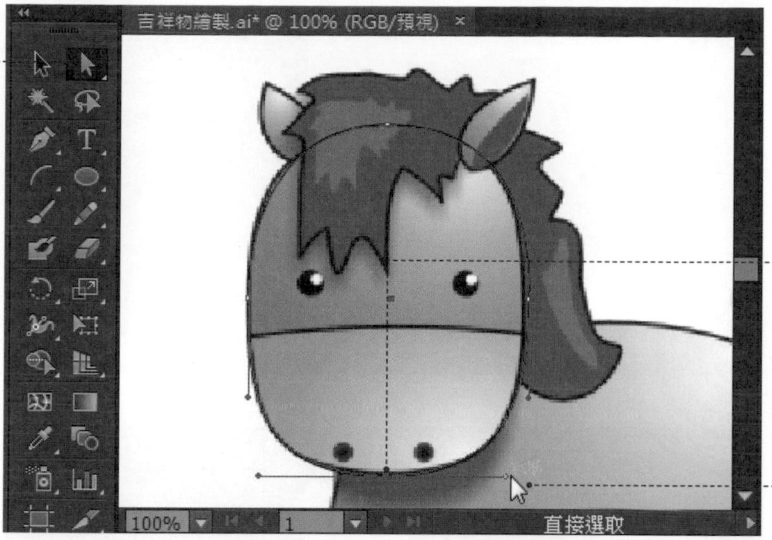

❶ 選擇「直接選取工具」

❷ 分別點選上方和下方的錨點

❸ 然後拖曳左右的把手，使曲線弧度與參考圖相符合

3

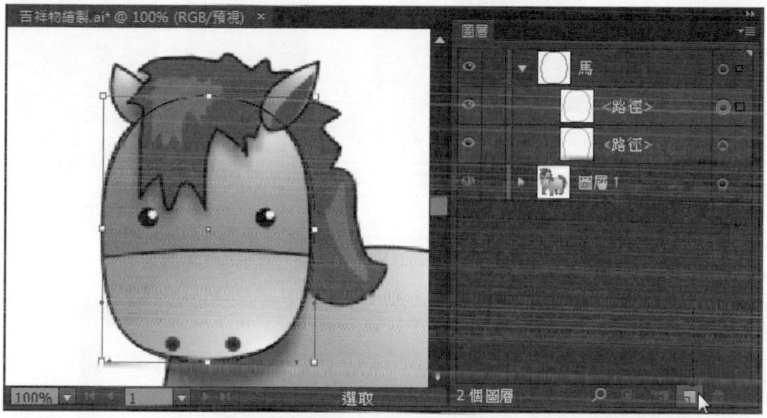

將剛剛繪製的路徑圖層拖曳到此鈕中，使之複製一份

4

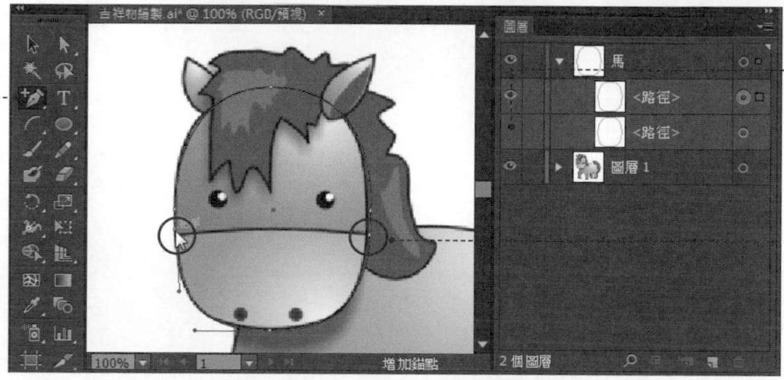

點選「增加錨點工具」

❶ 按此鈕先關閉下層的路徑

❸ 在臉形的兩側各按下左鍵，使增加錨點

5

❶ 改選「刪除錨點工具」

❷ 再如圖的三個地方按下左鍵，使之刪除錨點，即可得到下方的馬臉

6

❷ 改選「直接選取工具」

❶ 以「橢圓型工具」繪製兩個橢圓形當作耳朵

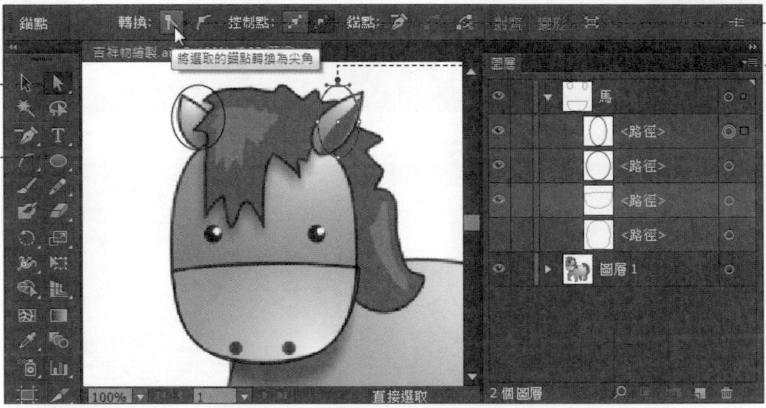

❹ 按此鈕將錨點轉成尖角

❸ 分別點選上方的錨點

7

❶ 選擇「旋轉工具」

❷ 將耳朵分別轉至適當的角度，使顯現如圖

8

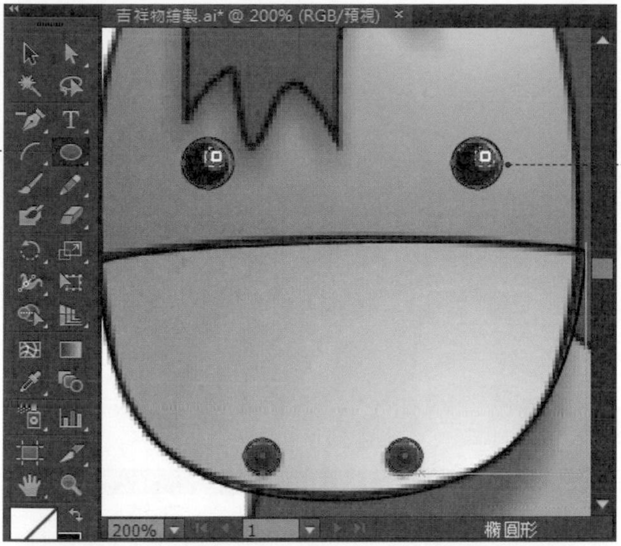
吉祥物繪製.ai* @ 200% (RGB/預視)
❶ 改點選「橢圓型工具」
❷ 分別繪製圓形六個，完成眼睛和鼻孔的部分
200%
橢圓形

馬身

馬身的部分，我們將利用「鋼筆工具」來繪製，利用「Alt」鍵隱藏右側的控制桿，就可以很順利的繪製身形。

1

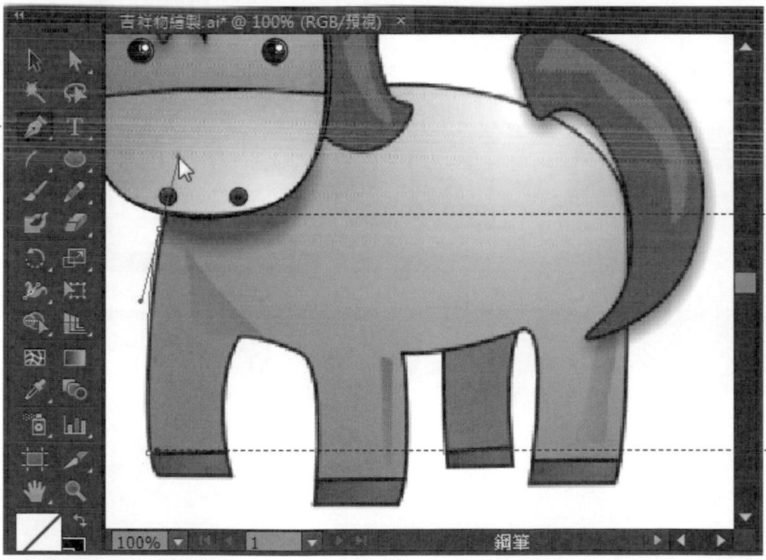
吉祥物繪製.ai* @ 100% (RGB/預視)
❶ 點選「鋼筆工具」
❸ 在此設立第二個錨點並拖曳
❷ 在此按下第一個錨點
100%
鋼筆

2

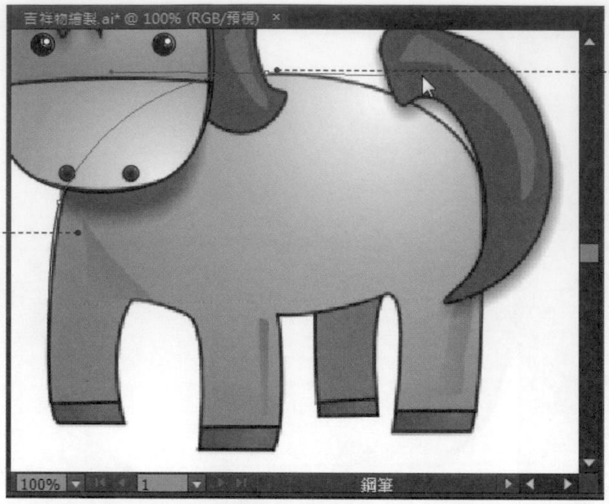

❶ 加按「Alt」鍵點選此錨點，使之隱藏右側的控制桿

❷ 按此加入第三個錨點並拖曳

3

同上方式即可完成此造形的繪製

4

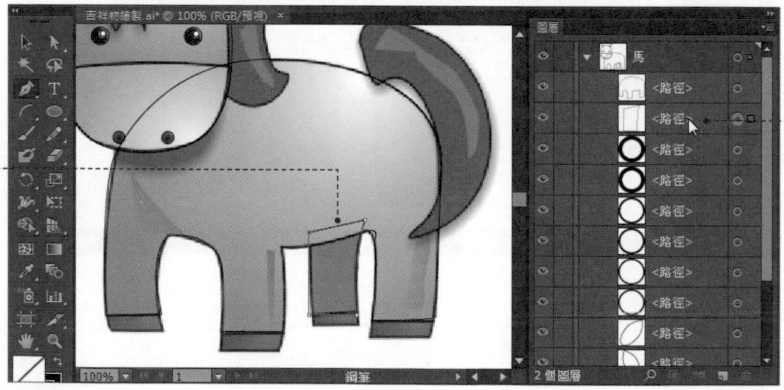

❶ 依序以「鋼筆工具」繪製馬的右後腳

❷ 由「圖層」面板將右後腳拖曳到馬身的下方

5

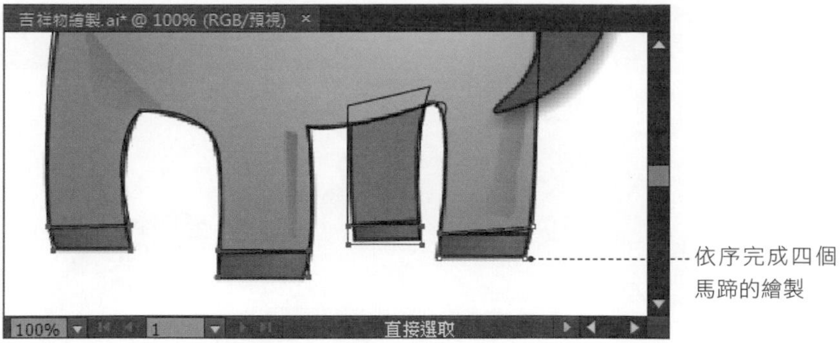

馬鬃 / 馬尾

馬鬃與馬尾的部分，我們將以「鉛筆工具」隨意的描繪輪廓，如圖示：

5-4-3 為吉祥物上彩

輪廓線都描繪好之後，現在只要將「填色」分別加入，再利用「圖層」面板控制物件的先後順序，即可完成吉祥物的繪製。

1

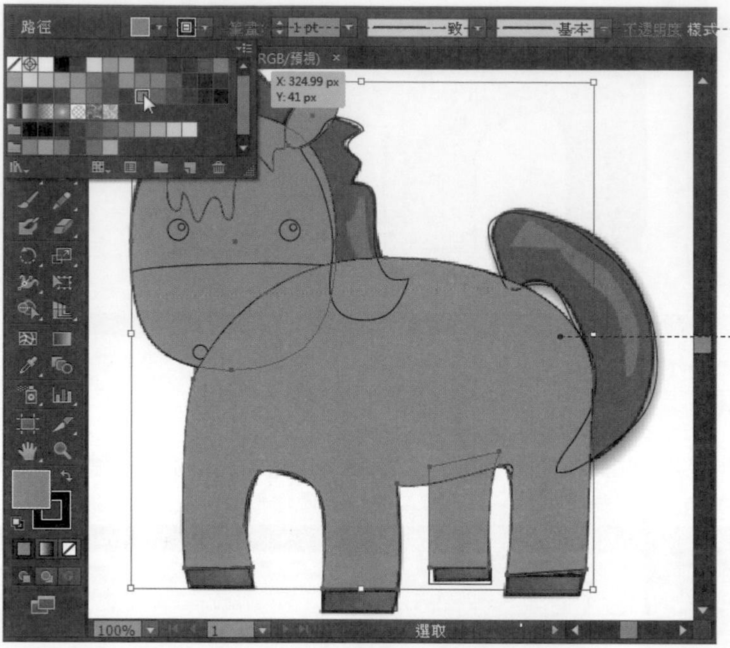

❷ 由下拉此將選取的顏色填入

❶ 同時點選馬臉、兩個耳朵、馬身及右後腿

2

❷ 由此更換顏色

❶ 同時點選馬鬃、馬尾、馬蹄

3

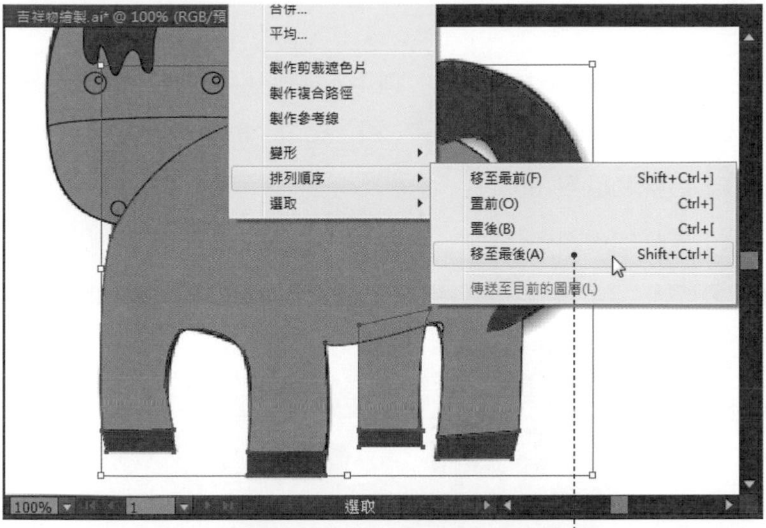

同時點選馬身、馬蹄、馬尾，按右鍵執行「排列順序 / 移至最後」指令

❶ 瞧！馬臉完全顯現出來了

4

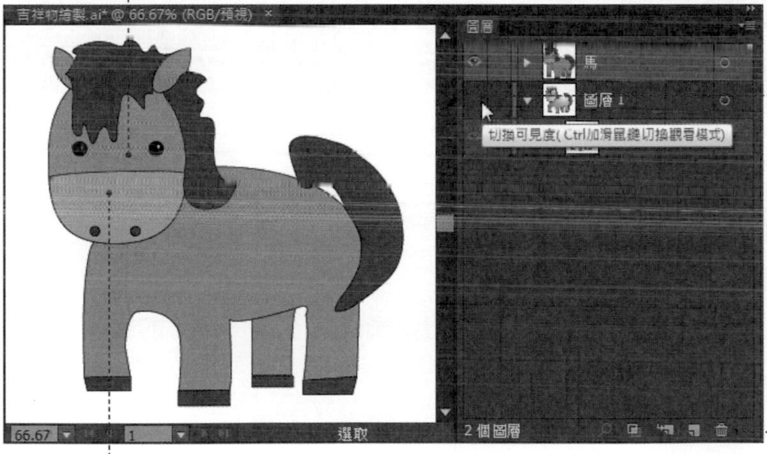

❸ 按此處即可關閉參考圖的圖層，顯現完整的吉祥物繪製

❷ 依序為眼睛、眼珠、馬下巴、鼻孔等處填入色彩

也可以按此鈕將參考圖完全刪除

課後評量

實作題

1. 請將範例實作所完成的吉祥物 - 馬，運用「繪圖筆刷工具」加入「筆刷資料庫 / 邊框 / 邊框 _ 新奇」資料庫中的「草」和「花束」的筆刷效果。

【來源檔案】吉祥物繪製 .ai

【完成檔案】吉祥物繪製 ok.ai

完成圖

【提示】

(1) 開啟「筆刷面板」，由「筆刷資料庫選單」鈕下拉選擇「筆刷資料庫 / 邊框 / 邊框 _ 新奇」資料庫。

(2) 點選「鉛筆」工具」，隨意畫出線條後，套用「草」的筆刷，由「控制」面板將筆畫設為「4」。

(3) 點選「鉛筆」工具」，隨意畫出線條後，套用「花束」的筆刷，由「控制」面板將筆畫設為「2」。

2. 請利用「矩形格線工具」與「鋼筆工具」完成如下的統計圖表的繪製。

【完成檔案】統計圖表 ok.ai

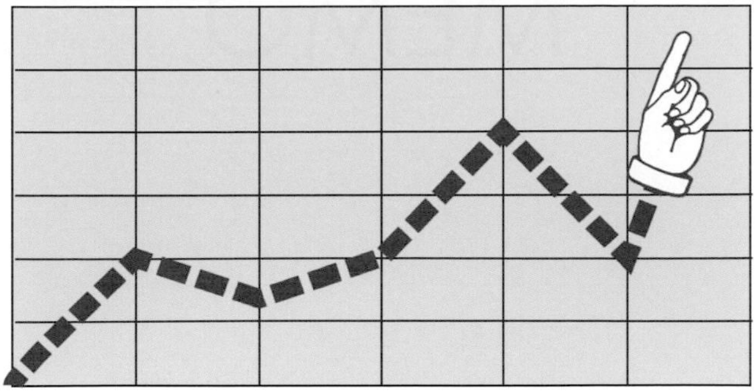

【提示】

(1) 點選「矩形格線工具」，在文件上按一下，設定「水平分隔線」和「垂直分隔線」的數量為「5」。

(2) 由「控制」面板上將矩形填入黃色 ，框線為黑色，筆畫寬度為「2」。

(3) 點選「鋼筆工具」，繪製線條後，填入紅色框線，筆畫寬度為「20」。

(4) 開啟「筆畫」面板，勾選「虛線」，設定「30」虛線，「10」間隔」，右邊箭頭選用「箭頭 35」，縮放「50%」。

3. 請延續上圖，為統計圖表加入「邊框 / 邊框 _ 新奇」筆刷資料庫中的「連續波浪」的邊框效果。

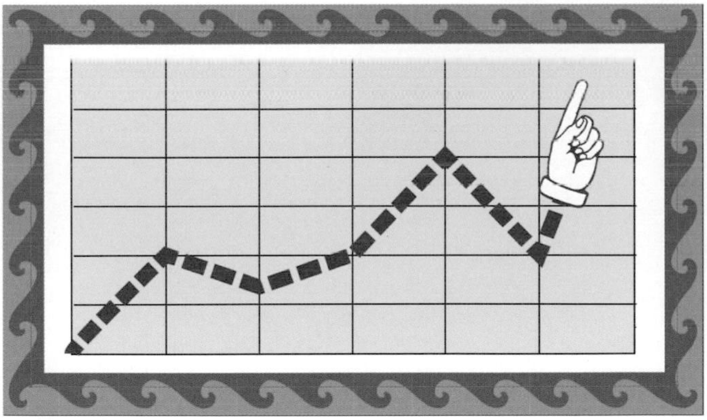

【提示】

(1) 點選「矩形工具」，在文件上繪製一矩形，套用「邊框 / 邊框 _ 新奇 / 連續波浪」的邊框效果，並將筆畫寬度設為「3」。

MEMO

06
CHAPTER

色彩的應用－禮盒包裝

學習指引

在前面的章節中，各位對於單色的填色或筆畫應該相當的熟悉，事實上物件的填色或筆畫並不侷限在單色，也可以填入漸層色或圖樣，或是利用漸變特效來做顏色的漸變或物件的漸變，也可以利用「網格工具」來做顏色的變化。甚至不同的物件也可以利用「即時上色油漆桶工具」來快速填入色彩。各位不用太訝異，這些技巧都會在本章中做介紹，學完本章後，您也會是用色的專家囉！

色彩運用得宜，可製作出獨一無二專屬圖樣

6-1 單色與漸層

在前面的學習過程中，各位已經習慣由「工具」面板或「控制」面板來挑選顏色，事實上顏色的選擇還可以透過「顏色」面板、「色票」面板或「色彩參考」面板，而漸層的色彩使用則可以透過「漸層」面板來選擇。這裡我們一起來瞧瞧這些面板的使用方法。

6-1-1 顏色面板

請執行「視窗 / 顏色」指令開啟「顏色面板」。當各位利用滑鼠在光譜上點選顏色，該色彩也會自動顯示在「工具」面板或「控制」面板上。

預設狀態是顯示如上的簡潔狀態，若要顯示顏色的相關選項，可在「顏色」標籤前按下 ◇ 鈕，或由面板右上角按下 ▾≡ 鈕，並執行「顯示選項」的指令，即可看到如下的完整選項。

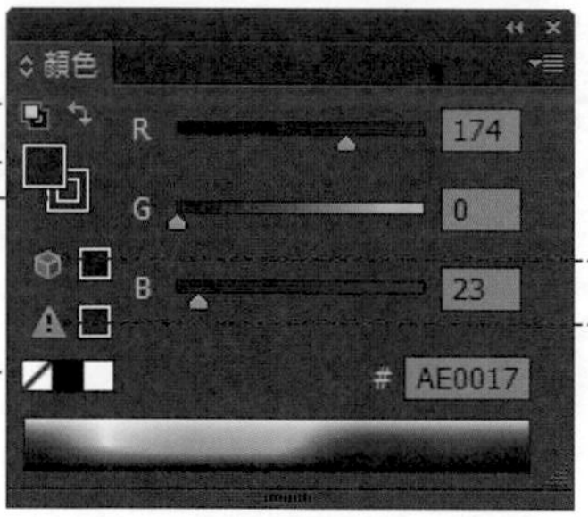

6-1-2 色票面板

「色票」面板存放著各種的單色、漸層、或圖樣的色票，以滑鼠點選色票，即可將選定的單色、漸層、或圖樣填入指定的路徑中。

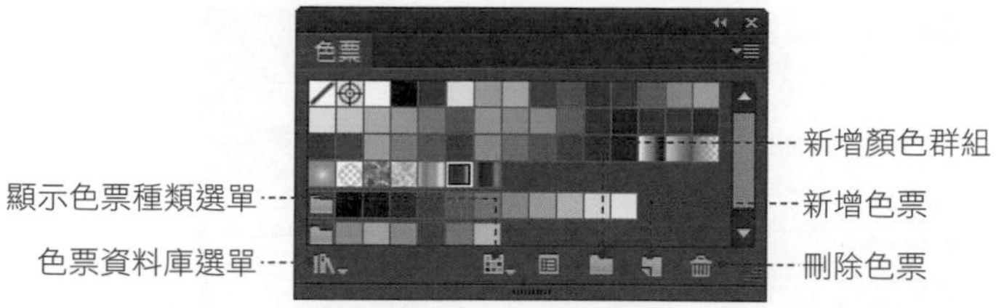

除了目前所看到的色票外，各位也可以由「色票資料庫選單」 中下拉選擇其他的色票來使用，設定方式如下：

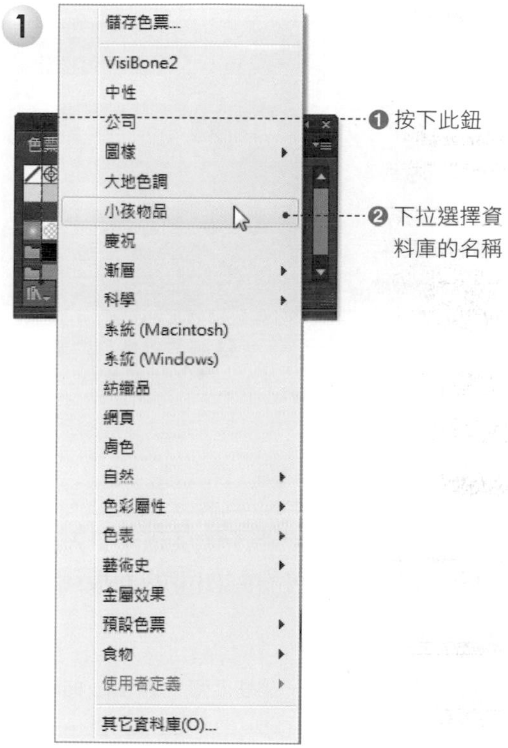

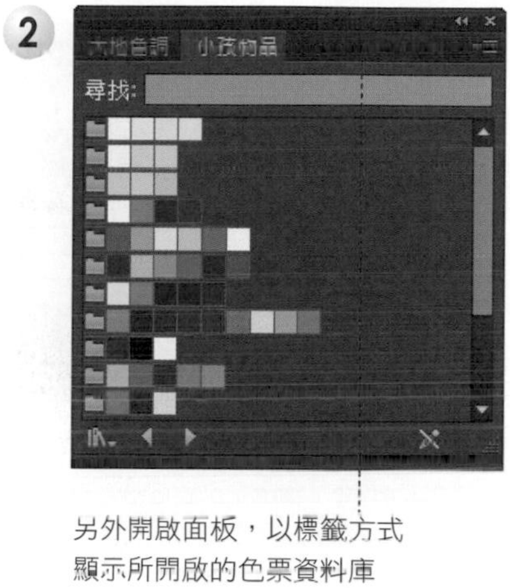

6-1-3 色彩參考面板

參考面板主要根據使用者所選擇的色彩，然後依據色彩調和規則，列出相關的色彩供使用者參考或選用。

1

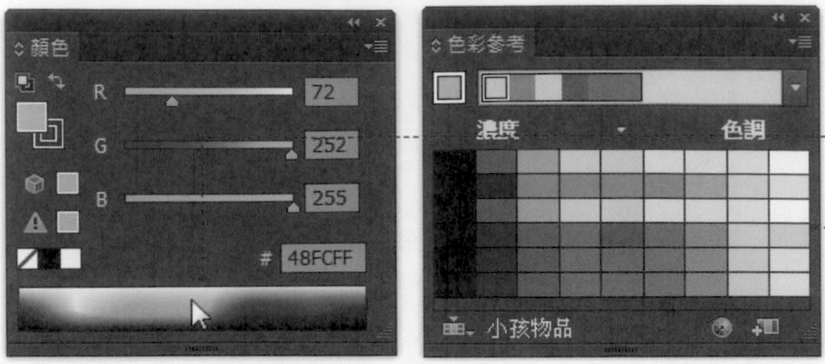

2

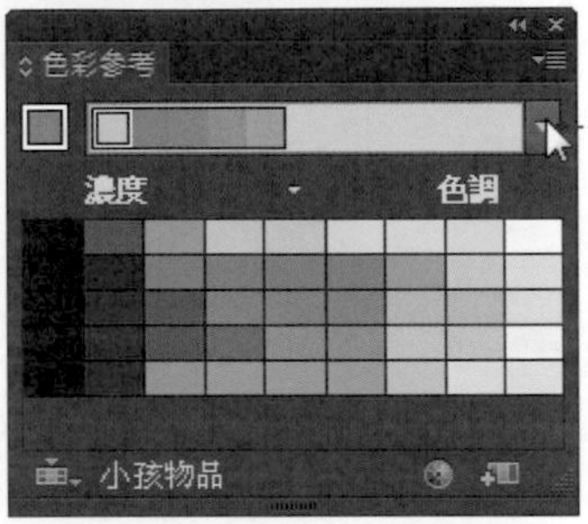

3

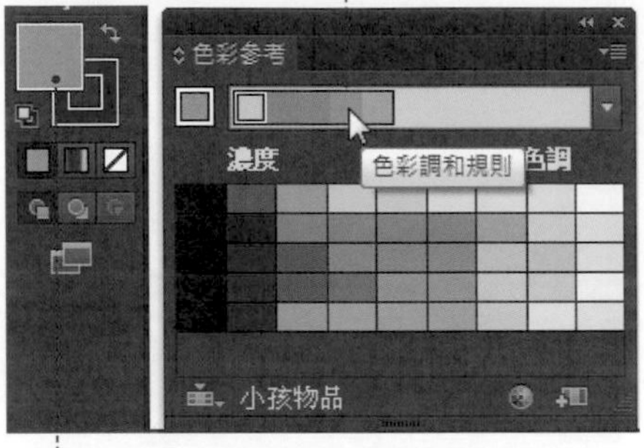

6-1-4 漸層面板

「漸層」面板提供「線性」與「放射狀」兩種類型的漸層方式，可針對填色或筆畫進行漸層設定。執行「視窗 / 漸層」指令，將可看到如下的面板選項。

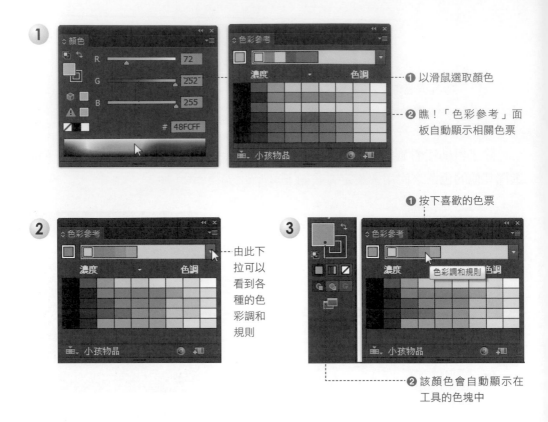

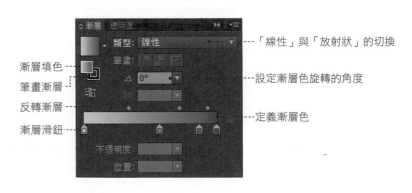

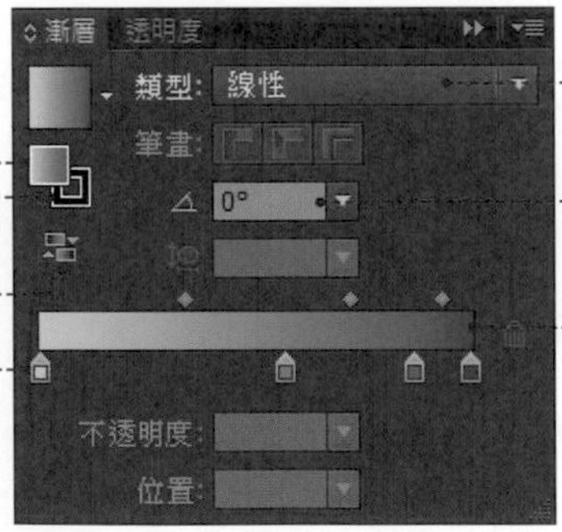

這裡我們以紅黃兩色的放射狀漸層做說明，其設定方式如下：

1

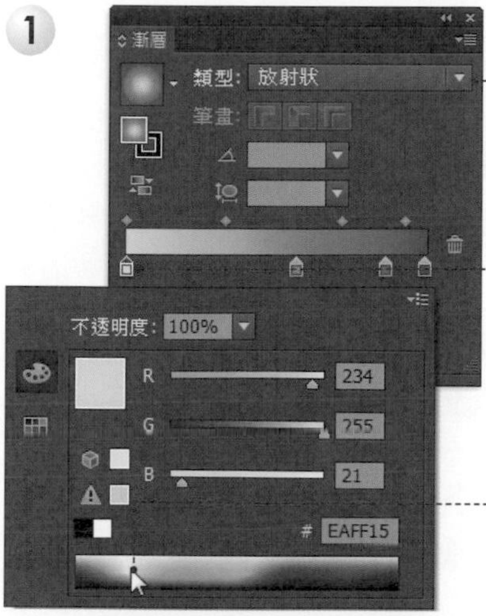

❶ 下拉選擇「放射狀」類型

❷ 按此漸層滑鈕兩下

❸ 出現此面板時，請點選黃色

2

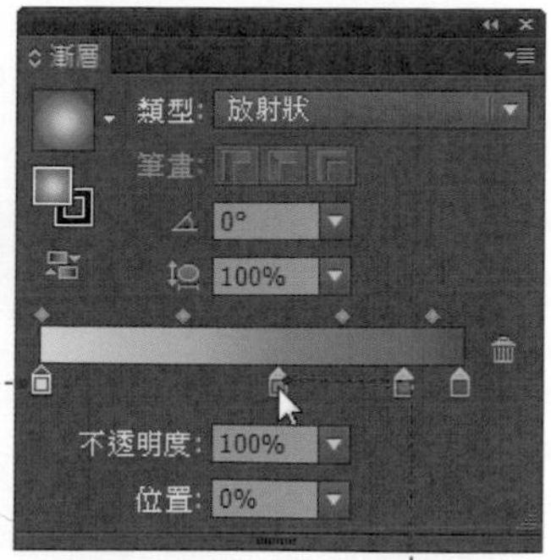

❶ 瞧！顏色由白色變更為黃色了

❷ 拖曳中間的兩個漸層滑鈕到下方，使之刪除滑鈕

3

按此漸層滑鈕兩下，同上方式選擇橘色

4

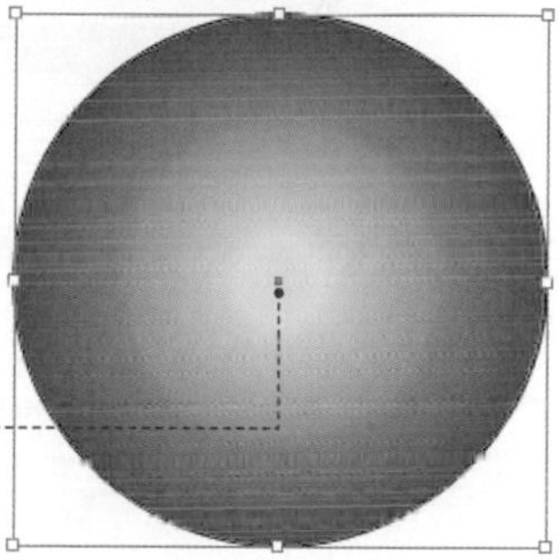

以路徑繪圖工具繪製任一造形，即可填入剛剛設定完成的漸層色

如果各位想要為線框填入漸層色彩，只要按一下「筆畫」，再設定想要使用的漸層效果就行了。如圖示：

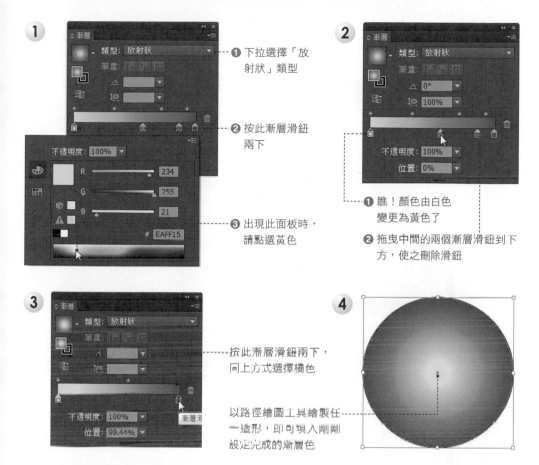

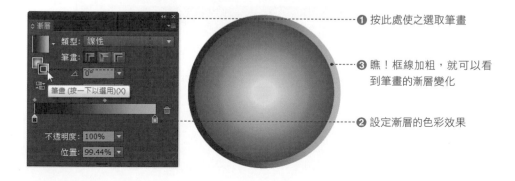

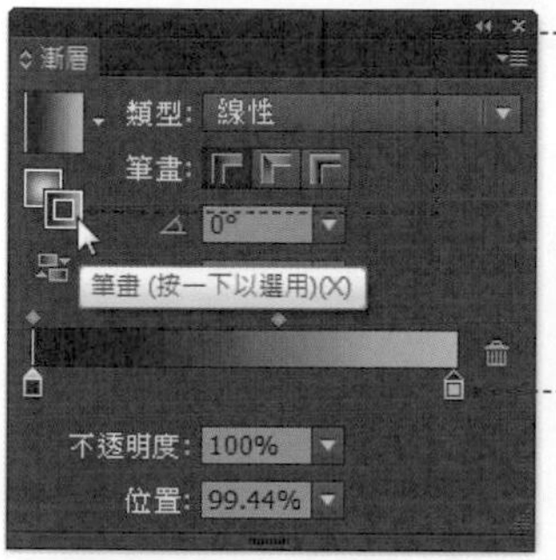

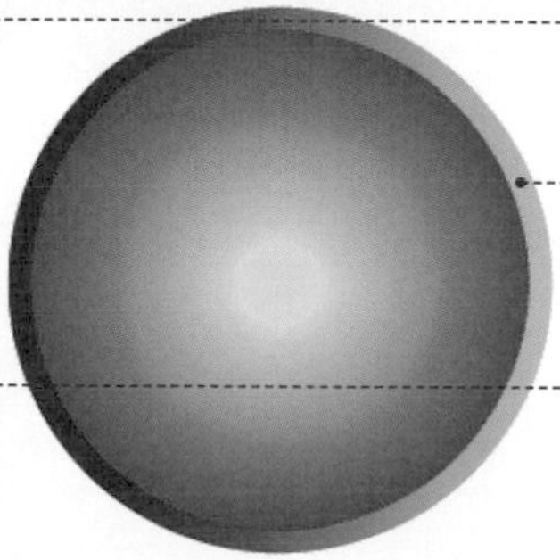

❶ 按此處使之選取筆畫

❸ 瞧！框線加粗，就可以看到筆畫的漸層變化

❷ 設定漸層的色彩效果

6-2 自訂與填入圖樣

在「色票」面板中也有存放圖樣，只要點選圖樣的色票，即可填入路徑中。

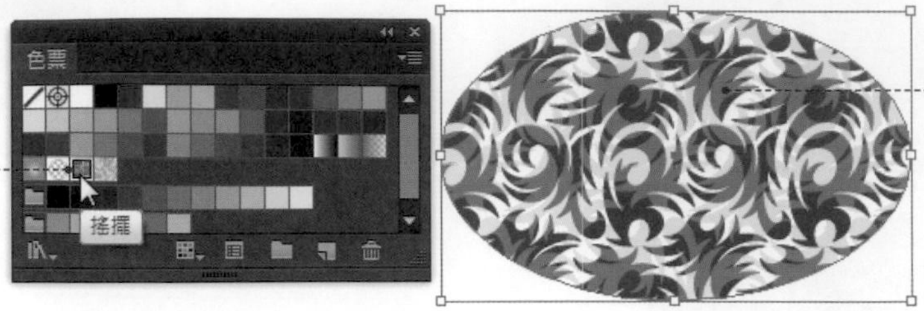
色票
搖擺

❶ 選取路徑造形

❷ 按下圖樣的色票，即可填入圖樣

「色票」面板中所預設的色票並不多，不過各位可以自行設定所要的圖案樣式。只要設定好基本圖形，利用「物件 / 圖樣 / 製作」指令，就可以將設計好的圖樣存入色票中。

1

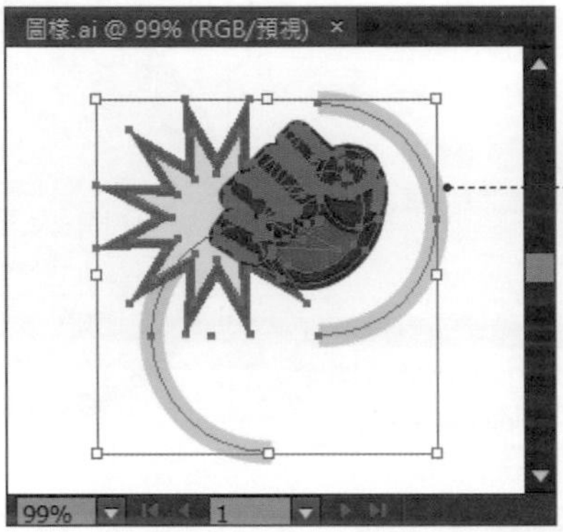
圖樣.ai @ 99% (RGB/預視)
99%

以「選取工具」選取基本形，執行「物件 / 圖樣 / 製作」指令

2

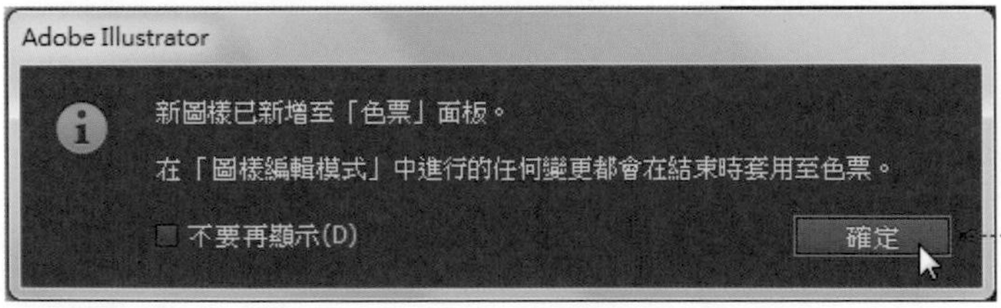
Adobe Illustrator
新圖樣已新增至「色票」面板。
在「圖樣編輯模式」中進行的任何變更都會在結束時套用至色票。
不要再顯示(D)
確定

顯示如圖的警告視窗，請按「確定」鈕離開

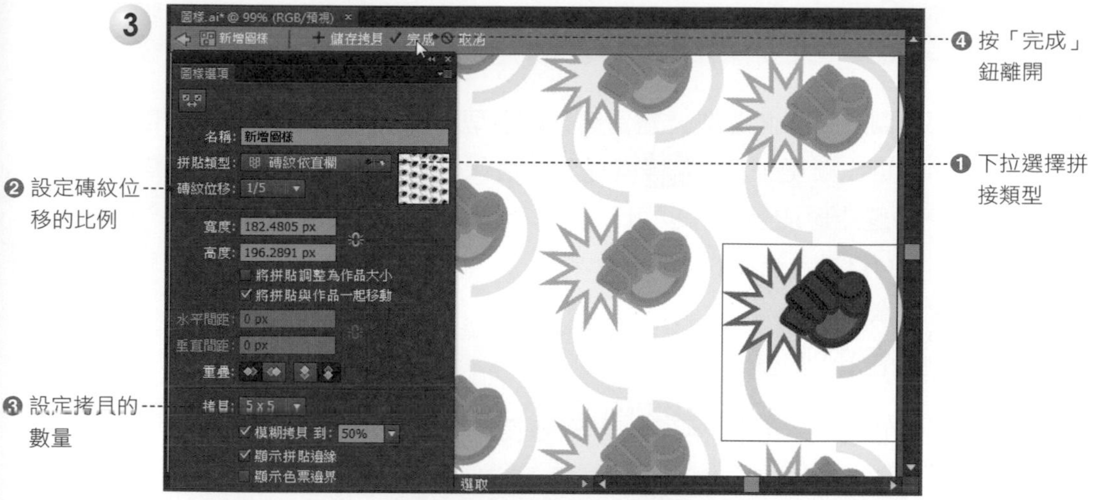
3
圖樣選項
名稱：新增圖樣
拼貼類型：磚紋依直欄
磚紋位移：1/5
寬度：182.4805 px
高度：196.2891 px
將拼貼調整為作品大小
將拼貼與作品一起移動
水平間距：0 px
垂直間距：0 px
重疊：
拷貝：5 x 5
模糊拷貝 到：50%
顯示拼貼邊緣
顯示色票邊界
❹ 按「完成」鈕離開
❶ 下拉選擇拼接類型
❷ 設定磚紋位移的比例
❸ 設定拷貝的數量

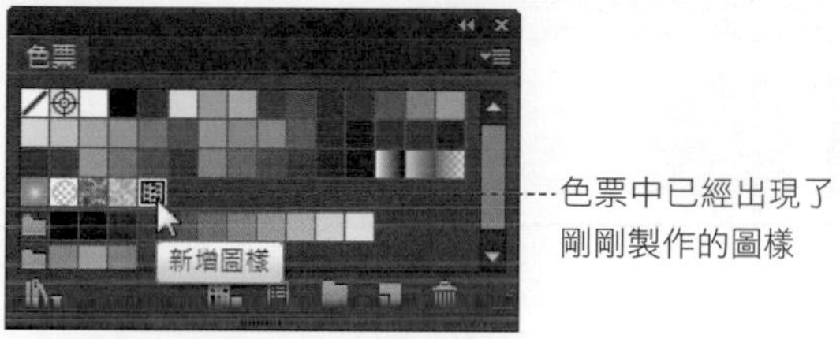
4
色票
新增圖樣
色票中已經出現了剛剛製作的圖樣

圖樣設定完成後，在選取的路徑中即可套用剛剛製作的圖樣了。

6-3 形狀與顏色的漸變

想要讓圖形由某個造型漸變到另一個造型，或是要讓某個顏色漸變到另一個顏色，那麼「漸變工具」 就是各位最佳的選擇，只要點選「漸變工具」後，依序點選造形或色彩，就可以顯示漸變效果，而按滑鼠兩下在「漸變工具」上，還可以設定漸變的選項。

6-3-1 顏色的漸變

這裡我們以三朵花來說明色彩的漸變設定：

1

❷ 按左鍵於橘色的花
漸變色彩.ai @ 80% (RGB/預視)
80%
1
漸變
❶ 點選「漸變工具」

❸ 按滑鼠兩下於「漸變工具」上

❷ 再按一下綠色的花，就會再看到藍色與綠的顏色變化

2

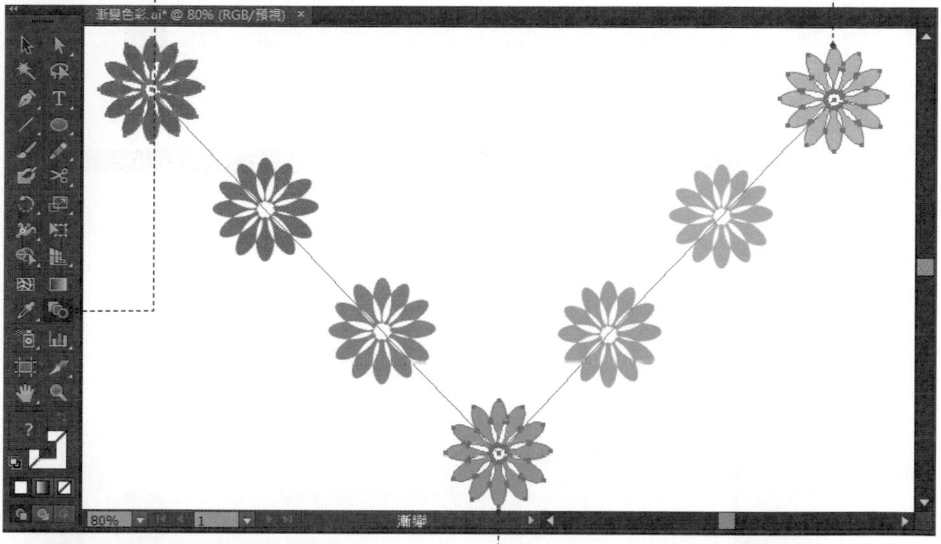

❶ 再按一下藍色的花，就會看到橙色和藍色的顏色變化

3

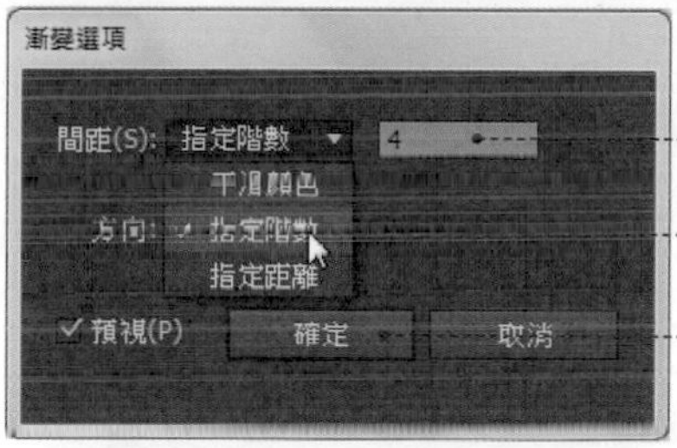

❶ 下拉選擇「指定階數」，並輸入數值

❷ 勾選此項，可以預視畫面效果

❸ 按「確定」鈕離開

完成漸變的色彩設定

4

6-3-2 形狀的漸變

同樣地，如果是兩個不同造型的物件，點選「漸變工具」後，再依序點選兩個造型，一樣可以產生漸變的效果。

1

2

6-4 漸層網格

網格漸層是在造形上加入網狀的格線，並於交叉的格點（錨點）上加入其他的色彩，使產生漸層的變化效果。由於錨點的位置可以任意的移動位置，對於漸層的變化更易於掌控。要建立漸層網格的方式有兩種，一種是選擇「物件 / 建立漸層網格」指令，另一種則是利用「網格工具」 來處理。

6-4-1 建立漸層網格

首先我們使用「物件 / 建立漸層網格」指令來建立漸層網格。

1

點選要加入漸層網格的物件，然後執行「物件 / 建立漸層網格」指令，使進入下圖示窗

2

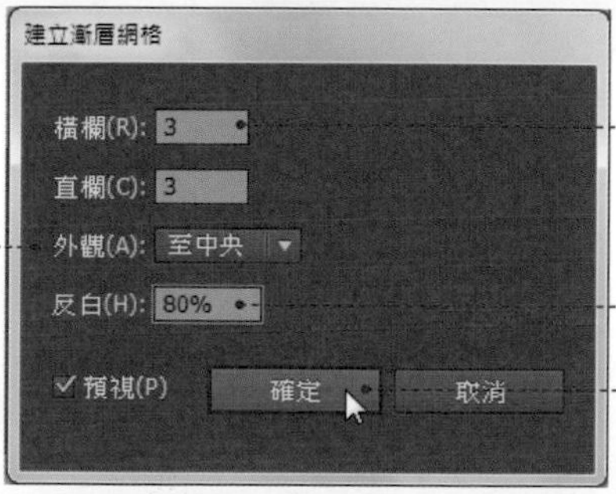

❶ 輸入想要加入的橫欄與直欄數目

❷ 設定外觀的方式，有「至中央」、「平坦」、「至邊緣」三種選擇

❸ 設定反白的程度

❹ 按下「確定」鈕離開

3

漸層網格.ai @ 80% (RGB/預視)
❶ 瞧！建立臉部的漸層變化
❷ 以同樣方式完成馬身的漸層設定
80%
1
選取

透過此功能，漸層變化會由原先設定的色彩漸層到白色，如果加入漸層後想要調整格漸層的變化，可以使用「直接選取工具」來移動格點（錨點）位置，或是調整把手的位置。如圖示：

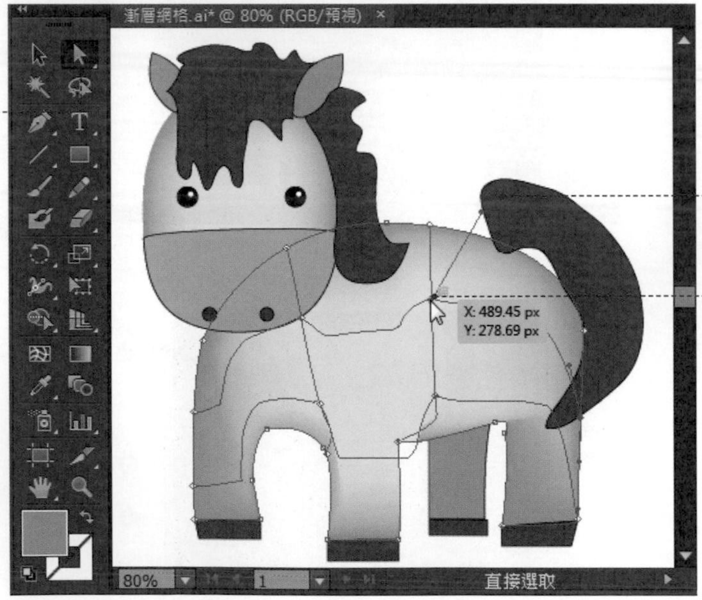
❶ 點選「直接選取工具」
漸層網格.ai* @ 80% (RGB/預視)
❸ 拖曳把手可以調整弧度
❷ 按下錨點可以調整位置
X: 489.45 px
Y: 278.69 px
80%
1
直接選取

6-4-2 網格工具

假如各位選用「網格工具」，那麼在按下滑鼠的地方就會自動加入格線與格點（錨點），在錨點上即可加入其他色彩。設定方式如下：

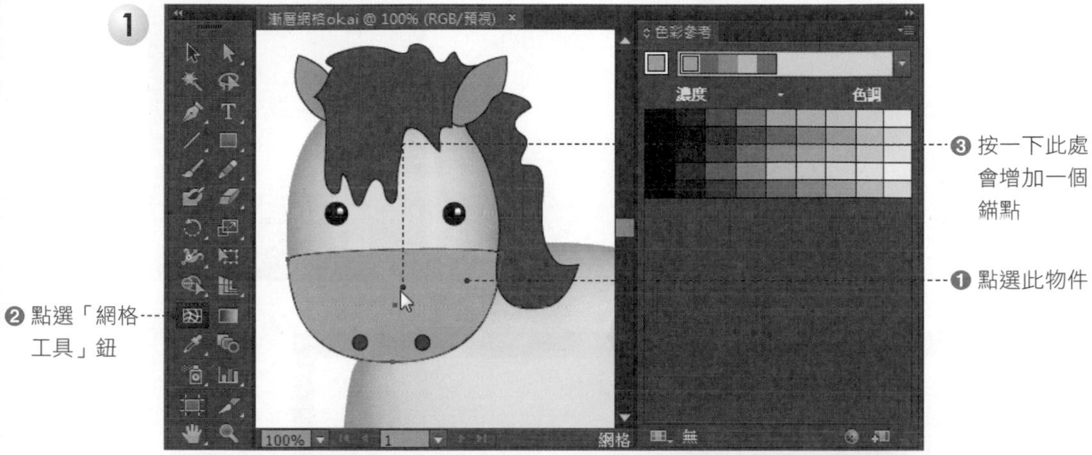
1
漸層網格okai @ 100% (RGB/預視)
色彩參考
濃度
色調
❸ 按一下此處會增加一個錨點
❶ 點選此物件
❷ 點選「網格工具」鈕
100%
網格
無

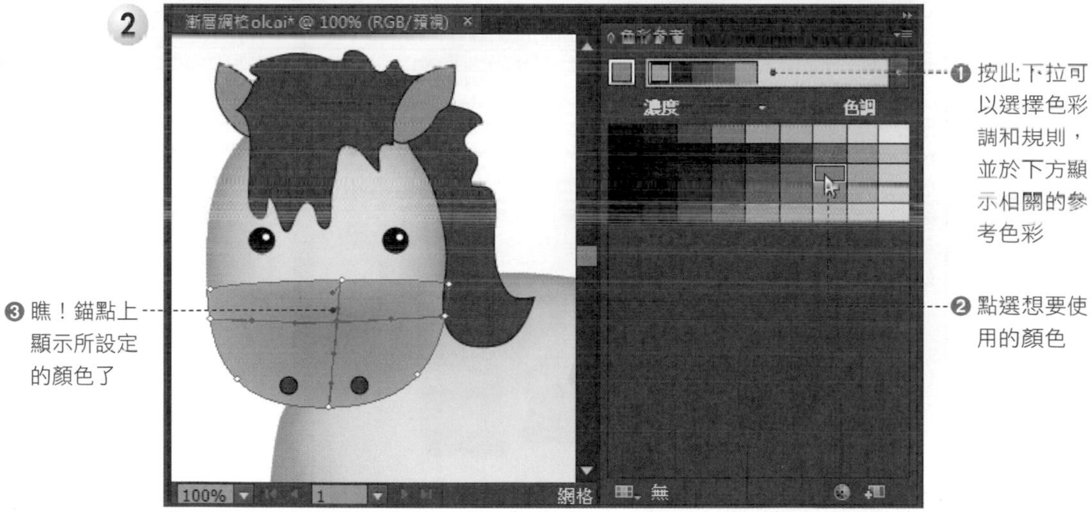
2
漸層網格okai* @ 100% (RGB/預視)
色彩參考
濃度
色調
❶ 按此下拉可以選擇色彩調和規則，並於下方顯示相關的參考色彩
❷ 點選想要使用的顏色
❸ 瞧！錨點上顯示所設定的顏色了
100%
網格
無

以同樣方式依序為馬鬃、馬尾、馬耳朵、馬蹄加入漸層網格

3

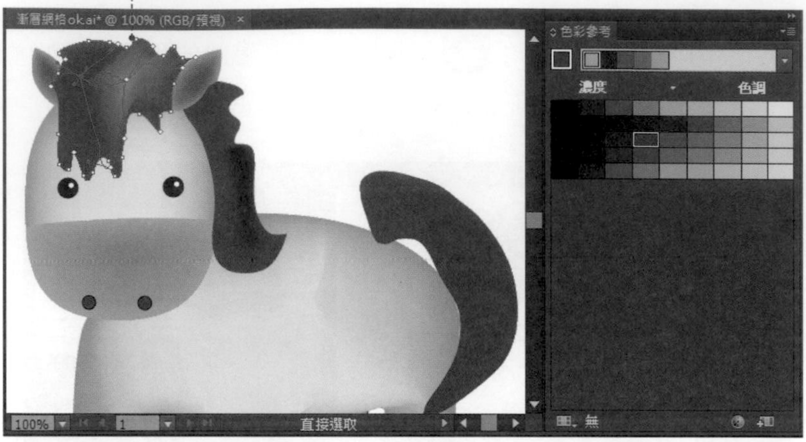

4

馬的漸層網格設定完成囉！

6-5 即時上色

有時候繪製的造型並非封閉的路徑，而是由多個開放路徑所繪製而成，像這樣的狀況如果要填滿色彩，就得考慮利用「即時上色油漆桶」工具來處理。

瞧！牛角、耳朵和目前選取的分隔線都是開放的路徑，無法填滿色彩

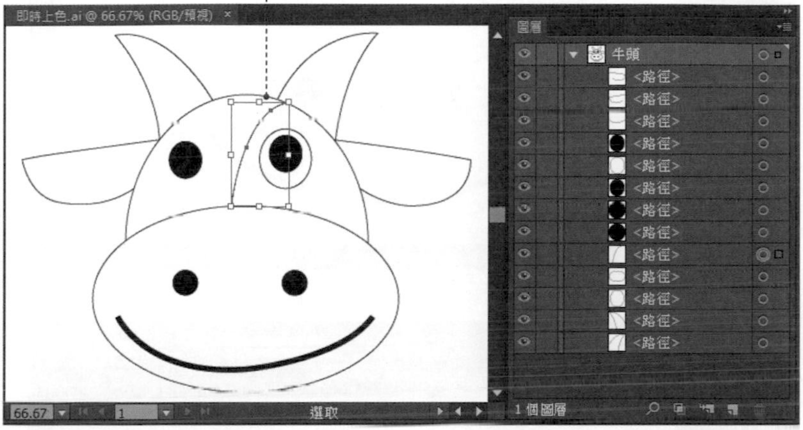

現在請各位選取整個造型，點選「即時上色油漆桶」工具，然後跟著筆者的腳步進行顏色的填入。

1

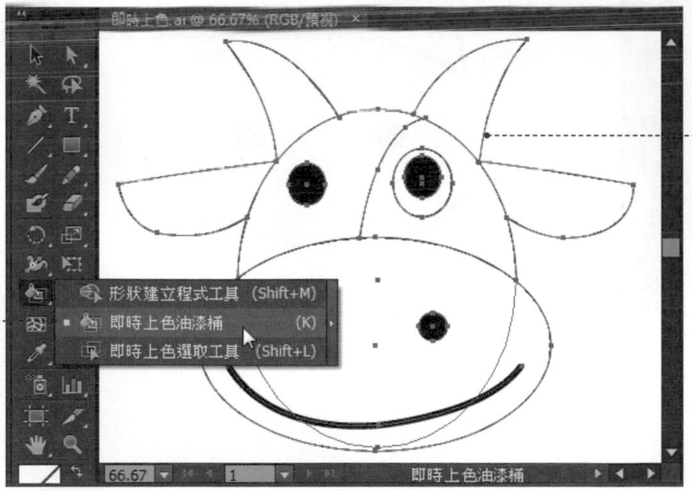

❶ 以「選取工具」選取整個造型

❷ 由此改選「即時上色油漆桶」工具

2

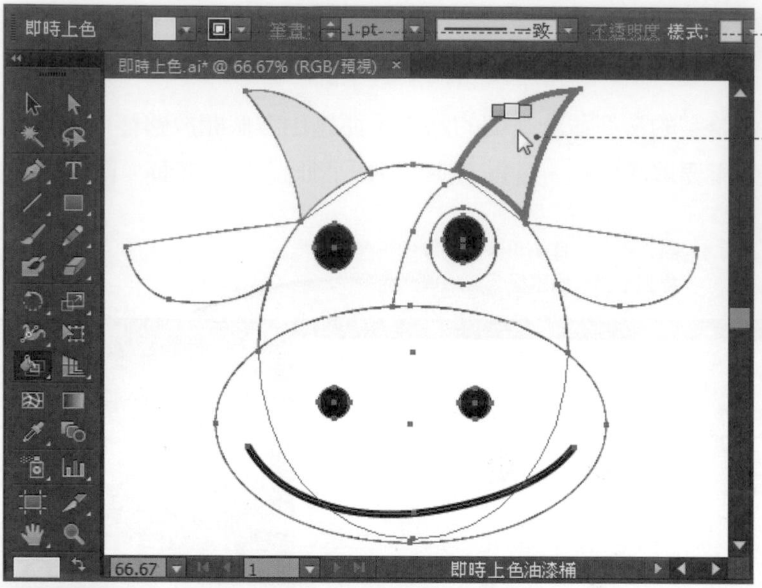

❶ 由此更換黃色

❷ 按一下兩邊的牛角位置，即可填入色彩

3

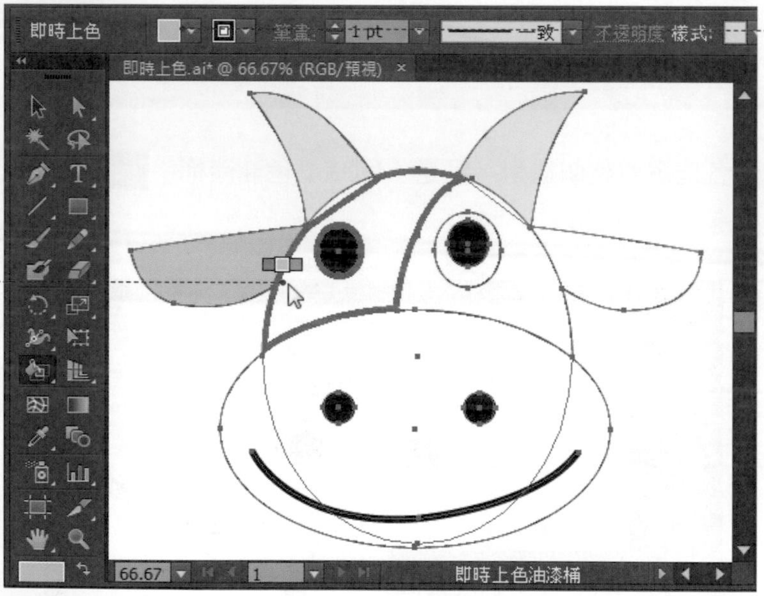

❶ 改選淡藍色

❷ 移到兩個耳朵、右邊臉頰處，依序填入淡藍色

4

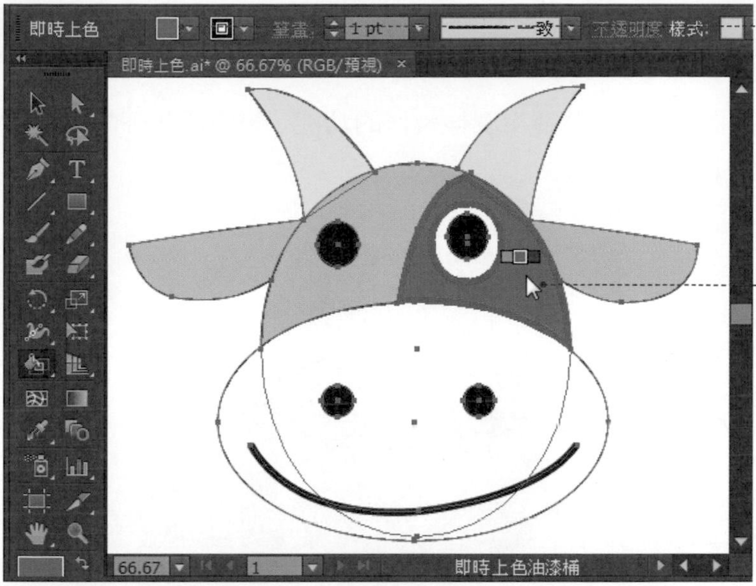
即時上色
筆畫
1 pt
致
不透明度
樣式
❶ 改選藍色
即時上色.ai* @ 66.67% (RGB/預視)
❷ 依序填入藍色
66.67
1
即時上色油漆桶

5

即時上色ok.ai @ 66.67% (RGB/預視)
取消選取時，即可看到完整的填色效果
66.67
1
選取

6-6 範例實作：禮盒包裝

在此範例中，我們將運用圖樣製作的功能，來完成如下的包裝禮盒繪製。完成畫面如下：

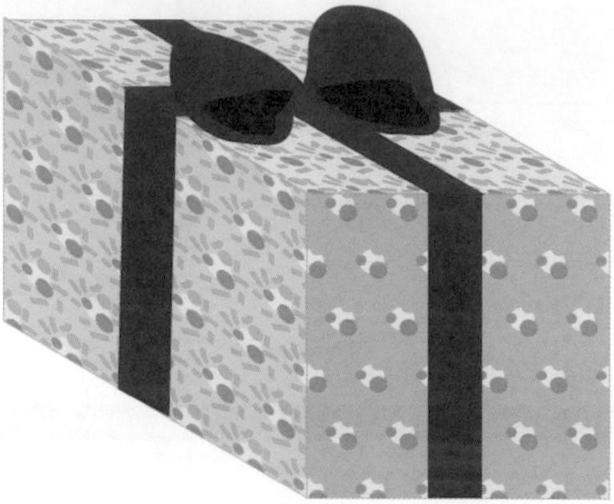

6-6-1 繪製圖樣基本形

首先請各位新增一個寬 960 高 560 像素的空白文件，我們要在此文件上繪製一個包裝紙的基本圖案。

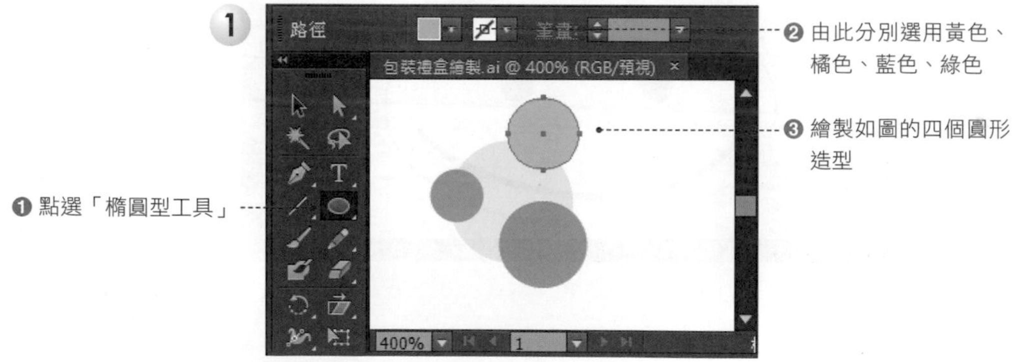
1
路徑
筆畫:
包裝禮盒繪製.ai @ 400% (RGB/預視)
400%
1
❶ 點選「橢圓型工具」
❷ 由此分別選用黃色、橘色、藍色、綠色
❸ 繪製如圖的四個圓形造型

2

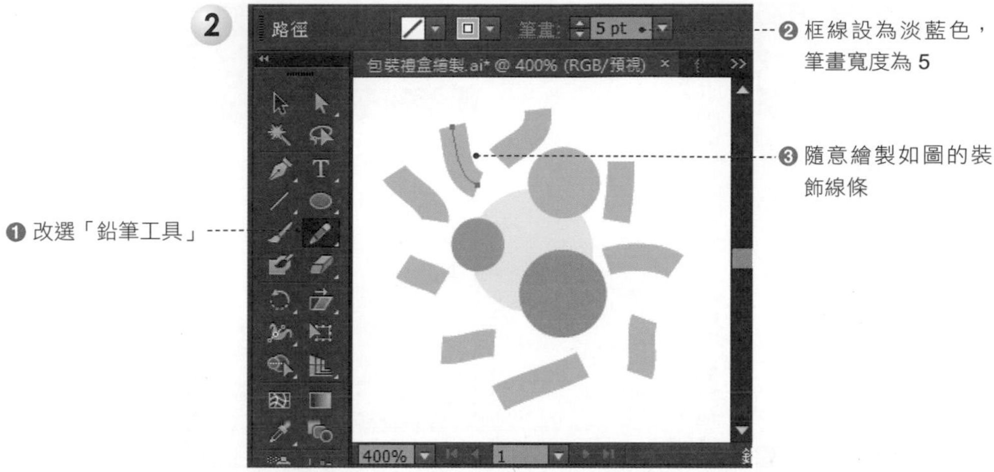

3

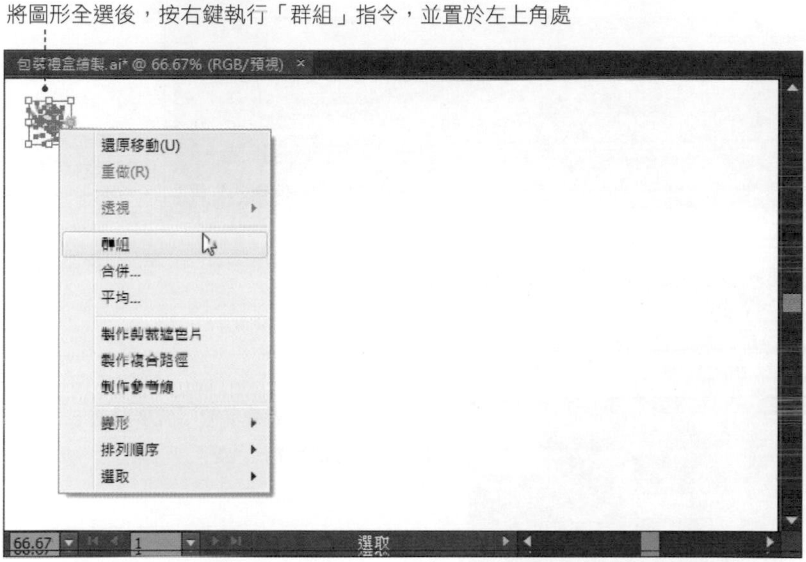

特別注意的是，基本造型的比例不可太大，否則包裝紙製作出來的效果不佳喔！

6-6-2 將基本形建立成圖樣

基本造型確立後，接著利用「物件 / 圖樣 / 製作」指令，將基本形轉變成 Illustrator 的圖樣。

1

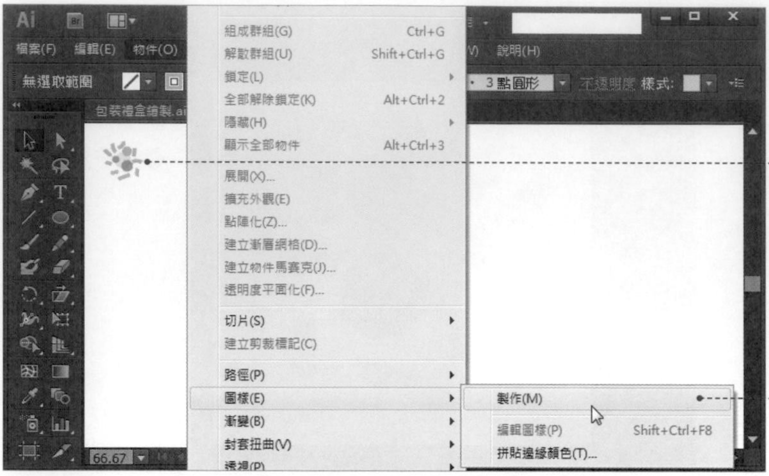

❶ 點選基本形

❷ 執行「物件 / 圖樣 / 製作」指令

2

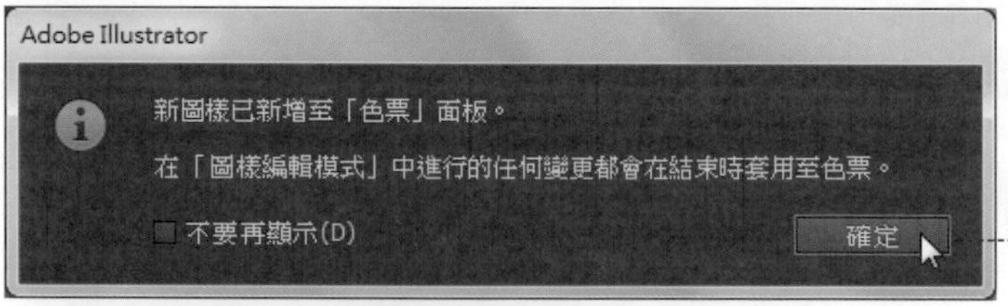

說明新製作的圖樣將會顯示在「色票」面板中，按下「確定」鈕離開

3

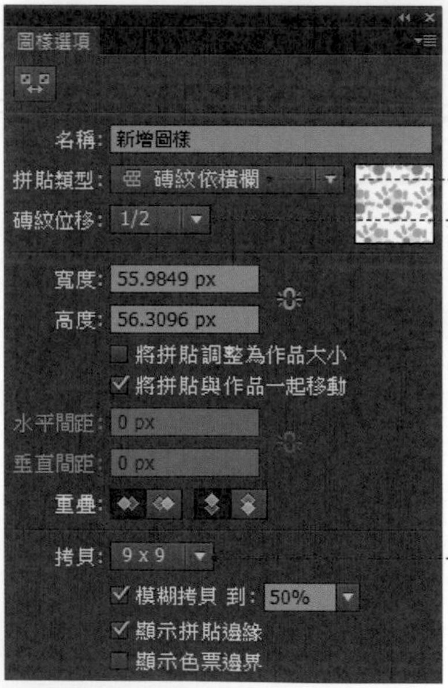

❶ 下拉選擇「磚紋依橫欄」的拼貼類型

❷ 磚紋位移設定為「1/2」

❸ 由「拷貝」下拉選擇「9 x 9」

4

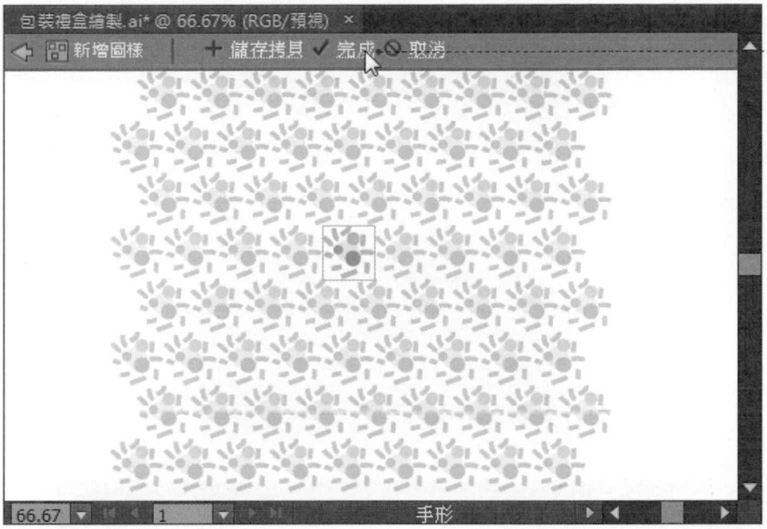

按下「完成」鈕離開視窗，完成圖樣的製作

6-6-3 製作包裝禮盒

完成剛剛的動作後，「色票」面板中就會看到我們新製作的圖樣，現在要利用此圖樣來完成三面的立體包裝盒。製作方式如下：

1

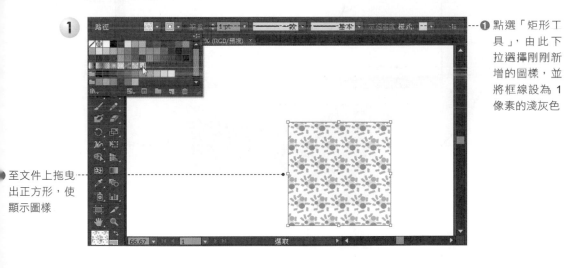

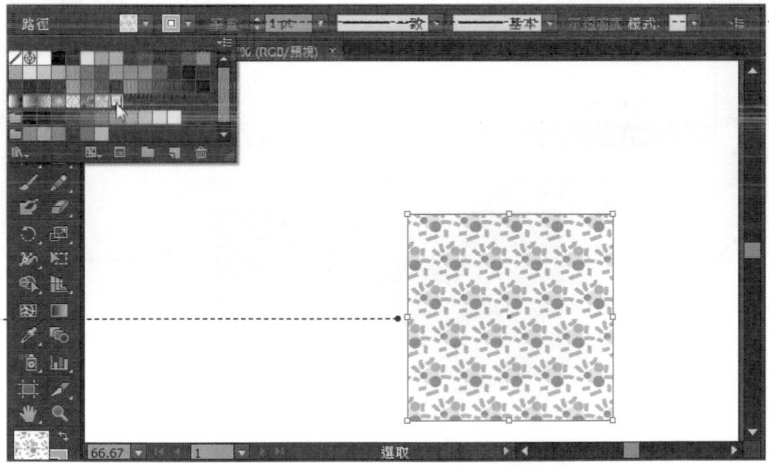

❶ 點選「矩形工具」，由此下拉選擇剛剛新增的圖樣，並將框線設為 1 像素的淺灰色

❷ 至文件上拖曳出正方形，使顯示圖樣

2

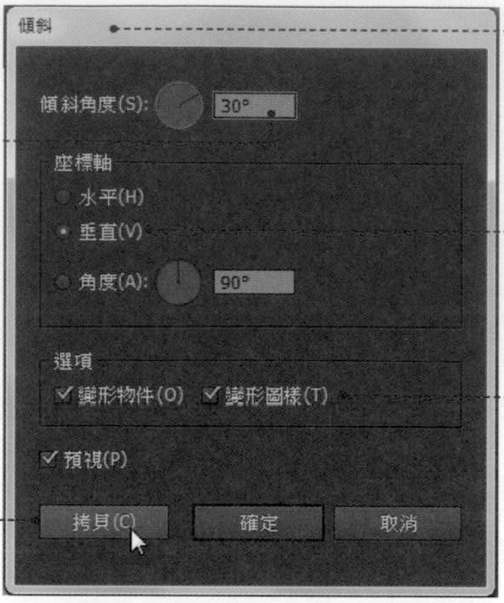

❶ 執行「物件 / 變形 / 傾斜」指令，使進入此視窗

❷ 選擇「垂直」座標軸

❸ 傾斜角度設為「30%」

❹ 勾選「變形物件」和「變形圖樣」

❺ 按下「拷貝」鈕

3

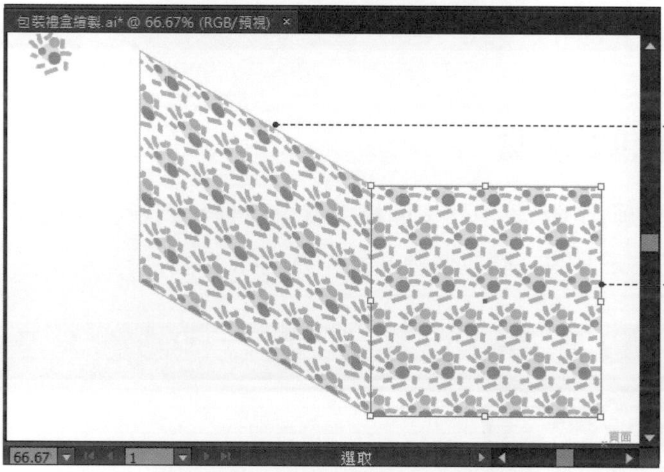

❶ 將拷貝圖形的右側與正方形相連接

❷ 再點選此正方形，執行「物件 / 變形 / 傾斜」指令使進入下圖視窗

4

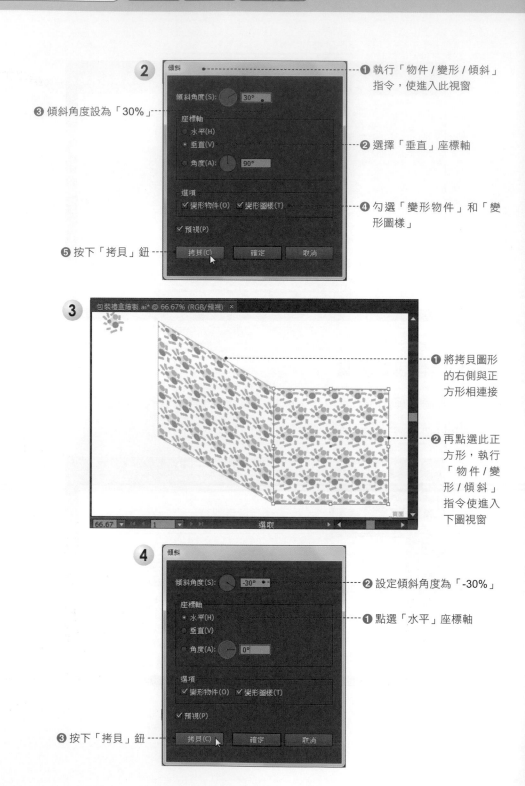

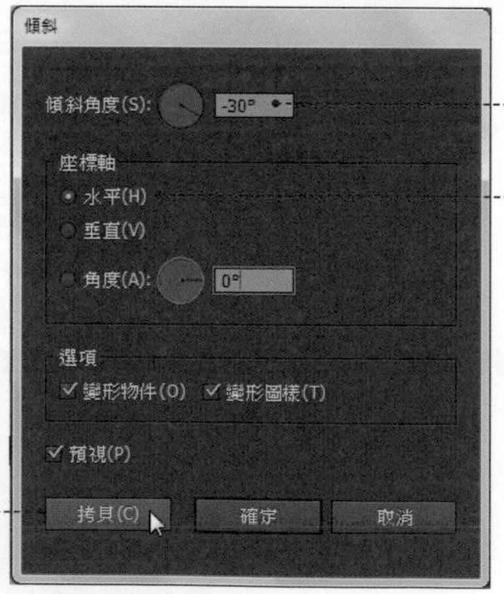

❶ 點選「水平」座標軸

❷ 設定傾斜角度為「-30%」

❸ 按下「拷貝」鈕

5

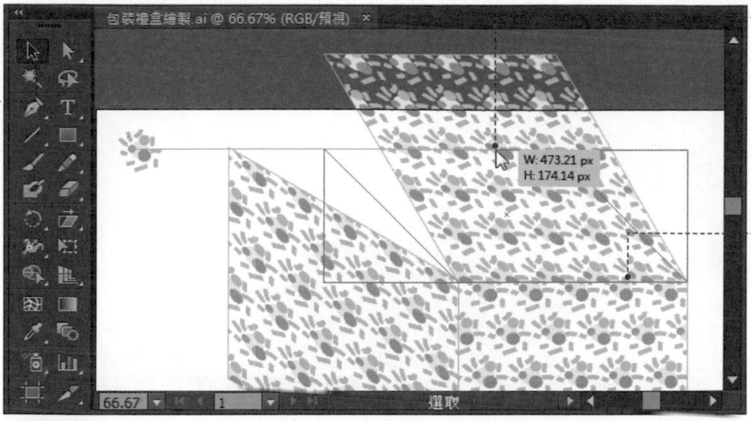

❷ 點選「選取工具」

❸ 將上方的錨點下壓至此，使水平線與另一面等高

❶ 將剛剛拷貝的圖形移到此處，使下方與正方形相連接

6

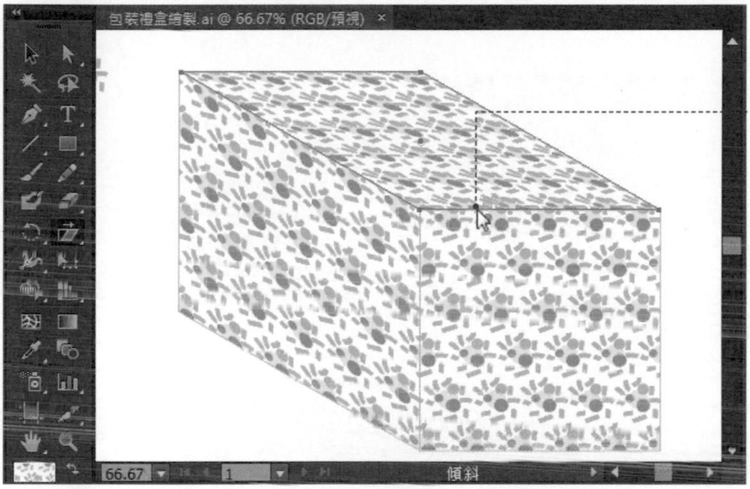

改點選「傾斜工具」

❷ 再調整傾斜角度，使包裝盒的三面互相接合在一起。瞧！包裝紙的圖案也能夠順著包裝紙的傾斜度做傾斜

為了讓包裝盒的立體效果更加強，這裡要將三面物件複製一份，再將下層的物件利用色彩作出立體的色差。方式如下：

1

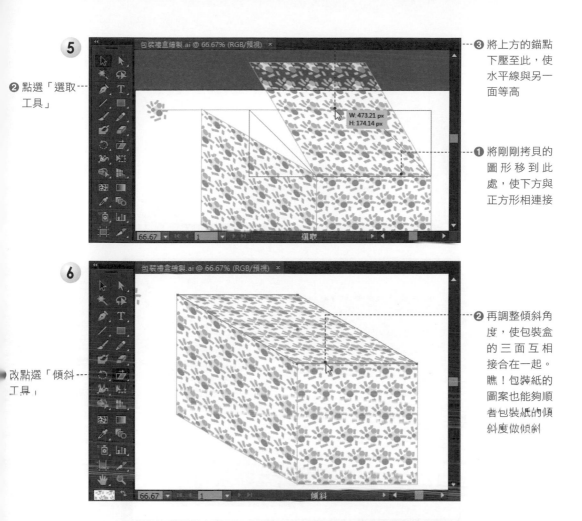

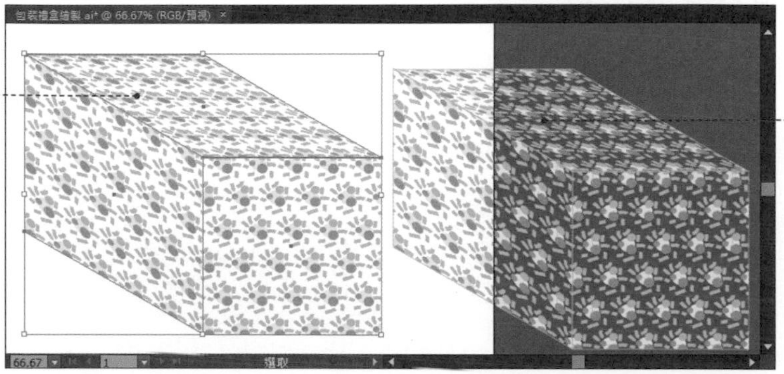

同時點選此三個物件

❷ 加按「Alt」鍵拖曳物件到此，即可複製造形

2

❶ 分別點選物件

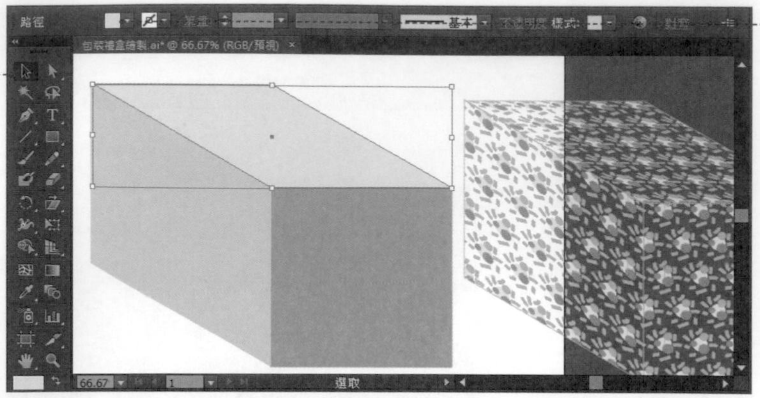

❷ 由「控制」
板分別設定
色、黃綠色
黃色，框線
為無，使填
三個造形中

3

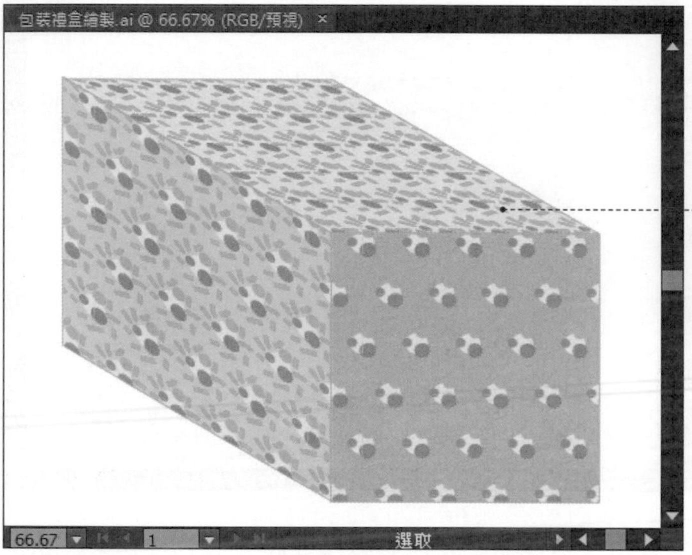

將包含圖樣的三個物件移回原處，即可完成具有立體效果的包裝

6-6-4 加入裝飾彩帶

製作出包裝紙把禮物包裝起來的效果後，接著就是製作彩帶，以便把禮物綁起來。

1

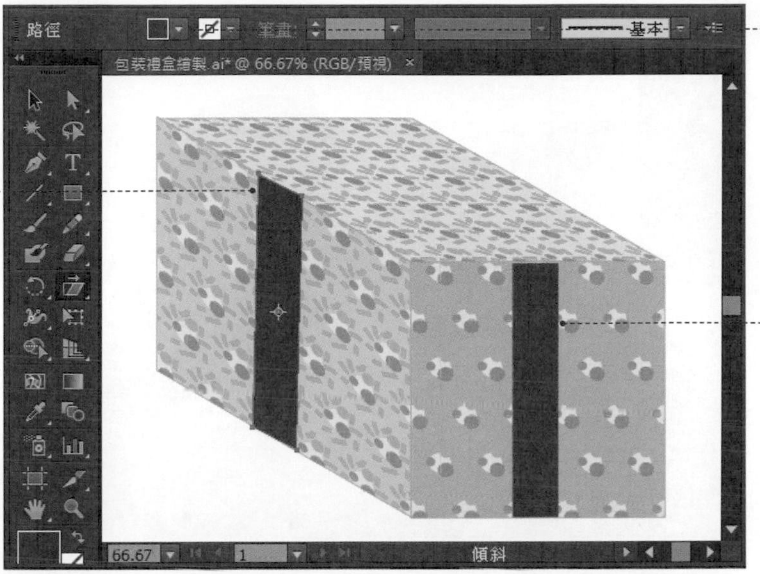

❶ 點選「矩形工具」，設定填色為紅色

❷ 繪製如圖的長條矩形

❸ 加按「Alt」鍵拖曳長條矩形，使複製一份，再以「傾斜工具」作傾斜處理，使顯現如圖

2

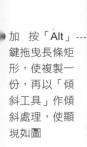

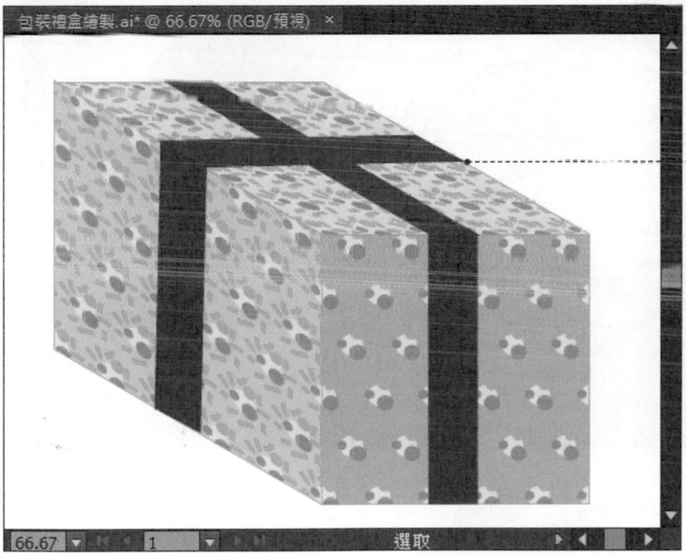

變更為較淺的紅色調，以同樣方式製作長條矩形，再作傾斜設定（也可以使用「鋼筆工具」來繪製路徑）

3

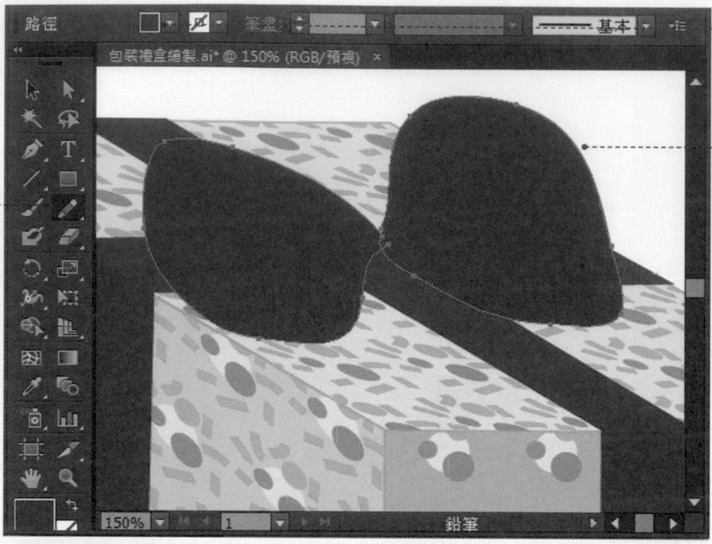

❶ 點選「鉛筆工具」

❷ 選擇紅色

❸ 繪製如圖的蝴蝶結造形

4

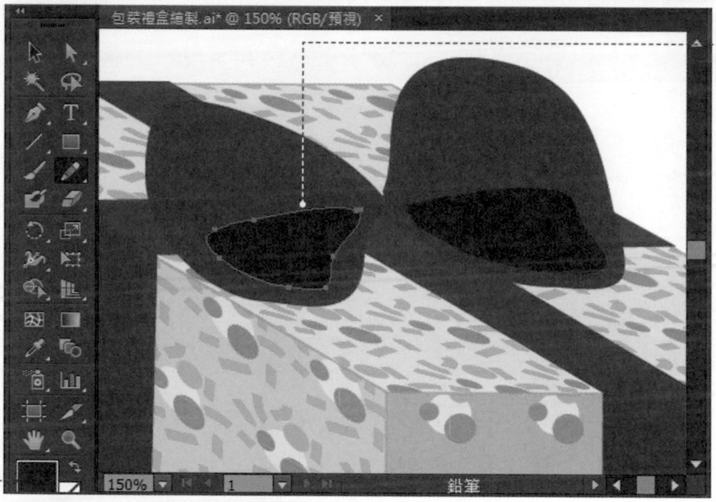

❶ 由此點選較深的紅色調

❷ 以「鉛筆工具」繪出彩帶的陰暗處

5

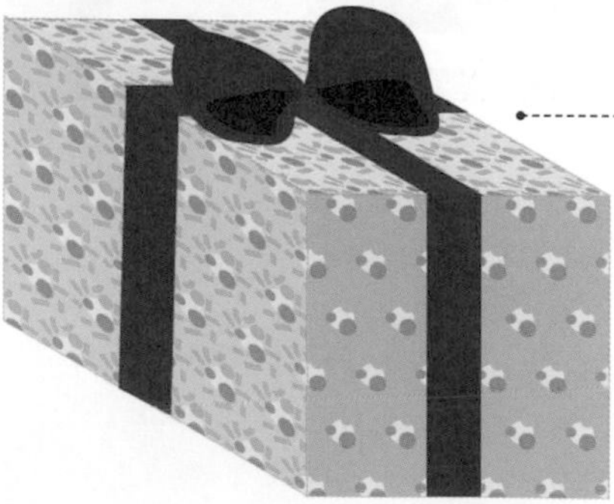

畫面完成囉！

實作題

1. 請將所提供的兩個基本形，運用「圖樣」功能，設計出種不同的排列效果（圖形大小及位置可自行調整）。

   【來源檔案】包裝紙設計 .ai

【完成檔案】包裝紙設計 ok.ai

基本形

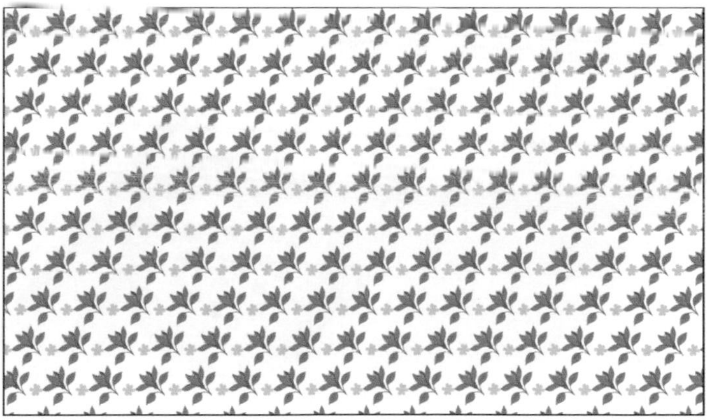

組合效果

基本形

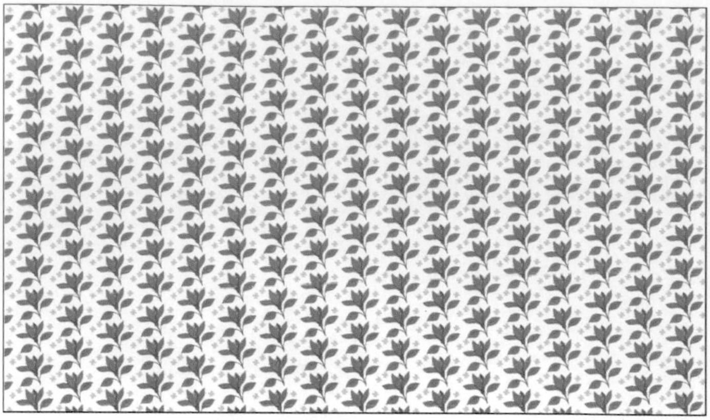

組合效果

【提示】自行排列出圖形後，執行「物件 / 圖樣 / 製作」指令，再設定所要的拼貼類型和位移值。

2. 請利用「物件 / 建立漸層網格」指令，將「玩具手機 .ai」插圖，完成如下的漸層效果。

【完成檔案】 玩具手機 ok.ai

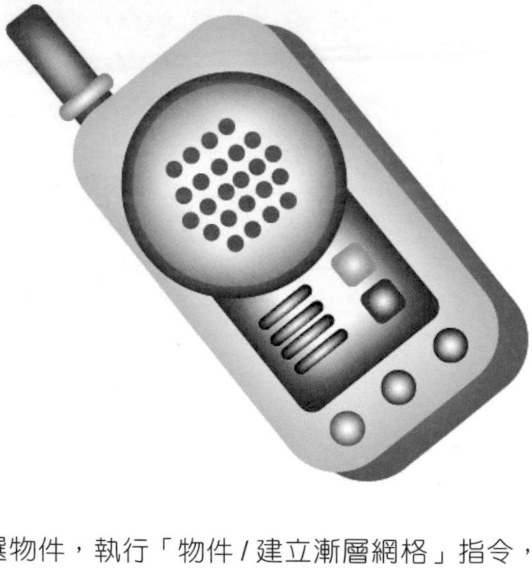

【提示】分別點選物件，執行「物件 / 建立漸層網格」指令，再設定所要的橫欄或直欄的數目。

07 CHAPTER

文字的樣式設定 – 折頁式 DM

學習指引

文字在廣告文宣中佔有舉足輕重的地位，任何產品的優點都得靠文字來說明或強調，因此在此我們要來好好的研究它。本章各位將學到文字的各種建立方式，同時學習字元或段落文字的設定、文字的變形、文字特效等功能，讓各位輕鬆駕馭文字效果的設定。

掌中戲又稱布袋戲，傳說布袋
戲是由福建泉州的讀書人梁炳麟所
創，因為偶然機會看到魁儡戲的演
出，於是自雕木偶，以手代替線來
「掌中戲」。
掌中戲的操演屬於掌中技藝，
操演者必須盡量發揮其五指來模仿
人的肢體動作，不同的角色也有不
同的身段。早年老師傅以純手工雕
刻，雕像細緻精巧，神色自然而優
等類，不同角色有不同的特點和服
裝穿著。
掌中戲所使用的戲台一般稱為
「彩樓」，主要結構分為上面的「
頂蓬」與下面的「下蓬」，外加四
支龍柱，另外還需要後場的樂器配
合，才能配合劇中故事的需要，達
到完美合一的境界。
日期:2013年8月16日至9月13日
地點:高雄科學工藝博物館愛樂廳
主辦單位:掌中戲劇團
掌中戲

加入文字編排的 DM

7-1 文字建立方式

要在 Illustrator 中建立文字，各位有六種工具可以選用，不管是直排文字、橫排文字、路徑文字、區域中的文字，都可以在工具鈕中選用。

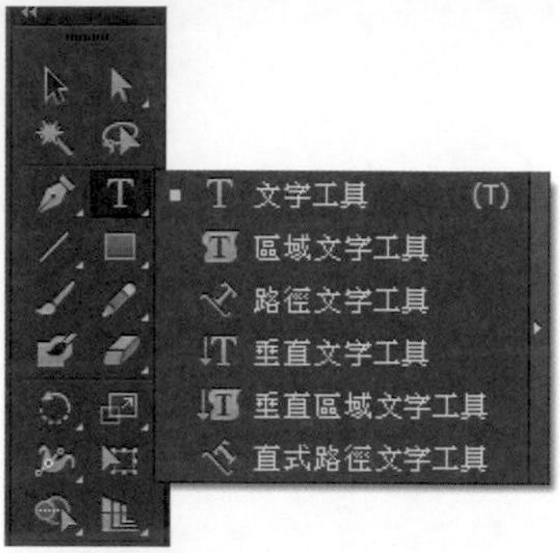

7-1-1 建立標題文字

想要在文件中加入直排或橫排的標題文字，只要點選「文字工具」 T 或「垂直文字工具」 ↓T ，再到文件上按下左鍵，即可輸入標題文字。

利用此方式建立文字時，若沒有按下「Enter」鍵換行，文字將會繼續延伸下去喔！

7-1-2 建立段落文字

如果要在特定的範圍內建立文字，可以先用滑鼠拖曳出文字的區域範圍，再於輸入點中輸入所需的文字，而文字到了邊界時就會自動換行。

❶ 點選「文字工具」

1

段落文字.ai* @ 66.67% (RGB/預視)
W: 404.9
H: 266.9
66.67
1
文字

❷ 在文件上拖曳出如圖的矩形區塊

2

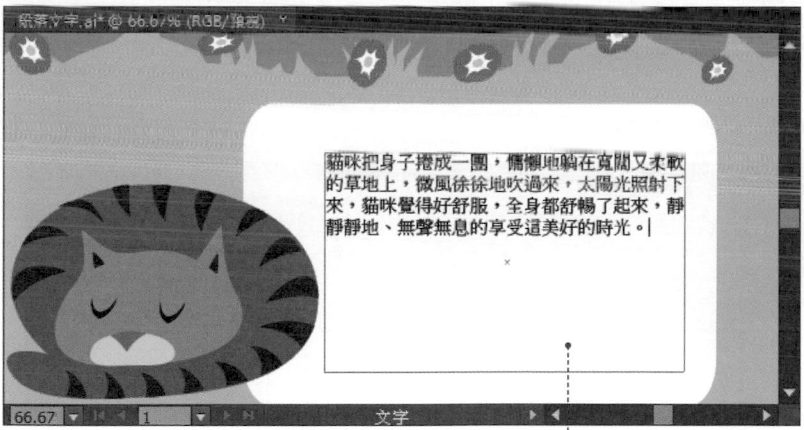
貓咪把身子捲成一團，慵懶地躺在寬闊又柔軟的草地上，微風徐徐地吹過來，太陽光照射下來，貓咪覺得好舒服，全身都舒暢了起來，靜靜靜地、無聲無息的享受這美好的時光。
66.67
1
文字

瞧！文字到了邊界就會自動換行了

以此方式建立的段落文字，只要拖曳邊框的控制點，文字內容就會重新排列，以順應邊框的大小，如圖示。

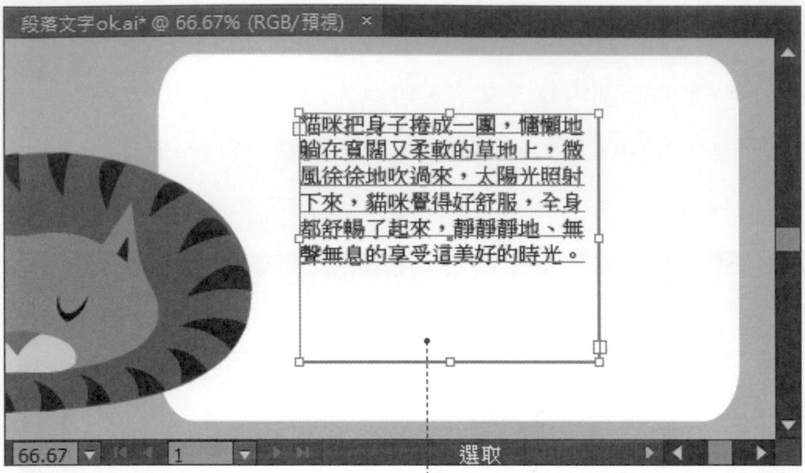
段落文字okai* @ 66.67% (RGB/預視)
貓咪把身子捲成一團，慵懶地躺在寬闊又柔軟的草地上，微風徐徐地吹過來，太陽光照射下來，貓咪覺得好舒服，全身都舒暢了起來，靜靜靜地、無聲無息的享受這美好的時光。
66.67
選取

瞧！邊框尺寸改變了，文字的排列也跟著變更

7-1-3 建立區域文字

如果各位想將段落文字放在特殊的路徑之中，那麼可以選用「區域文字工具」 或「垂直區域文字工具」 來處理，只要選用工具後，再點選一下路徑，輸入的文字就會在路徑之中。

❶ 點選「垂直區域文字工具」

1

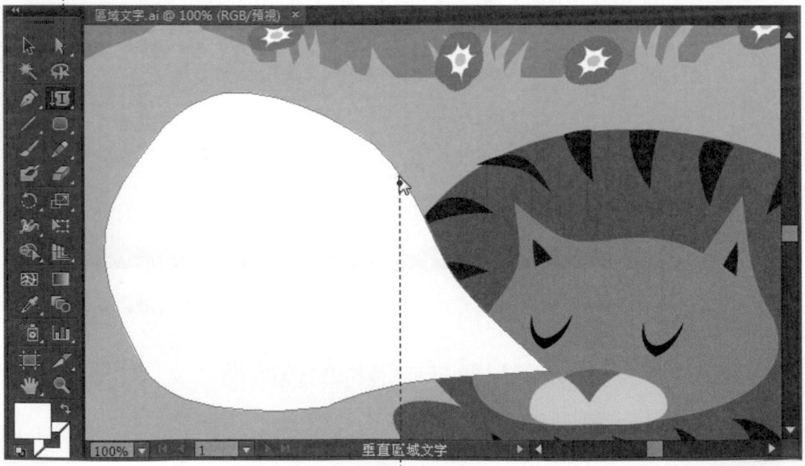
區域文字.ai @ 100% (RGB/預視)
100%
垂直區域文字

❷ 按一下路徑

2

瞧！文字以直排方式顯示在路徑的區域範圍內

7-1-4 建立路徑文字

除了區域範圍內可放置文字內容，各位也可以將文字放在特定的路徑中，只要選用「路徑文字工具」或「直式路徑文字工具」就可辦到。

❶ 點選「路徑文字工具」

1

❷ 按一下此路徑，使出現文字輸入點

2

輸入或貼入文字，即可看到文字延著路徑排列

萬一文字內容與路徑的長度沒有配合好，想要重新調整路徑的長度，可利用「直接選取工具」 調整錨點的位置。

7-2 文字設定

文字建立後，各位可以透過「控制」面板來調整文字顏色或框線色彩，也可以利用「視窗 / 文字 / 字元」和「視窗 / 文字 / 段落」指令開啟「字元」面板與「段落」面板來使用。此處我們就針對這三部分來做說明。

7-2-1 以「控制」面板設定文字

控制面板上所提供的功能按鈕如下：

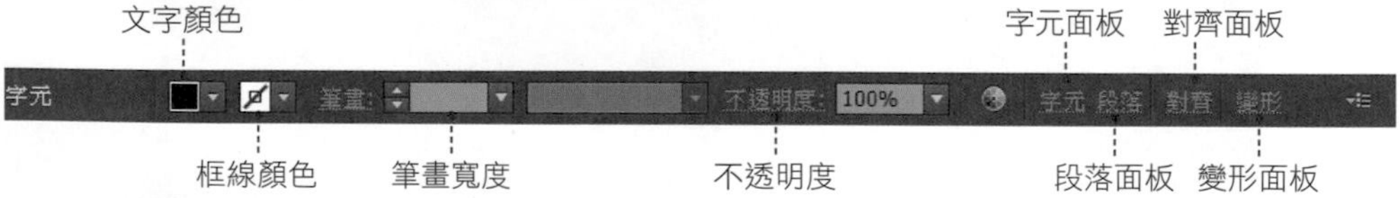

直接按在「字元」、「段落」「對齊」、或「變形」等文字上，即可開啟該面板。另外，各位也可以在「控制」面板上加入筆畫色彩和寬度，對於標題字的設定，也有加強的效果喔！

1

❶ 開啟檔案

❷ 點選「文字工具」

2

❷ 按此色塊，並下拉選擇色彩

❶ 選取要加入筆畫的文字區域

3

由此設定筆畫寬度

4

瞧！文字框線設定完成

如果各位電腦中沒有特殊的字形，又想要讓文字看起來較有份量，也可以考慮將文字的填色與筆畫設為相同的色彩，如圖示：

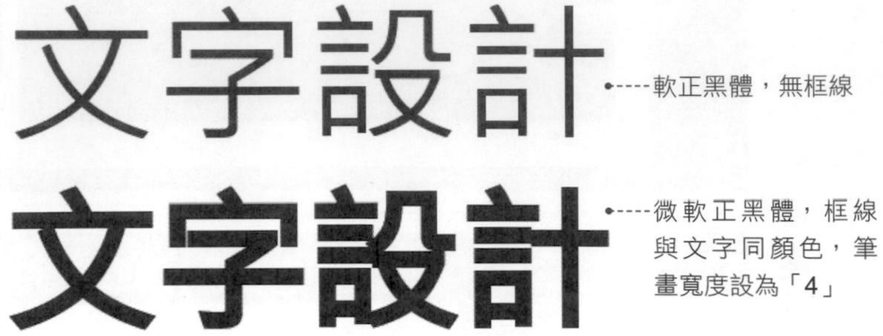

7-2-2 以「字元」面板設定文字字元

執行「視窗 / 文字 / 字元」指令，或在「控制」面板上按下「字元」，都可以開啟「字元」面板。

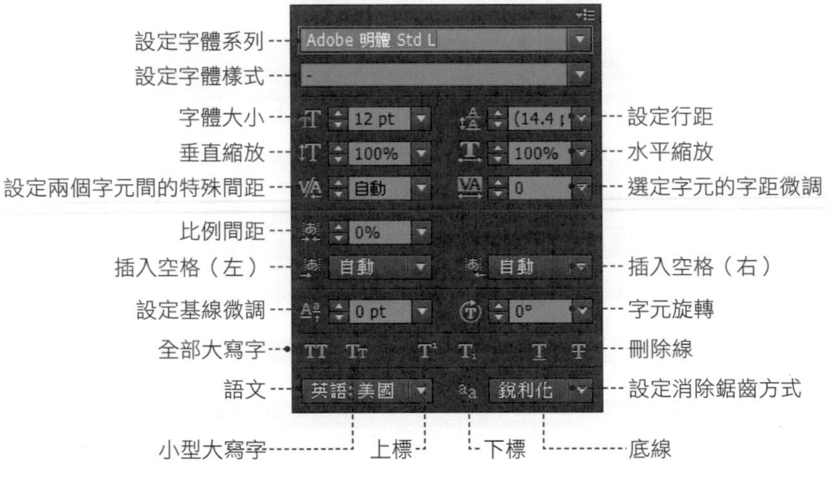

使用時，請先用滑鼠將要做字元設定的文字選取起來，再由面板中選擇要設定的字元格式就行了。

這裡我們示範文字的「水平縮放」及「字元旋轉」的效果。對於橫式閱讀的文章來說，些許的水平縮放會比正方體的文字來得容易閱讀，而標題文字加入字元旋轉的效果，也可以增加觀看者的注意力。

1

❶ 點選文字

❷ 由此下拉設定字元的水平縮放比例

2

❶ 由「控制」面板上按下「字元」鈕

❸ 選擇「30」度

❷ 按下「字元旋轉」的下拉鈕

3

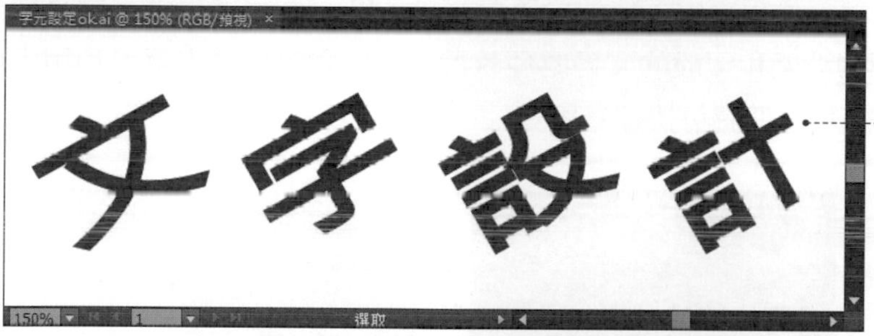

瞧！文字個別旋轉了

除了「字元」面板提供各位做字元設定外，Illustrator 還提供「字元樣式」面板，此面板的功能和一般的文書處理軟體一樣，對於長篇文章中常用到的字元設定，可利用「字元樣式」面板作新增，屆時只要選取要做設定的文字，即可快速套用。

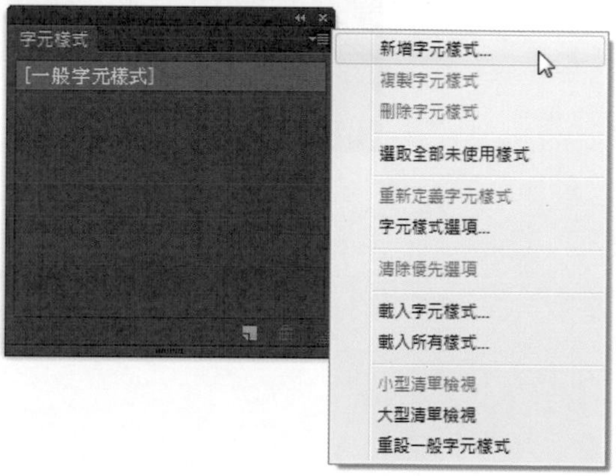

7-2-3 以「段落」面板設定文字段落

「段落」面板多用在多段的文章中，用以設定文字對齊的方式、段落與段落之間的距離、或是縮排狀態。執行「視窗 / 文字 / 段落」指令，或在「控制」面板上按下「段落」，皆可開啟「段落」面板。

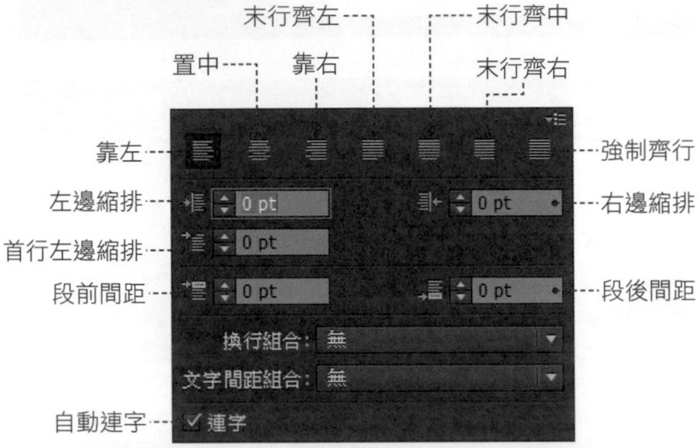

除了「段落」面板提供各位做段落設定外，Illustrator 還提供「段落樣式」面板，此面板的功能和一般的文書處理軟體一樣，對於長篇文章可利用「段落樣式」面板作新增，屆時可快速套用。

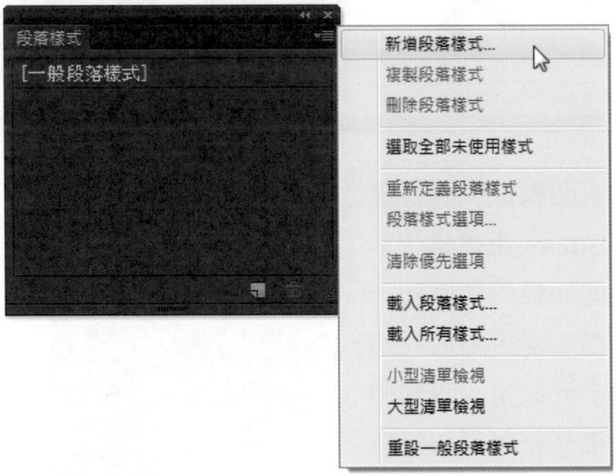

7-3 文字變形處理

文字除了正常的設定文字格式外，也可以將文字作傾斜 / 旋轉的變形處理，或是利用封套 / 網格作變形，甚至是建立成外框，以便做外輪廓的變形。這一小節就針對變形的相關指令做介紹。

7-3-1 文字變形

由「控制」面板上按下「變形」鈕，可在視窗中設定文字的旋轉角度或傾斜角度，另外也可以自行輸入特定的寬度或高度來做壓扁或拉長的變形處理。

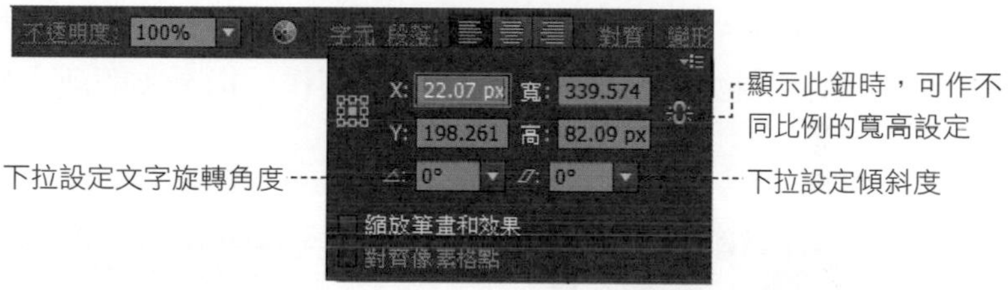

「變形」面板中的「旋轉」功能與「字元」面板中的「字元旋轉」功能不同，前者是整排文字做特定角度的旋轉，後者則是個別字元作旋轉。如圖示：

原文字

以「字元」面板作 15 度的字元旋轉

以「變形」面板作 15 度的旋轉

7-3-2 封套扭曲文字

要將文字作彎曲變形，Illustrator 提供兩種方式：一個是利用彎曲的封套製作，另一個是利用網格製作，各位可以透過「控制」面板做選擇。

以彎曲製作

以「選取工具」點選文字後，在「控制」面板上按下 鈕，將會顯現「彎曲選項」視窗，可透過弧形、拱形、凸形、旗形、波形、魚形、魚眼、膨脹、擠壓、螺旋…等各種預設樣式，來為文字作水平或垂直方向的扭曲變形。您也可以執行「物件 / 封套扭曲 / 以彎曲製作」指令來開啟「彎曲選項」的視窗喔！

1

❷ 按下此鈕

❶ 以「選取工具」選取文字

2

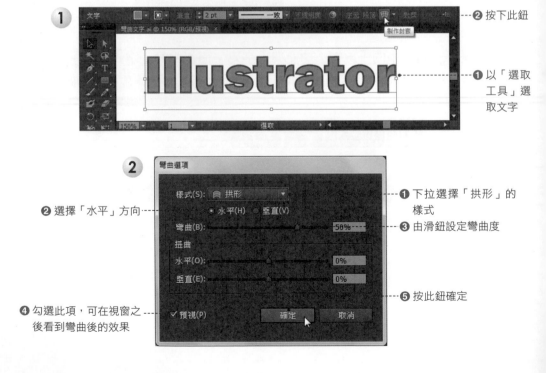

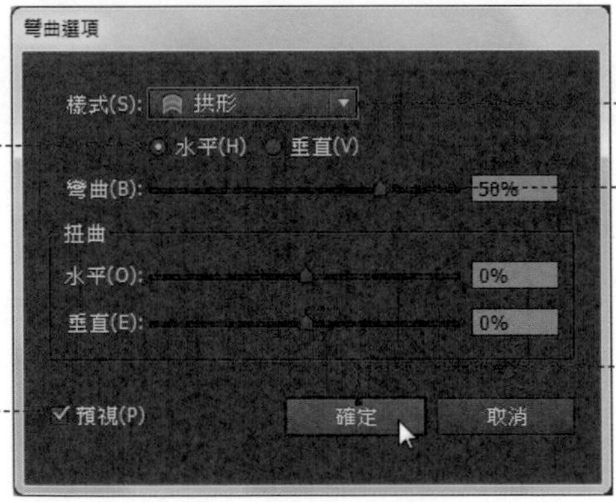

❶ 下拉選擇「拱形」的樣式

❷ 選擇「水平」方向

❸ 由滑鈕設定彎曲度

❹ 勾選此項，可在視窗之後看到彎曲後的效果

❺ 按此鈕確定

3

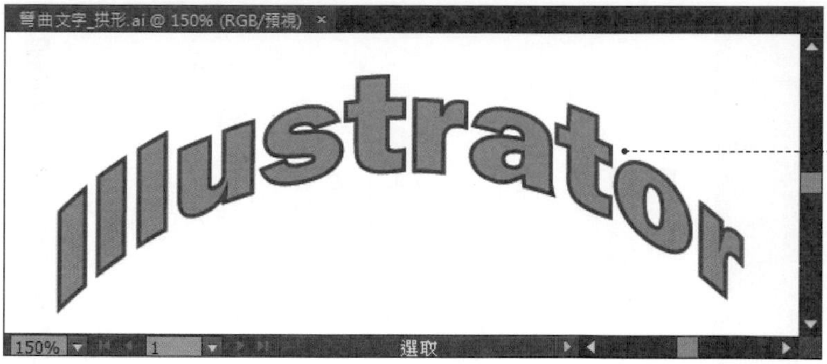

直排文字變拱形了

以網格製作

在「控制」面板若按下 鈕，將會顯示「封套網格」的視窗，可自行設定直 / 橫欄的網格數，再透過錨點即可變形文字。如果「控制」面板上只看到 鈕，則請下拉切換到「以網格製作」的選項。方式如下：

1

❶ 以「選取工具」選取文字

❷ 按下此鈕，並下拉選擇「以網格製作」的選項

2

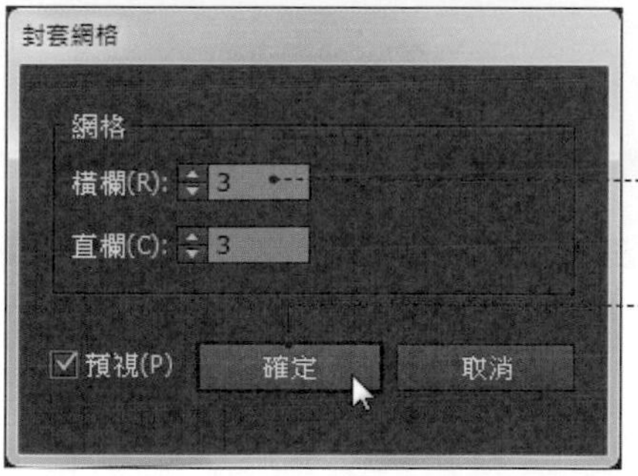

❶ 設定橫欄和直欄的數目

❷ 按下「確定」鈕離開

3

❶ 點選「直接選取工具」

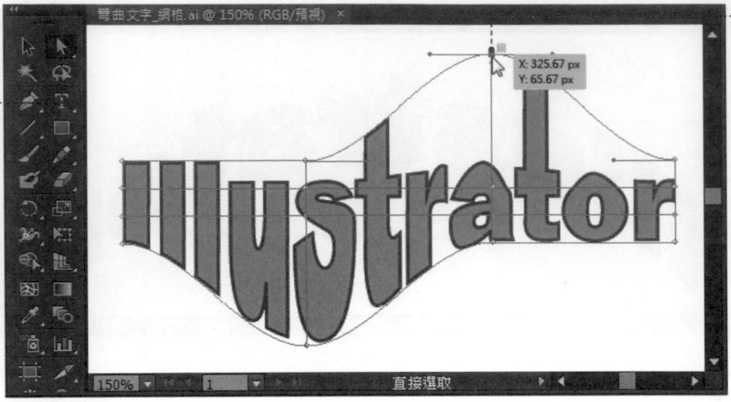

❷ 拖曳錨點即可變形文字

7-3-3 文字建立外框

除了上述利用「控制」面板來做文字的變形外，執行「文字 / 建立外框」指令會將文字轉換成路徑，如此就可以利用「直接選取工具」來變更路徑或錨點位置。

1

❶ 以「選取工具」選取文字

❷ 執行「文字 / 建立外框」指令

2

❶ 改選「直接選取工具」

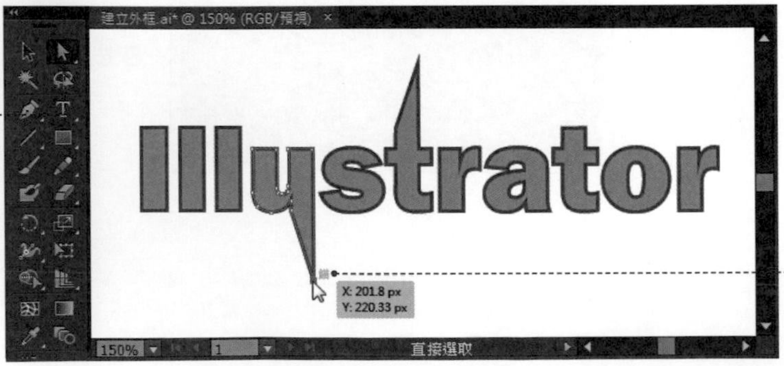

❷ 拖曳錨點，即可變形文字

7-4 文字效果

在這個小節中，我們將介紹一些文字效果的處理，以往這些效果都必須利用 3D 程式或繪圖軟體才能做得到的變化，現在 Illustrator 也可以輕鬆作到喔！諸如：3D 文字、外光暈、陰影…等。現在我們就為各位介紹一些效果，其餘的請自行嘗試。

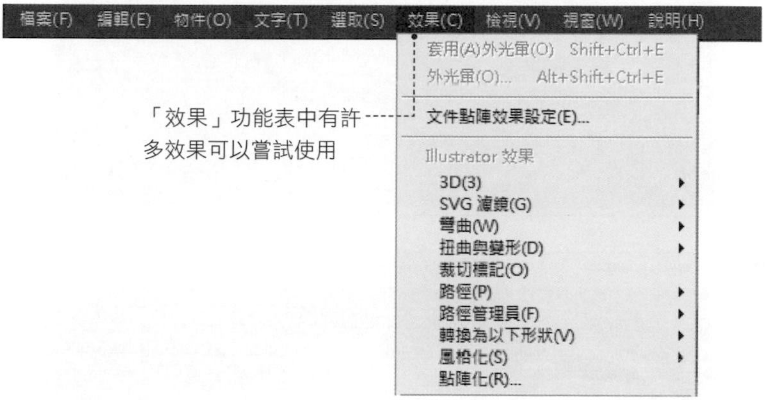

「效果」功能表中有許多效果可以嘗試使用

7-4-1 3D 文字

「效果 /3D/ 突出與斜角」功能可將選取的文字變成立體文字。

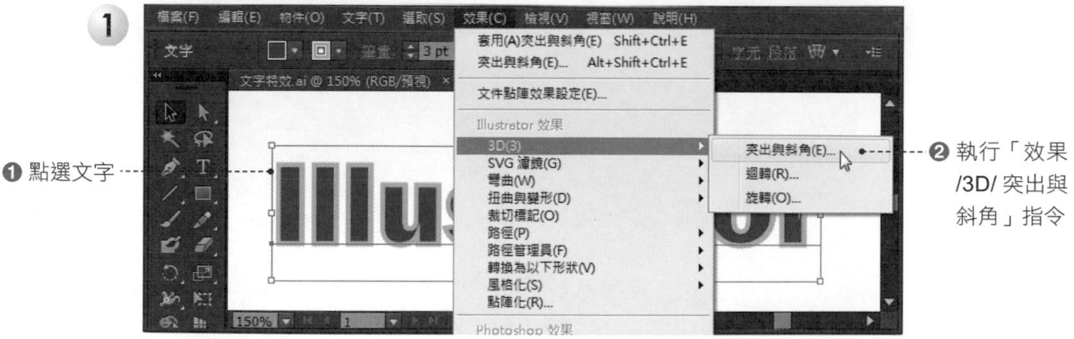

1
❶ 點選文字
❷ 執行「效果 /3D/ 突出與斜角」指令

2

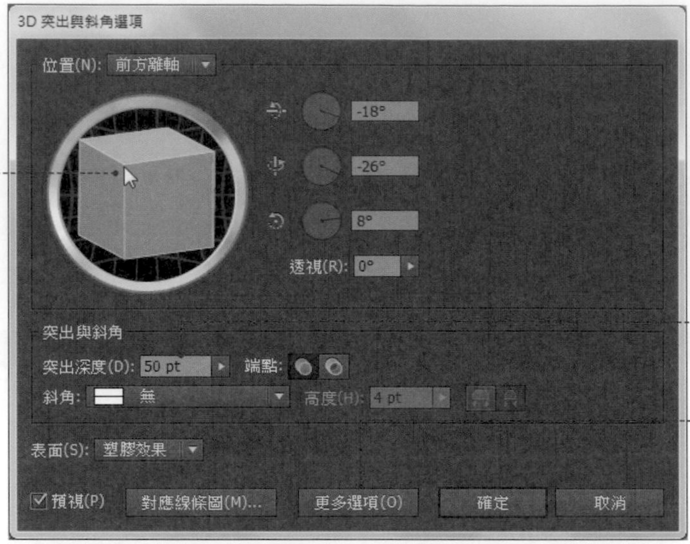

❶ 由此可以旋轉文字的角度

❷ 由此控制文字的深度

❸ 按「更多選項」鈕可以設定光線的位置

3

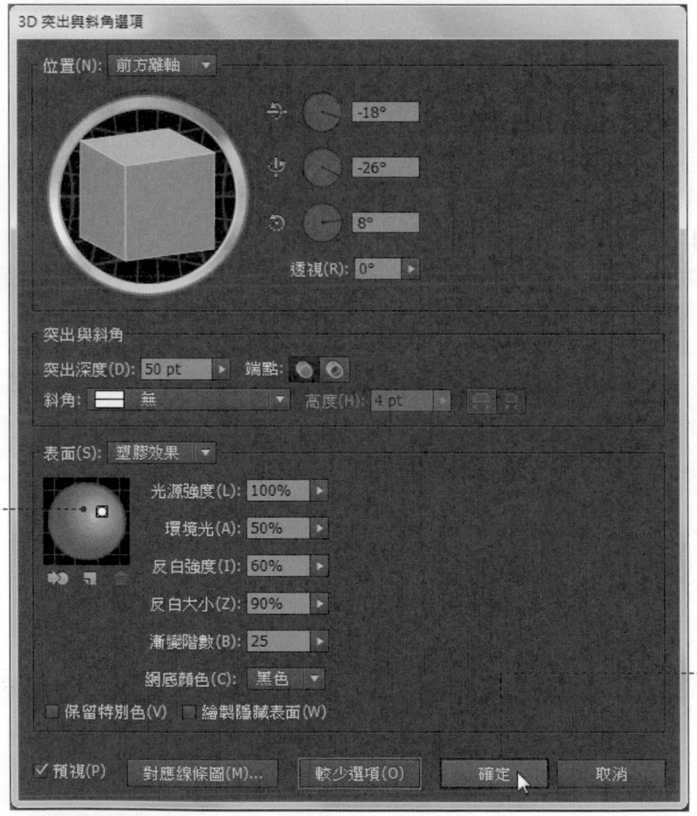

❶ 拖曳此處可以調整光線照射的位置

❷ 設定完成，按「確定」鈕離開

4

輕鬆完成立體文字

7-4-2 外光暈 / 陰影

「效果 / 風格化 / 外光暈」指令，可透過模式、不透明度、模糊度、色彩的設定，來產生向外的光暈效果。

1

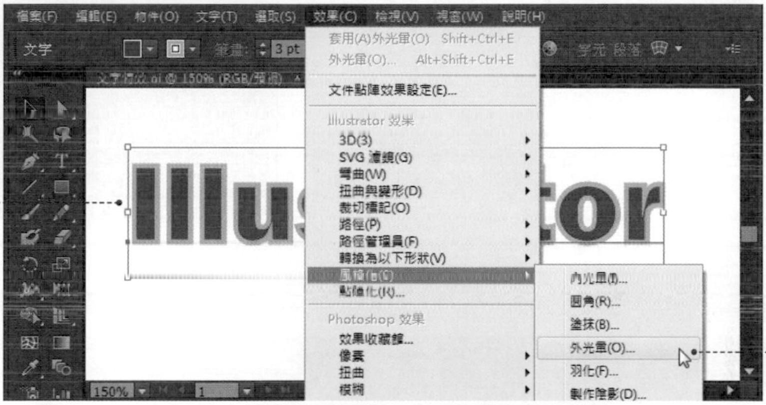

❶ 點選文字

❷ 執行「效果 / 風格化 / 外光暈」指令

2

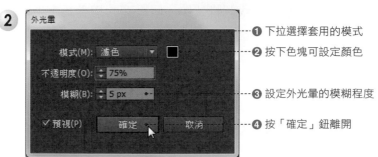

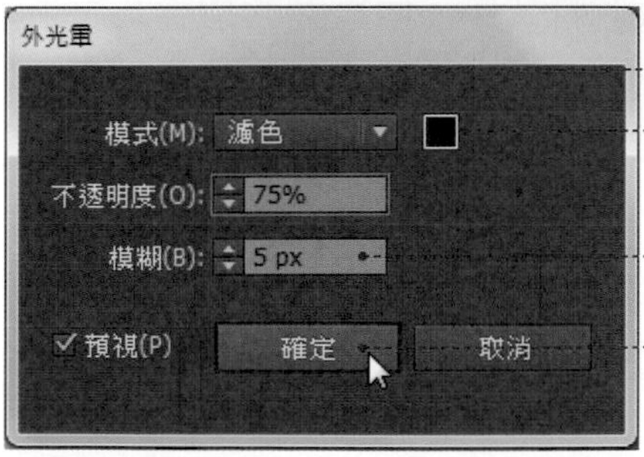

❶ 下拉選擇套用的模式

❷ 按下色塊可設定顏色

❸ 設定外光暈的模糊程度

❹ 按「確定」鈕離開

3

如果各位選擇「效果 / 風格化 / 製作陰影」指令，其設定視窗與效果大致如下：

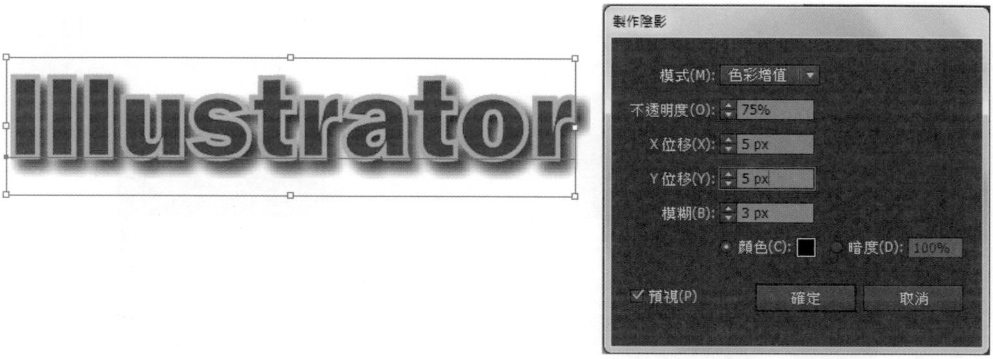

7-5 範例實作：折頁式 DM

在這個範例中，我們將製作一個單面的摺疊式廣告文宣，文宣摺疊起來時會看到右側的「掌中戲」標題與直排的展覽時間 / 地點，若翻開文宣則會看到左側的文字（解說文字與展覽時間地點）與右側的插圖 - 布袋戲人偶。範例中將運用文字「文字工具」和「垂直文字工具」來編排標題與文案，並將標題字建立外框，然後作造型的修正，使變成獨一無二的藝術文字。如圖示：

掌中戲又稱布袋戲，傳說布袋戲是由福建泉州的讀書人梁炳麟所創，因為偶然機會看到魁儡戲的演出，於是自雕木偶，以手代替線來操弄，不料因而此轟動，因而人稱「掌中戲」。
掌中戲的操演屬於掌中技藝，操演者必須盡量發揮其五指來模仿人的肢體動作，不同的角色也有不同的身段。早年老師傅以純手工雕刻，雕像細緻精巧，神色自然而優美，可看出代表人物的性格與內心思維。戲偶中的角色人物依其臉譜可區分成生、旦、淨、末、丑、雜等類，不同角色有不同的特點和服裝穿著。
掌中戲所使用的戲台一般稱為「彩樓」，主要結構分為上面的「頂蓬」與下面的「下蓬」，外加四支龍柱，另外還需要後場的樂器配合，才能配合劇中故事的需要，達到完美合一的境界。
日期:2013年8月16日至9月13日
地點:高雄科學工藝博物館愛樂廳
主辦單位:掌中戲劇團
掌中戲
2013年8月16日至9月13日 高雄科學工藝博物館愛樂廳

7-5-1 文件的新增與區域設定

首先要新增一份 A4 大小的文件，由於是印刷用途，所以必須設定出血的尺寸。加入文件後，請一併設定文件摺疊的參考線位置，設定方式如下：

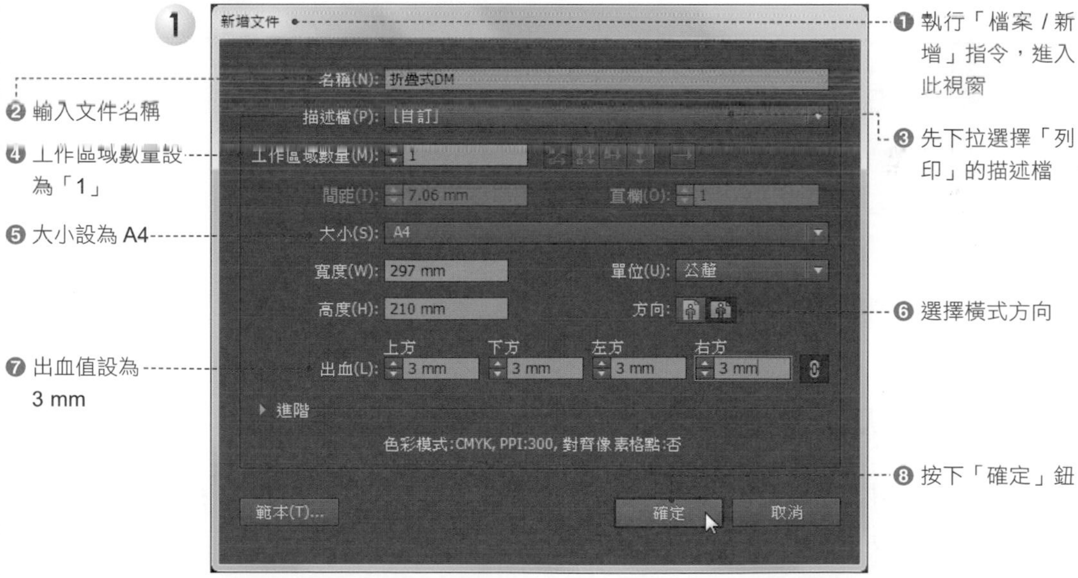
1
新增文件
名稱(N): 折疊式DM
描述檔(P): [自訂]
工作區域數量(M): 1
間距(I): 7.06 mm
直欄(O): 1
大小(S): A4
寬度(W): 297 mm
單位(U): 公釐
高度(H): 210 mm
方向:
上方 下方 左方 右方
出血(L): 3 mm 3 mm 3 mm 3 mm
進階
色彩模式:CMYK, PPI:300, 對齊像素格點:否
範本(T)...
確定
取消
❶ 執行「檔案 / 新增」指令，進入此視窗
❷ 輸入文件名稱
❸ 先下拉選擇「列印」的描述檔
❹ 工作區域數量設為「1」
❺ 大小設為 A4
❻ 選擇橫式方向
❼ 出血值設為 3 mm
❽ 按下「確定」鈕

2

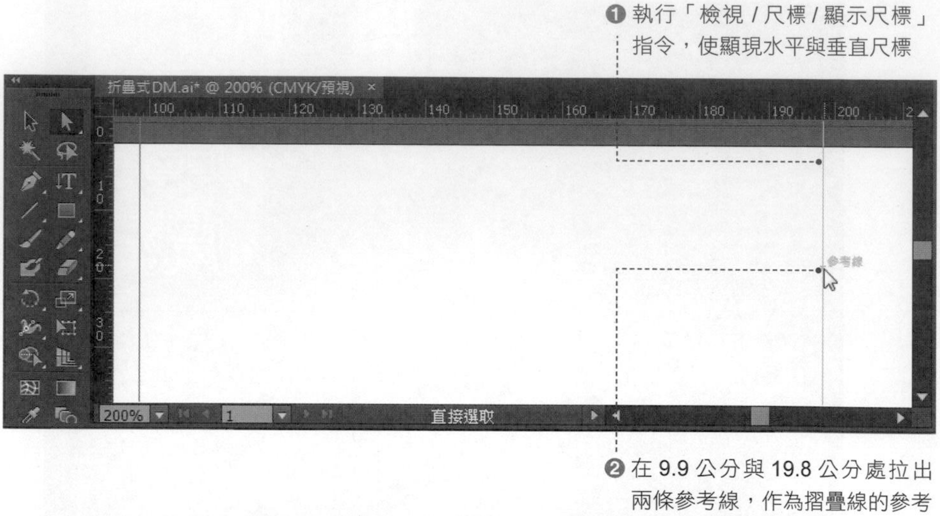
❶ 執行「檢視 / 尺標 / 顯示尺標」指令，使顯現水平與垂直尺標
折疊式DM.ai* @ 200% (CMYK/預視)
參考線
直接選取
❷ 在 9.9 公分與 19.8 公分處拉出兩條參考線，作為摺疊線的參考

3

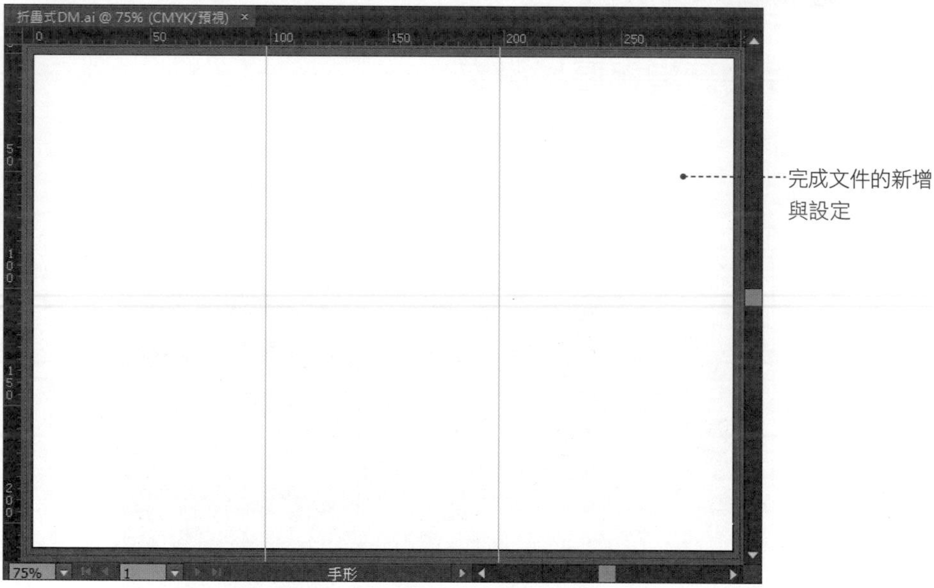
折疊式DM.ai @ 75% (CMYK/預視)
手形
完成文件的新增與設定

7-5-2 置入插圖與底色

文件尺寸設定好之後，現在先將要使用的布袋戲圖片，利用「檔案 / 置入」指令插入到文件中編排，同時為其餘區域加入期望的底色。

1

❶ 執行「檔案/置入」指令，使進入此視窗

❷ 點選要插入的圖片檔

❸ 按下「置入」鈕

2

❶ 點選「選取工具」

❷ 加按「Shift」鍵以等比例縮放圖片，使中間的布袋戲人偶盡量完整地顯示在中間的區域中

3

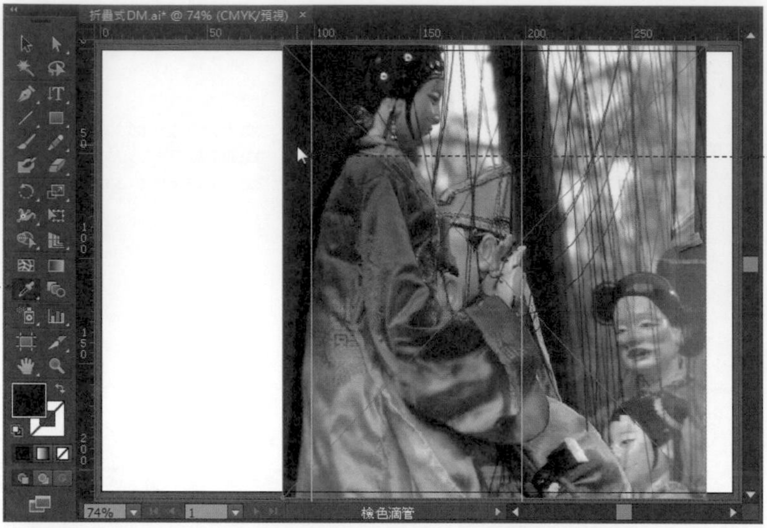

❶ 點選「檢色滴管工具」

❷ 在期望使用的色彩處按下左鍵，使擷取該顏色

4

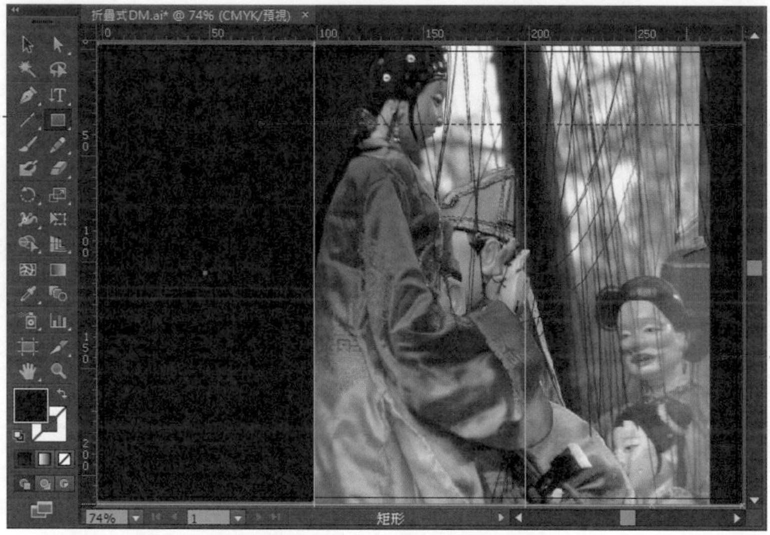

❶ 改選「矩形工具」

❷ 在左側拖曳出矩形，使剛剛擷取的色彩佈滿整個左側區域

❸ 在右側拖曳出矩形，將圖片不足的區域填滿，以作為文字說明的底色

7-5-3 以文字工具加入文案與時間地點

圖片位置確定後，接著要加入文案內容。各位可以開啟「掌中戲文案.doc」檔，裡面已經包含所有的文字內容，只要選取文字後利用「複製」和「貼上」功能，即可貼入 Illustrator 中作編排。

1

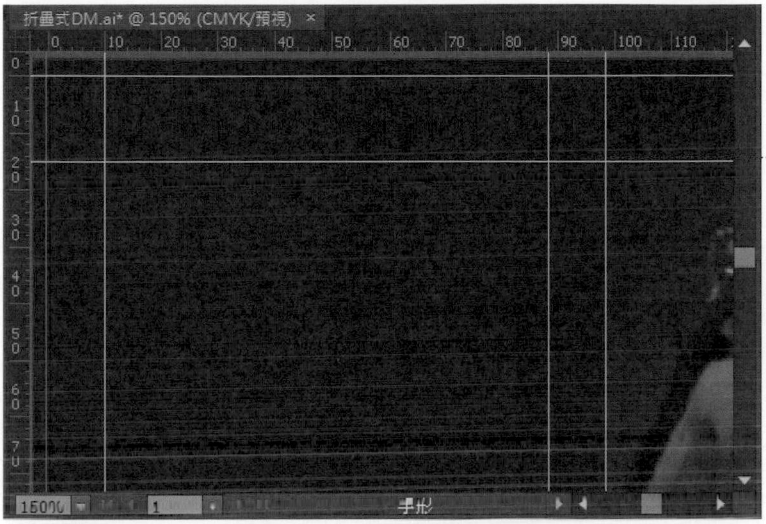

先在左側的摺疊區域中拖曳出左右各 1 公分的距離，上方為 1.5 公分的距離，以作為文字區域放置的範圍

2

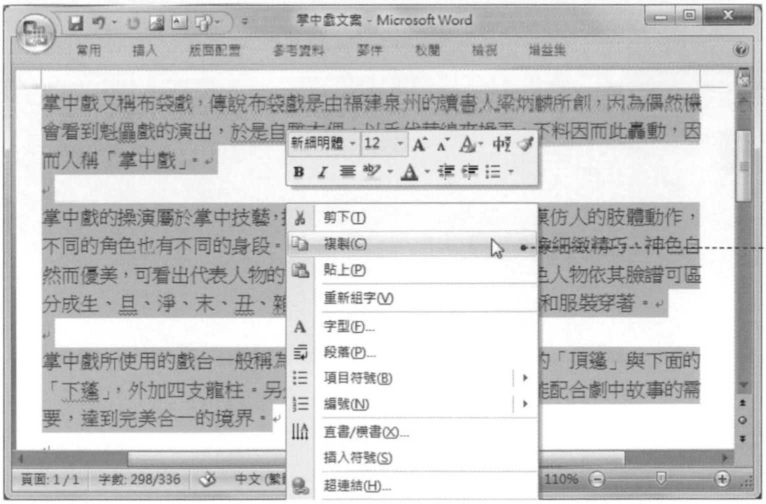

在文件中選取此三段文字，按右鍵執行「複製」指令

3

❶ 點選「文字工具」，拖曳出文字區域

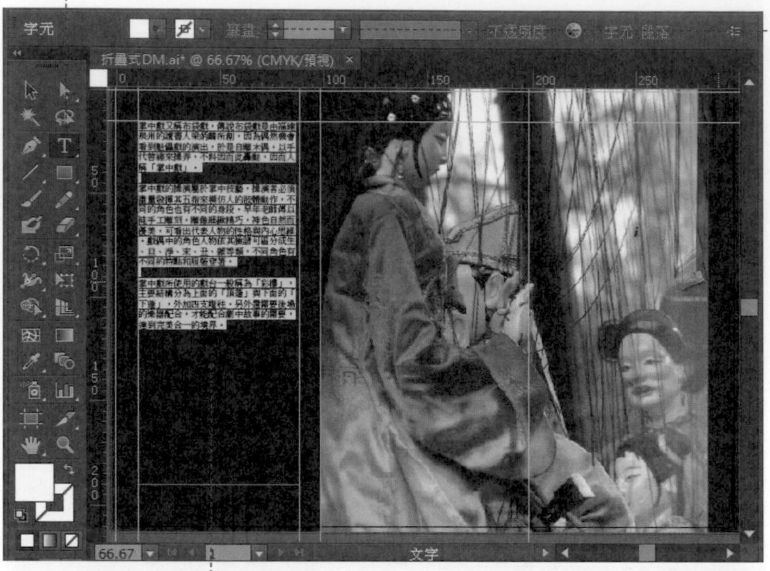

❷ 按「Ctrl」+「V」鍵貼入文案

❸ 全選文字後，由此更換為白色字

4

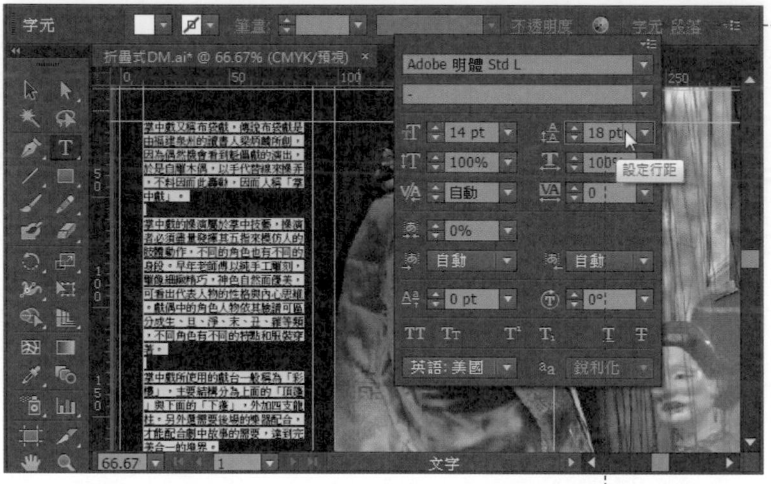

❶ 按下「字元」鈕

❷ 設定為「Adobe 明體 Std L」、「14」級字體，行距為「18」

5

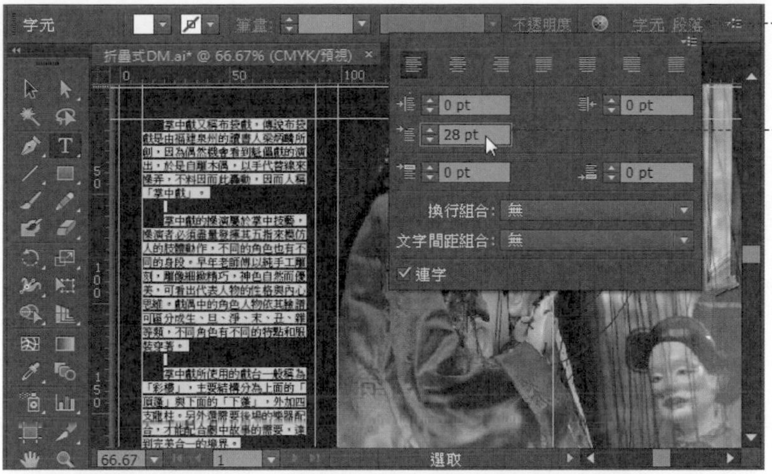

❶ 按下「段落」鈕

❷ 設定首行縮排為「28」

❷ 由此更換文字色彩

6

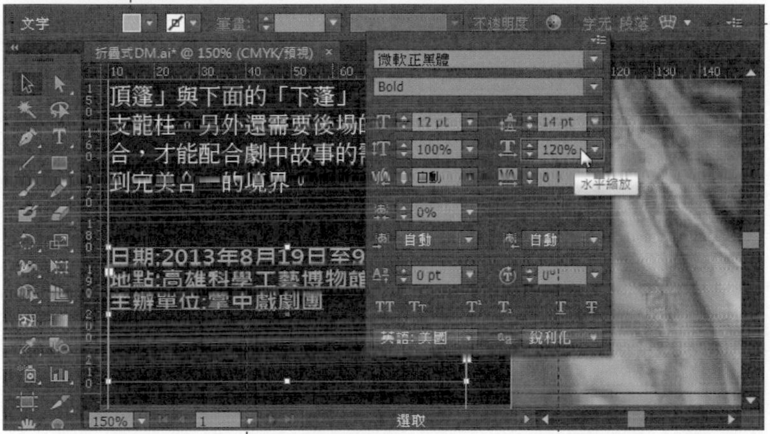

❸ 按下「字元」鈕

❶ 同上方式將時間 / 地點 / 主辦單位等資訊貼入文件中

❹ 設定「微軟正黑體」的粗體，字體大小為「12」級，行距為「14」，水平縮放「120%」，另外，段落的首行縮排設為「0」

7

❶ 改選「垂直文字工具」
❷ 按一下左鍵貼入文字內容，使文字顯現如圖
❸ 文字顏色設為白色

7-5-4 為標題字建立外框

文案完成後，最後只剩下標題字的部分，此處將為標題字建立外框，然後作路徑的修改，使文字顯得與眾不同。方式如下：

1

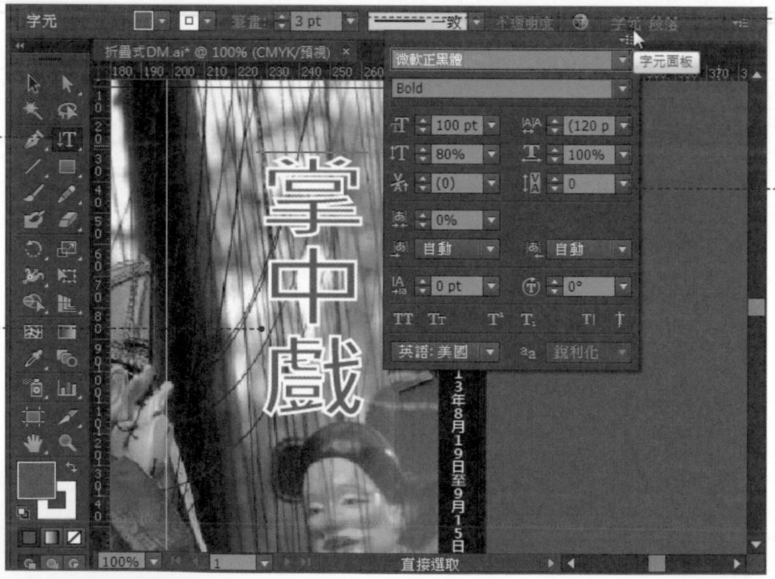
❶ 點選「垂直文字工具」
❷ 輸入「掌中戲」等字
❸ 設定為土黃色，白色框線，筆畫為「3」
❹ 按此鈕設定字元，設定內容如圖

2

執行「文字/建立外框」指令，使文字變成路徑

3

❶ 改選「直接選取工具」

❷ 點選路徑上的錨點，即可變更造形如圖

4

折疊式DM.ai @ 66.67% (CMYK/預視)
掌中戲又稱布袋戲，傳說布袋戲是由福建泉州的讀書人梁炳麟所創，因為偶然機會看到魁儡戲的演出，於是自雕木偶，以手代替線來操弄，不料因而此轟動，因而人稱「掌中戲」。
掌中戲的操演屬於掌中技藝，操演者必須盡量發揮其五指來模仿人的肢體動作，不同的角色也有不同的身段，早年老師傅以純手工雕刻，雕像細緻精巧，神色自然而優美，可看出代表人物的性格與內心思維，戲偶中的角色人物依其臉譜可區分成生、旦、淨、末、丑、雜等類，不同角色有不同的特點和服裝穿著。
掌中戲所使用的戲台一般稱為「彩樓」，主要結構分為上面的「頂篷」與下面的「下篷」，外加四支龍柱，另外還需要後場的樂器配合，才能配合劇中故事的需要，達到完美合一的境界。
日期:2013年8月19日至9月15日
掌中戲
2013年8月19日至9月15日 高雄科學工藝博物館愛樂廳
66.67
1
選取

瞧！折疊式DM完成了，摺疊位置即為藍色的參考線

實作題

1. 請在下面的插圖中，加入「馬到成功」的標題文字。

【來源檔案】馬到成功 .ai

【完成檔案】馬到成功 ok.ai

【提示】

(1) 開啟「馬到成功 .ai」檔，先以「鉛筆工具」在馬尾右側繪製一曲線弧度。

(2) 點選「直式路徑文字工具」，按一下路徑，輸入「馬到成功」等字。

(3) 文字設為「標楷體」、110 級、填色設為淡褐色，框線為淡褐色，筆畫為「2」。

2. 延續上一題的內容，請將「馬到成功」四字加入陰影的效果。

【完成檔案】馬到成功 -2ok.ai

【提示】

(1) 選取文字後，執行「效果 / 風格化 / 製作陰影」指令。

(2) 模式設為「色彩增值」，不透明度「75%」，位移「2」px、模糊「3」，顏色設為黑色。

3. 請在綠色的線條上加入如圖的文字內容。

【來源檔案】寫字 .ai

【完成檔案】寫字 ok.ai

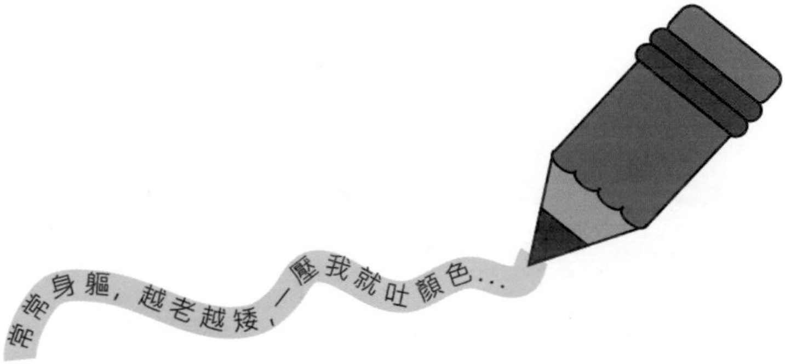
常常身軀，越老越矮，一壓我就吐顏色…

【提示】

(1) 選取線條後，加按「Alt」鍵拖曳線條，使之複製一份。

(2) 點選「路徑文字工具」，按一下複製的路徑，輸入文字內容，文字設為「微軟正黑體」、21 級字、字元的字距為「200」。

08
CHAPTER

創意符號與特效 – 創意月曆設計

學習指引

在 Illustrator 軟體裡，除了提供各位從無到有地做造形的繪製 / 編修外，它也內建了各種的符號資料庫，諸如：3D 符號、圖表、自然、花朵、手機、慶祝、網頁按鈕和橫條、流行…等多達二十多種資料庫。只要開啟資料庫後，就可以從裡面選用想要的造型圖案，而且還可以針對畫面需要來對加入的符號進行壓縮、旋轉、縮放、著色…等處理，讓使用者可以輕鬆運用符號。因此本章將著重這些符號資料庫作介紹。另外點陣圖影像的描繪、以及 Photoshop 效果的套用，我們也會在此章中一併作說明。

利用符號、影像描圖、3D 迴轉功能所製作的月曆

8-1 創意符號的應用

在 Illustrator 軟體中，有一項很特別的工具 -「符號噴灑器工具」，它可以將軟體裡內建的符號噴灑出來，再利用相關工具做縮放、壓縮、旋轉、著色，就可以快速組合畫面。如下圖所示，餐桌上豐盛的菜餚 - 壽司，都是運用「壽司」符號資料庫做出來的，完成這一張畫面只需幾分鐘的時間，就可以從無到有建立完成。

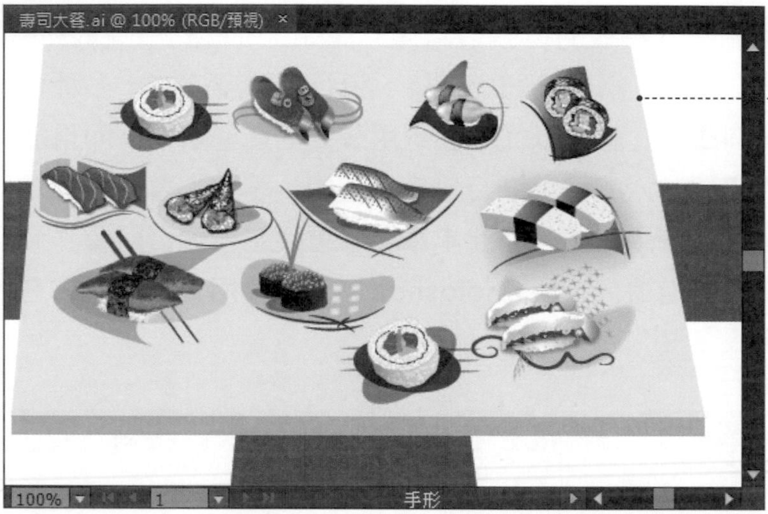

瞧！餐桌上豐盛的菜餚 - 壽司，都是運用「壽司」符號資料庫做出來的

8-1-1 開啟符號資料庫

想要使用 Illustrator 的創意符號，首先要將「符號」面板叫出來，請執行「視窗 / 符號」指令，即可看到如下的「符號」面板。

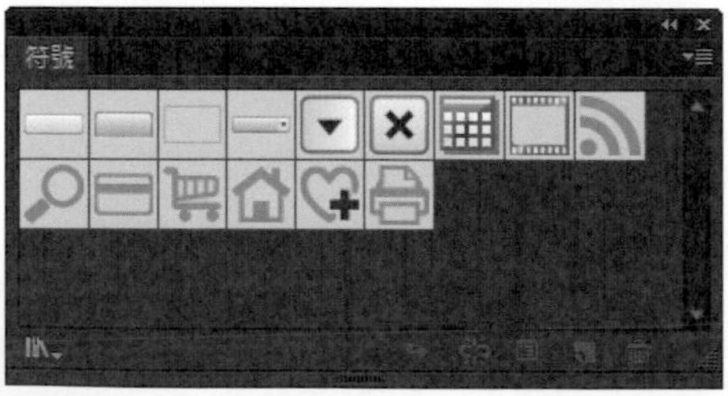

8-1-2 載入符號資料庫

各位可別以為「符號」面板中只有這些簡單的符號，事實上要選用或開啟符號資料庫，必須按下面板左下角的 鈕，或是從右上角 鈕做選擇。

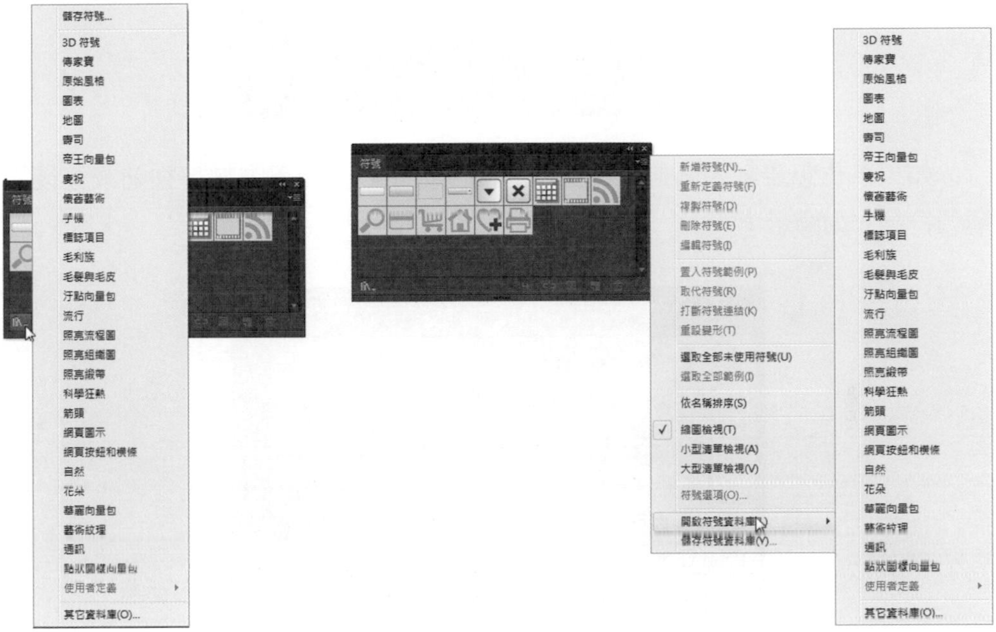

現在我們試著由 鈕來開啟「自然」符號資料庫。

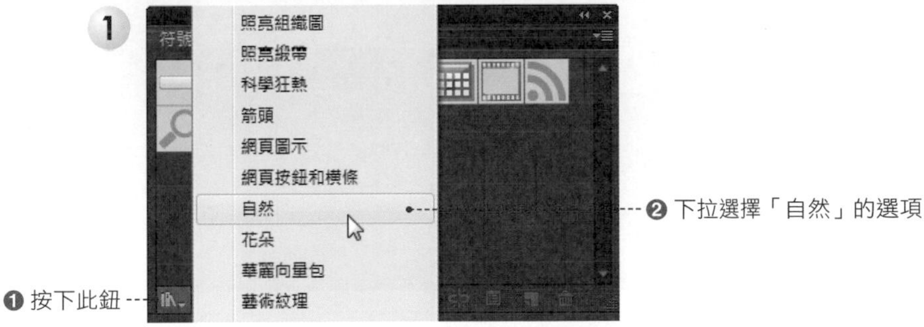

2

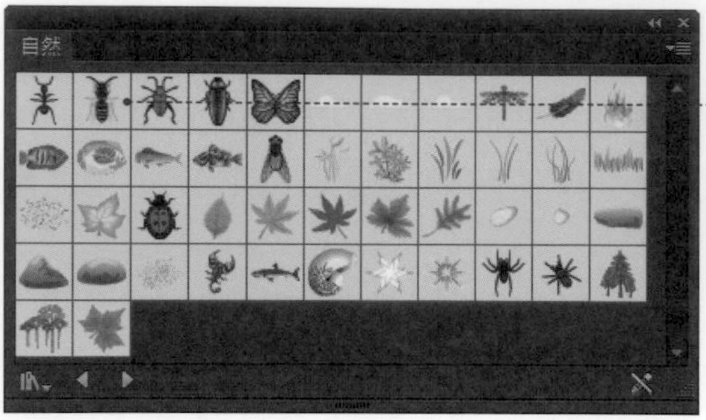

自動顯示另一個面板，「自然」以標籤頁顯示，下方則顯示所有的自然符號

如果各位想要載入其他的符號資料庫，可在此面板下方按下往前或往後的箭頭符號，如圖示：

1

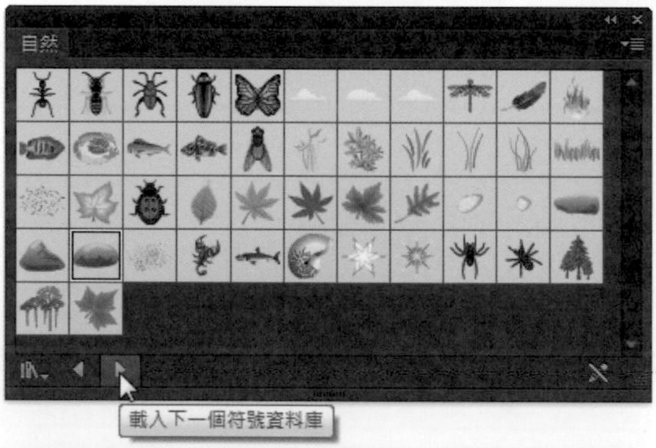

按下此鈕

2

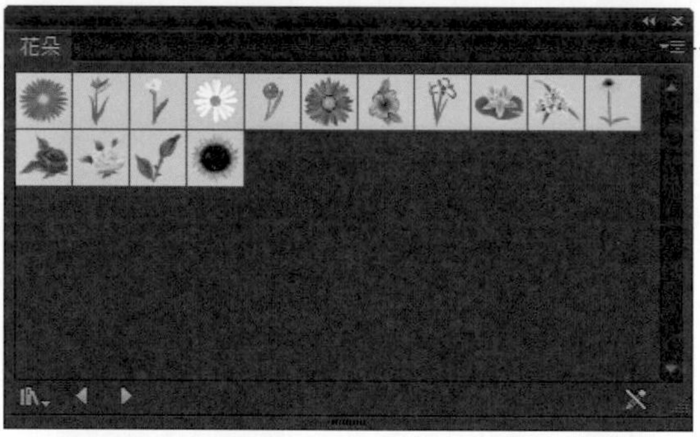

顯示「花朵」的符號資料庫

若是在「符號」面板中利用 ![icon] 鈕來載入多個符號資料庫，則會以標籤頁的方式顯示。如圖示：

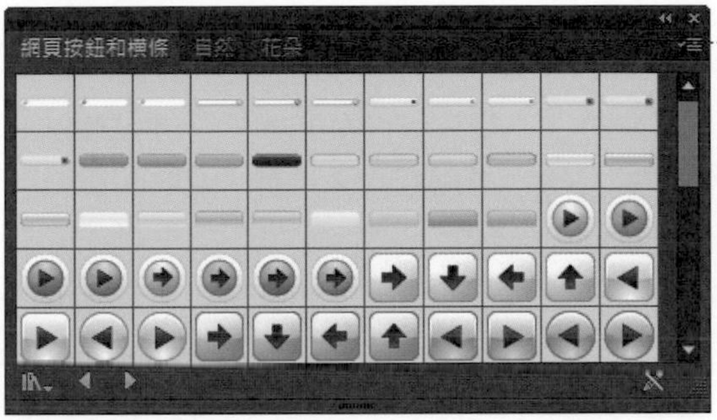

以標籤頁顯示符號資料庫的名稱

8-1-3 符號噴灑器工具

開啟符號資料庫後，接下來就可以選用「符號噴灑器工具」 來進行噴灑。各位可以利用滑鼠拖曳的方式，也可以按左鍵的方式來加入符號，它會自動變成一個符號組；如果同一個符號要做成多個不同的符號組，以方便位置的編排，可在前一個符號組取消選取後，再進行噴灑的動作就可以了。

❶ 由此下拉點選「符號噴灑器工具」

1

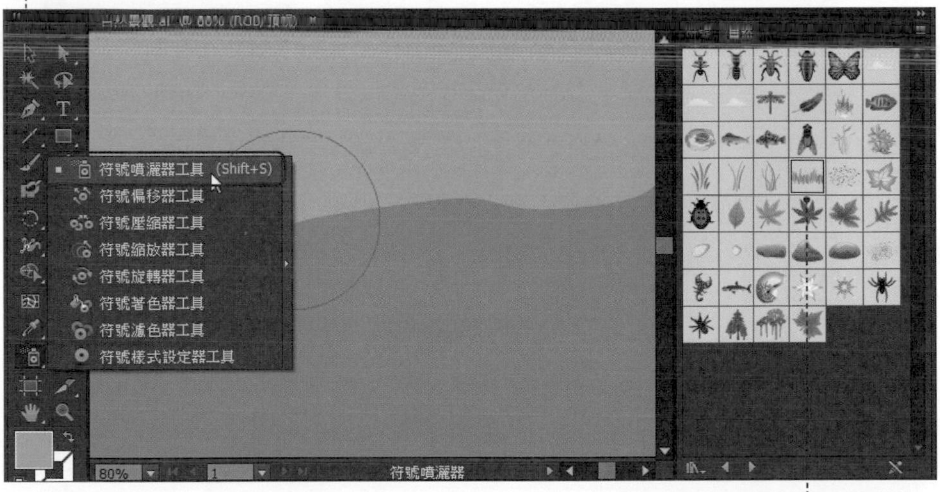

❷ 點選「草 4」的符號

2

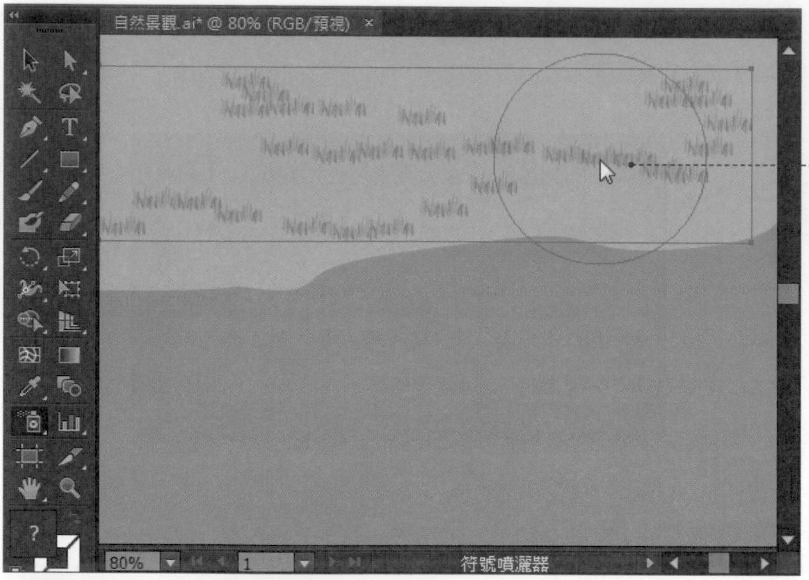

以拖曳方式噴灑出草的符號

3

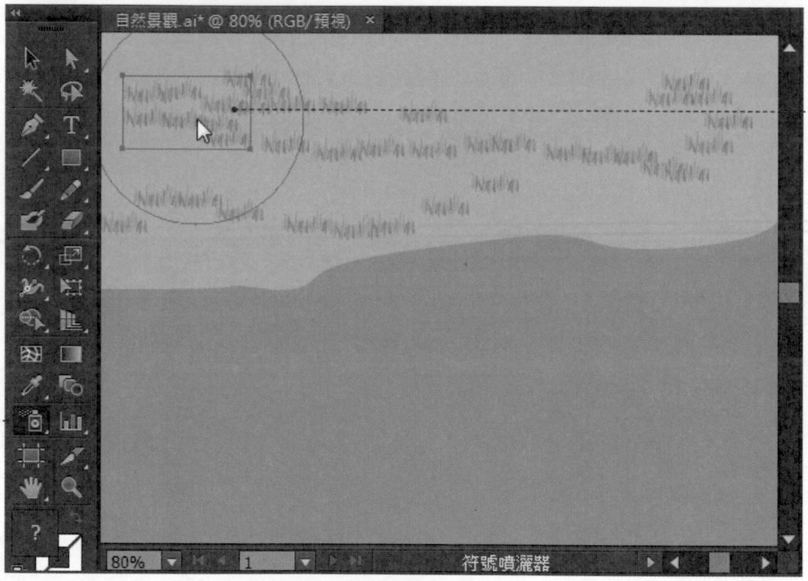

❶ 取消選取後，重新點選「符號噴灑器工具」

❷ 拖曳滑鼠又可噴灑出另一組符號組

❷ 在文件上噴灑出樹木

4

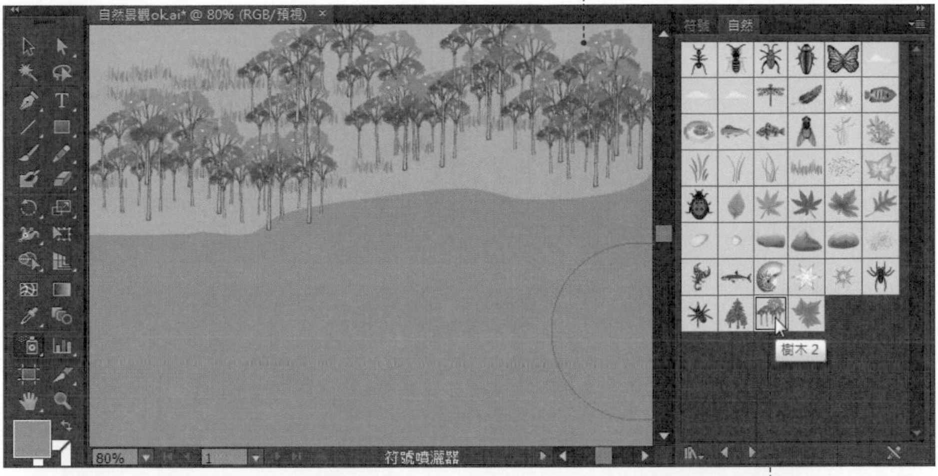

❶ 重新點選「樹木 2」的符號

❶ 瞧！圖層上顯示剛剛加入的三組符號組

5

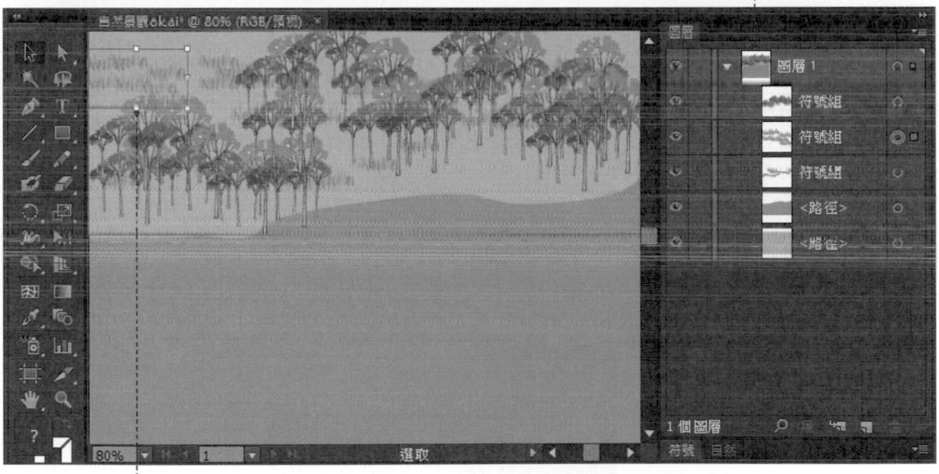

❷ 選取符號組可以個別移動其位置

透過這樣的方式，設計者就可以快速在文件上加入自己喜歡的符號，兩三下就可以輕鬆完成一幅自然的景觀畫面。如圖示：

8-1-4 符號調整工具

雖然畫面很快就可以完成，但是噴灑出來的圖形似乎都一樣大，而且色彩也相同，如果你有這樣的感受的話，那麼就利用以下幾個工具來做調整吧！

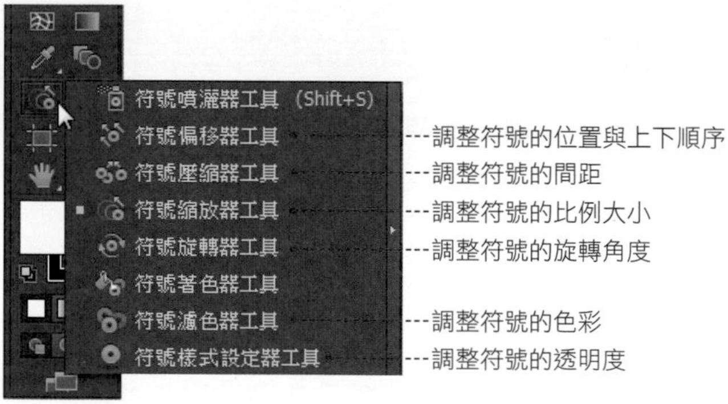

要使用這些調整工具非常簡單，只要點選符號組後，再點選要調整的工具鈕，然後以滑鼠按壓在想要調整的符號上，該符號就可以做調整。這裡就以「符號縮放器工具」和「符號著色器工具」為各位做示範說明。

❶ 點選要調整的符號組

1

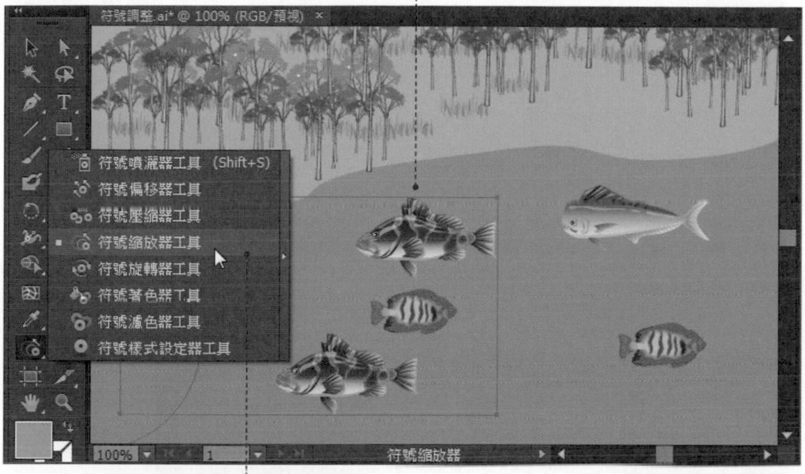

❷ 選取「符號縮放器工具」

2

按壓滑鼠左鍵兩次，該魚就變大了（若要縮小就加按「Alt」鍵按壓符號）

❷ 開啟「顏色」面板，設定想要使用的色彩

3

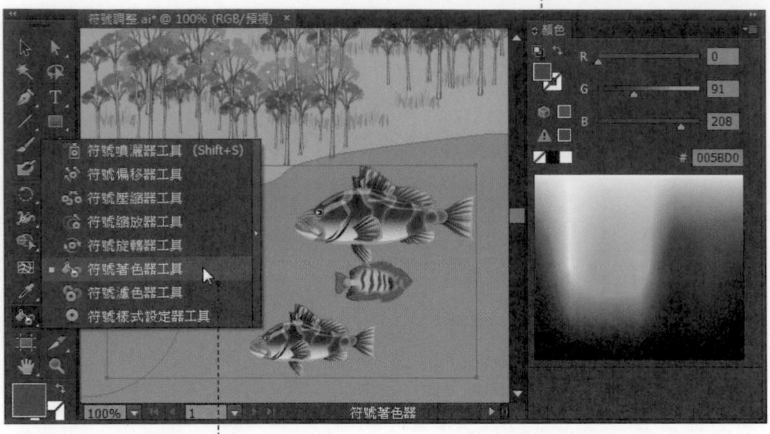

❶ 改選「符號著色器工具」

4

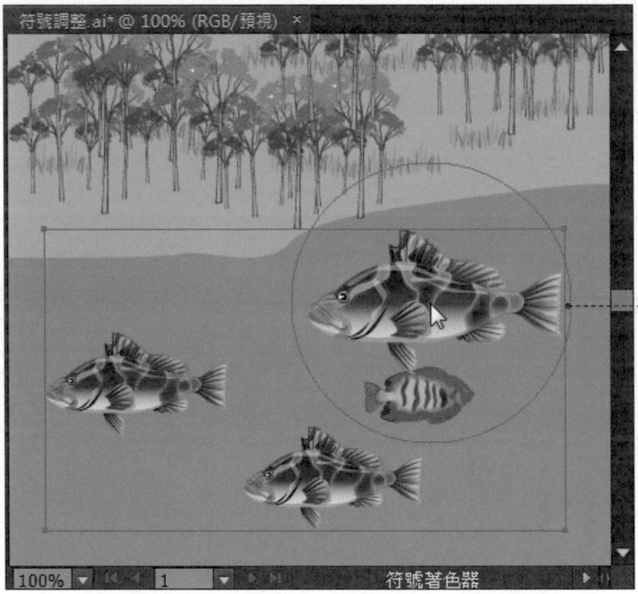

按壓一下滑鼠，魚就變成藍色調了

透過這樣的方式就可以輕鬆修正樹木或魚的大小，或是改變它們的顏色，相當方便。其餘的工具請各位自行嘗試看看。

8-2 影像描圖

「影像描圖」的作用是將點陣圖轉換成向量的圖形，透過 Illustrator 所預設的各種描圖模式，即可讓影像產生各種的變化效果，諸如：灰階濃度、素描圖、線條圖、16 色、低保真度相片、高保真度相片…等。當然經過描圖後，其色彩變化不會像點陣圖的效果那樣豐富，但是對於原先相片的尺寸過小，卻要用於較大尺寸的文件中，「影像描圖」的功能不失為解決之道。

8-2-1 製作影像描圖

要使用「影像描圖」的功能，各位可以執行「物件 / 影像描圖 / 製作」指令來描繪影像，也可以在選取圖片後，由「控制」面板上按下 影像描圖 鈕，或由該鈕下拉選擇描圖方式，Illustrator 就會開始進行運算。

1

連結檔案
日月禪寺.JPG RGB PPI: 72
嵌入
編輯原稿
影像描圖
遮色片
將影像轉換為描圖物件
影像描圖.ai @ 50% (RGB/預視)
50%
選取

❶ 以「選取工具」點選相片

❷ 直接按下「影像描圖」鈕

2

影像描圖_黑白標誌.ai* @ 50% (RGB/預視)
50%
選取

預設值是顯示黑白的效果

8-2-2 描圖預設集

在「控制」面板上所提供的預設集有 11 種，而各種的效果大致顯示如下：

高保真度相片

低保真度相片

3 色

6 色

16 色

灰階濃度

黑白標誌

素描圖

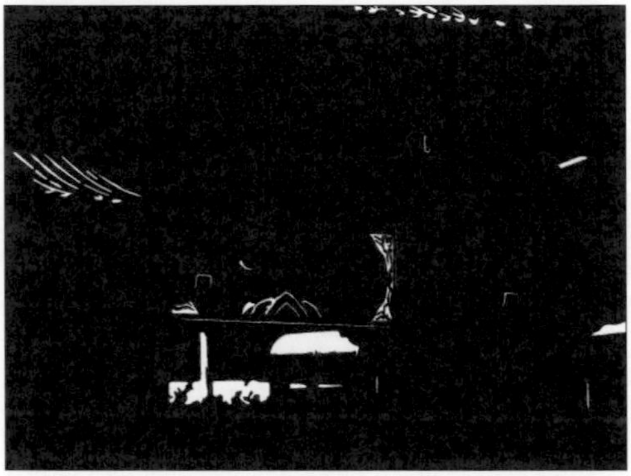

剪影

線條圖

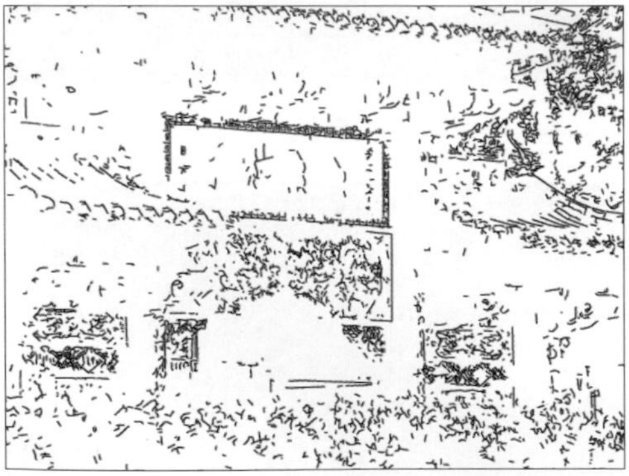

技術繪圖

8-2-3 影像描圖面板

各位除了從預設集中可以快速選用各種描圖的方式，如果還想要做進階的設定，那麼請開啟「影像描圖」面板來做設定，請在「控制」面板上按下 鈕，使顯現如下圖的視窗，使用時只要在上方選取描圖的方式，再由下方的選項做設定，它就會自動作運算。

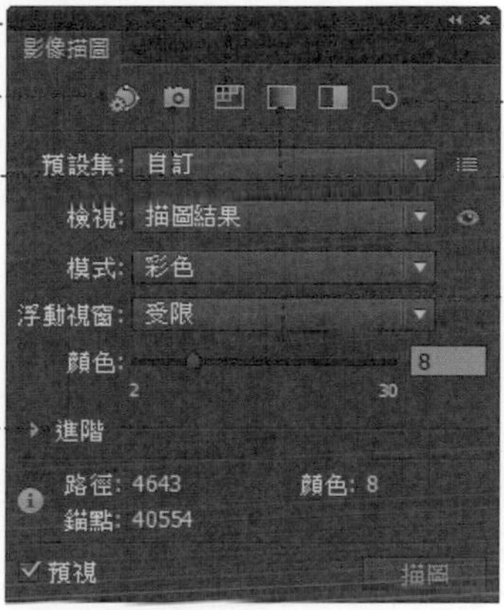

8-2-4 將描圖物件轉換為路徑

不管選用哪種描圖方式，描圖後的圖層會在「圖層」面板上顯示為「影像描圖」，如果各位執行「物件 / 影像描圖 / 展開」指令，或是在「控制」面板上按下 展開 鈕，就會將描圖的物件轉換成路徑的形式。

1

2

❷ 點選「直接選取工具」

❶ 瞧！圖層為「群組」內含一個路徑

❸ 點選路徑，就可以別將路徑換顏色了

8-3 Photoshop 特效

Illustrator 雖然被歸類在向量式的繪圖軟體，但是它也可以置入點陣圖檔，而且也可以直接在軟體中套用 Photoshop 效果，這對美術設計師來說，可說是一大福利，這樣就不必像以往一樣為了某個效果而重複地往返於兩套軟體之間。

選取圖片後，直接選擇「效果 / 效果收藏館」指令，可在開啟的視窗進行多種效果的比較，方便確認效果的選用，另外也可以由「效果」功能表選用個別的指令。

1

❶ 選取點陣圖

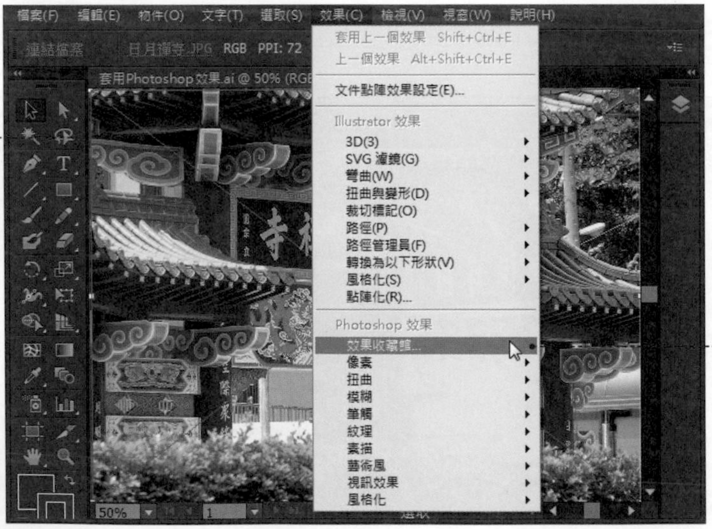

❷ 執行「效果 / 效果收藏館」指令

❶ 按下類別名稱，可以選用底下的縮圖效果　❹ 按下「確定」鈕離開

2

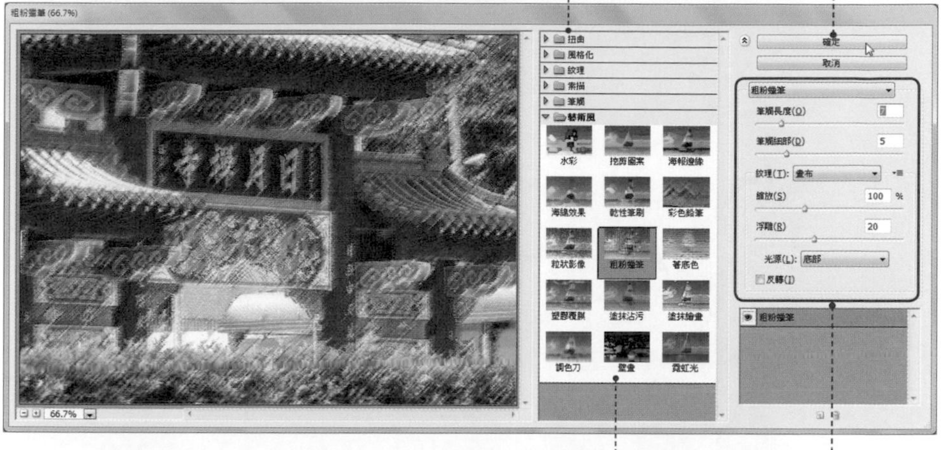

❷ 點選想要套用的效果　❸ 設定效果的屬性內容

3

影像上加入了粗粉蠟筆的筆觸了

8-4 範例實作：創意月曆設計

在這個範例中，我們將利用「符號」、「影像描圖」與「3D 迴轉」功能來完成如下的月曆設計。限於篇幅的關係，這裡已經預先將月曆中的表格和日期繪製完成，範例中僅就底圖與插圖的設計作說明。畫面效果如下：

8-4-1 影像的描圖處理

首先請各位執行「檔案 / 開啟舊檔」指令，使開啟「月曆 .ai」檔，此文件大小為 1024 x 768 像素。

由於背景較為單調些，因此在此要置入一張影像作為背景上方的局部裝飾，同時透過「影像描圖」功能來變成轉換影像效果。

1

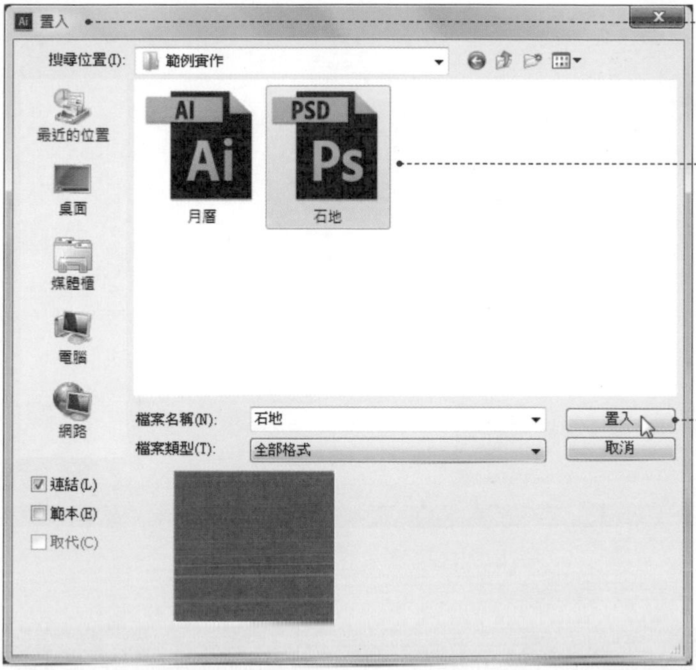

❶ 執行「檔案 / 置入」指令進入此視窗

❷ 點選此檔案

❸ 按下「置入」鈕

2

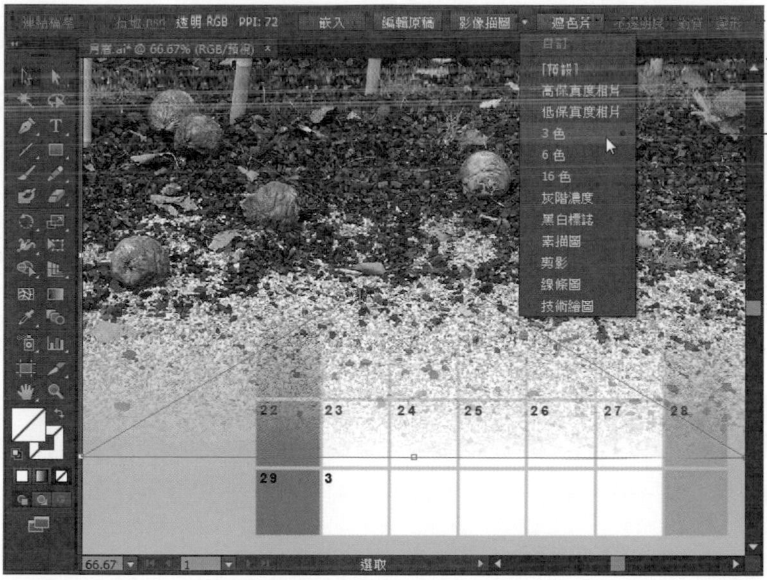

❷ 按下「影像描圖」鈕

❶ 將影像對齊月曆上緣

❸ 下拉選擇「3 色」

按下「展開」鈕，使描圖物件轉為路徑

3

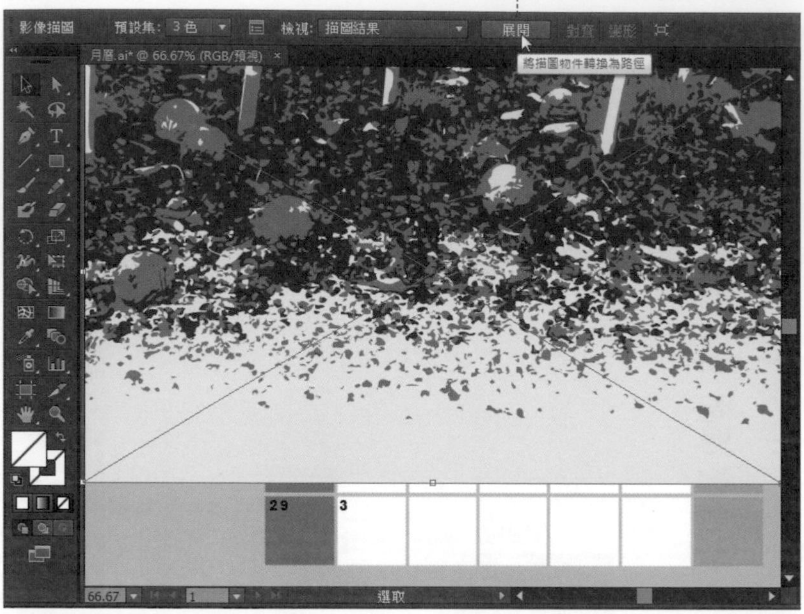

❷ 由此下拉將顏色更換為無填色

4

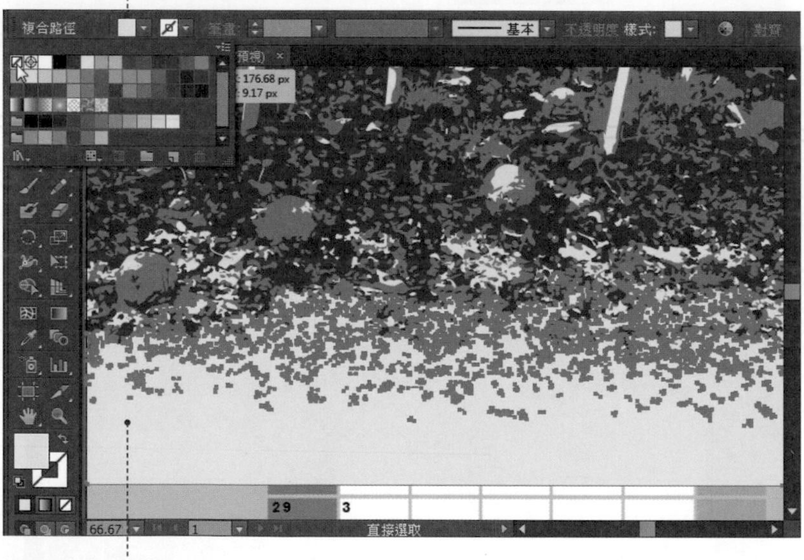

❶ 點選「直接選取工具」，然後點選此區域的路徑

❸ 將不透明度設為「50%」

5

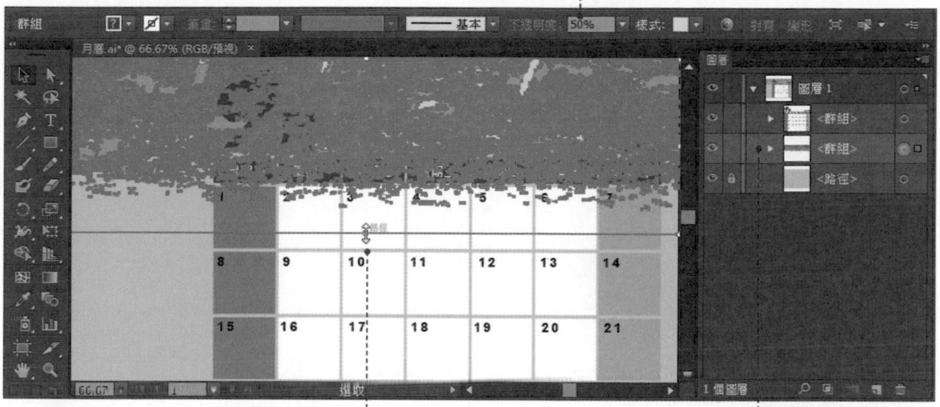

❶ 往上拖曳此處，使壓扁圖片

❷ 將圖層下移到月曆之下

底圖的裝飾影像完成了

6

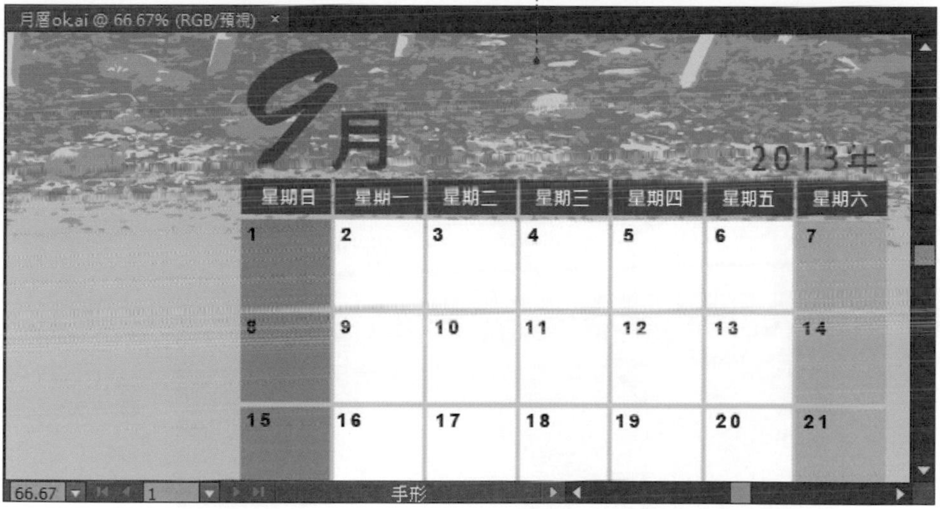

8-4-2 以「3D/ 迴轉」功能繪製花盆

完成底圖的裝飾後，接下來要來繪製花盆，這裡我們將運用鉛筆工具繪製一個輪廓線，再利用「效果 /3D/ 迴轉」功能旋轉 360 度，即可完成花盆的立體造型。

❹ 執行「效果 /3D/ 迴轉」指令，使進入下圖視窗

❸ 由此設定筆畫顏色與寬度

1

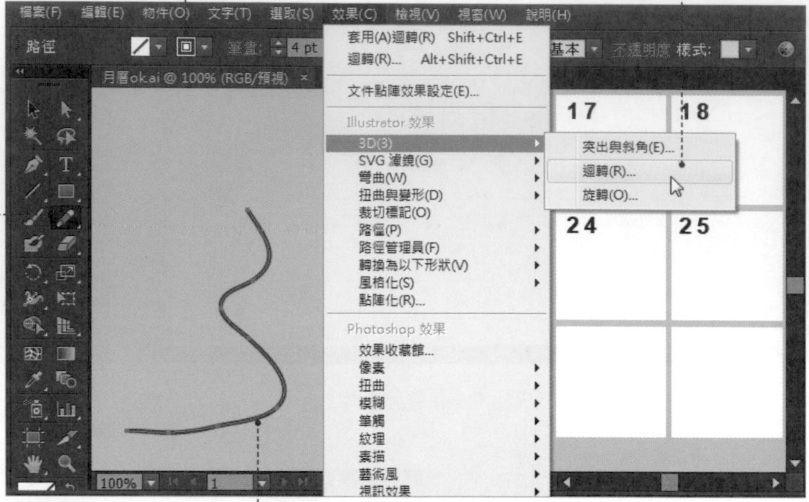

❶ 點選「鉛筆工具」 ❷ 繪製如圖的曲線一條

2

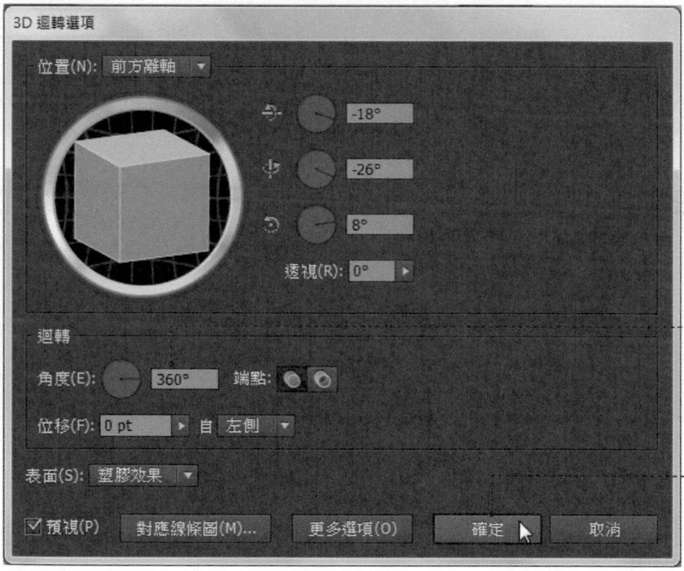

❶ 角度設為 360 度

❷ 按下「確定」鈕

3

瞧！花盆完成了，請置於左下角處

如果花盆過大，只要利用「選取工具」作縮小就可以了。

8-4-3 以「鉛筆工具」繪製枝幹

在花盆上方，我們將利用「鉛筆工具」來繪製樹的枝幹，為了避免讓樹枝太過呆板，可利用「控制」面板上的「變數寬度描述檔」來調整。方式如下：

1

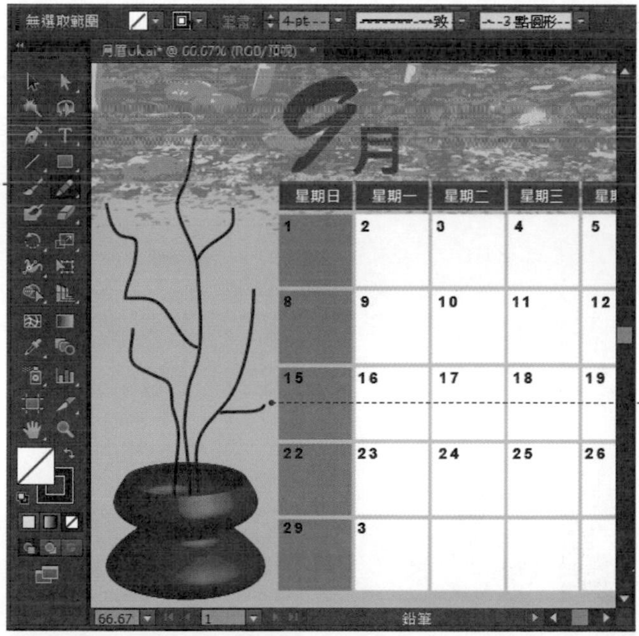

❶ 點選「鉛筆工具」

❷ 將顏色設為褐色

❸ 由下往上繪製如圖的樹枝造形

2

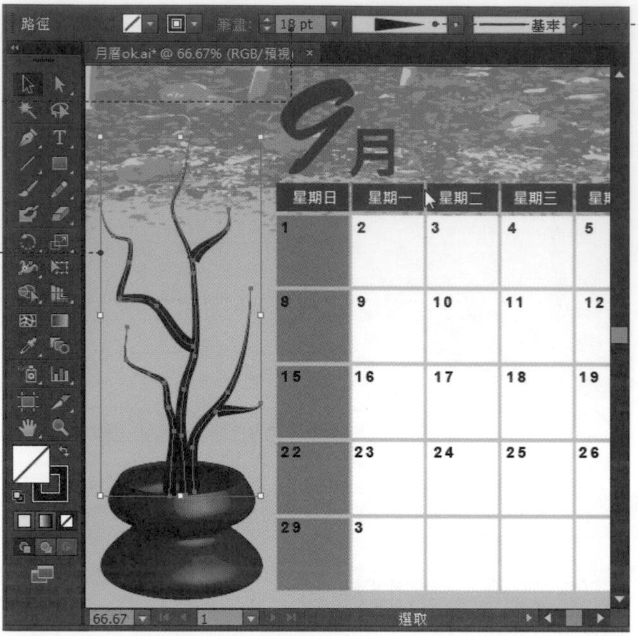
❶ 同時選取所有的樹枝
❷ 將筆畫寬度設為「18」
❸「變數寬度描述檔」設為此種樣式，即可看到樹枝由粗到細的效果

8-4-4 以符號工具加入樹葉符號

完成樹枝的繪製後，接下來就是開啟「符號」面板，然後利用「符號噴灑器工具」來噴出「葉子 2」的符號，再利用「符號縮放器工具」來縮放符號的比例。

1

❶ 執行「視窗 / 符號」指令，開啟「符號」面板
❷ 按此鈕開啟「自然」符號資料庫
❸ 選取此符號
❹ 點選「符號噴灑器工具」

2

在樹枝頂端處噴出如圖的樹葉

3

❶ 改選「符號縮放器工具」

❷ 按此符號數下，使之放大比例

❸ 加按「Alt」鍵點選此符號，則會縮小比例

4

月曆ok.ai @ 66.67% (RGB/預視)
9月
2013年
星期日
星期一
星期二
星期三
星期四
星期五
星期六
1
2
3
4
5
6
7
8
9
10
11
12
13
14
15
16
17
18
19
20
21
22
23
24
25
26
27
28
29
3
66.67
手形

瞧！創意月曆設計完成了

實作題

1. 請將提供的「水邊 .psd」和「山 .psd」檔置入文件中，然後利用「影像描圖」功能完成如下的 16 色畫面效果。

【來源檔案】水邊 .psd、山 .psd

【完成檔案】水邊 ok.ai

【提示】

(1) 執行「檔案 / 新增」指令，開啟 1024 x 768 像素的文件。

(2) 執行「檔案 / 置入」指令，置入「水邊 .psd」檔，並置於下方。

(3) 執行「檔案 / 置入」指令，置入「山 .psd」檔，並置於上方，略為壓扁畫面。

(4) 分別由「控制」面板按下「影像描圖」鈕，下拉選擇「16 色」。

2. 請利用鋼筆工具繪製如下的包裝紙，再利用「花朵」符號資料庫中的「紅玫瑰」完成如下的花束，最後置入所提供的插圖 -「蝴蝶結 .psd」，使完成如下的畫面效果。

【來源檔案】蝴蝶結 .psd

【完成檔案】花束 ok.ai

【提示】

(1) 執行「檔案 / 新增」指令，開啟 640 x480 像素的文件。

(2) 開啟「符號」面板，開啟「花朵」符號資料庫，並點選「紅玫瑰」的符號。

(3) 以「符號噴灑器工具」噴灑出符號後，利用「符號偏移器工具」作位置的偏移，以「符號縮放器工具」縮放大小，以「符號旋轉器工具」旋轉方向，以「符號壓縮器」壓扁部分符號。

(4) 確定花朵擺放位置後，以「鋼筆工具」隨意繪製包裝紙的造型，並填入顏色。

(5) 執行「檔案 / 置入」指令，置入「蝴蝶結 .psd」檔，然後旋轉置適當的位置。

CHAPTER 09

圖表的設計製作

學習指引

在 Illustrator 軟體裡想要製作各種的統計圖表並非難事，因為工具箱裡提供了各種的工具可供使用者選用。這一章裡我們將針對圖表的建立方式與編修技巧作說明，讓各位也可以輕鬆製作各種的統計圖。

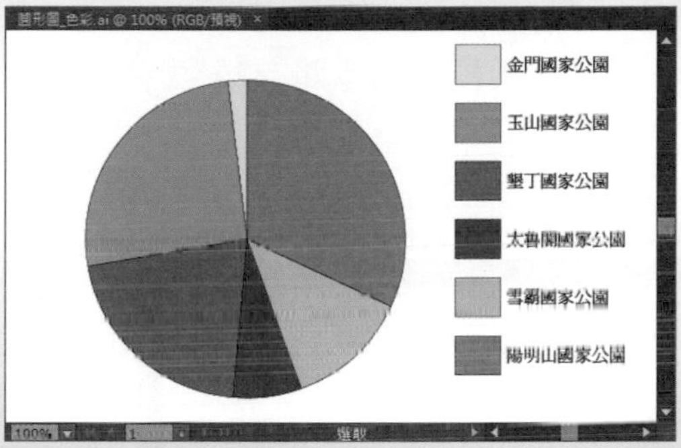

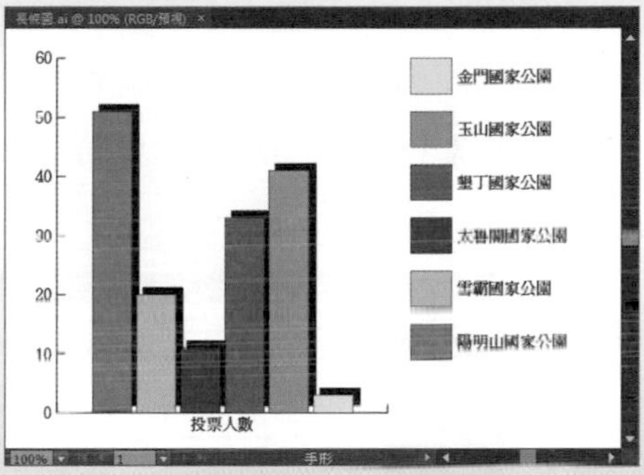

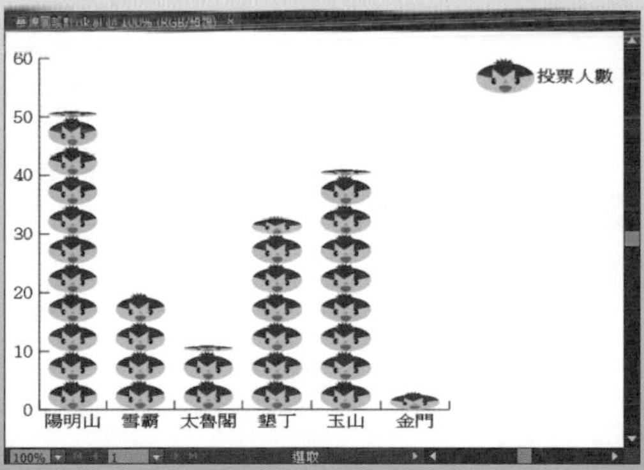

統計圖表樣式一覽表

9-1 建立圖表

在 Illustrator 中，要建立圖表的方式有兩種：一種是從無到有在 Illustrator 中輸入資料，另一種則是將現有的檔案透過「讀入資料」的功能讀入 Illustrator 中。不管各位要建立哪一種類型的圖表，只要由工具箱中點選想要建立的圖表鈕，再到文件上拖曳出圖表的區域範圍，於資料表中建立資料後離開，圖表就可以建立成功。要注意的是，以滑鼠拖曳圖表範圍時，其區域範圍並不包括座標及圖說部分喔！

9-1-1 讀入資料

在 Illustrator 中可以將文字檔的圖表資料讀入，由於只能支援文字資料，如果原先的資料為 Excel 檔，請利用「檔案 / 另存新檔」指令將存檔類型更換為「文字檔（Tab 字元分隔）」就行了。

❶ 開啟空白文件

1

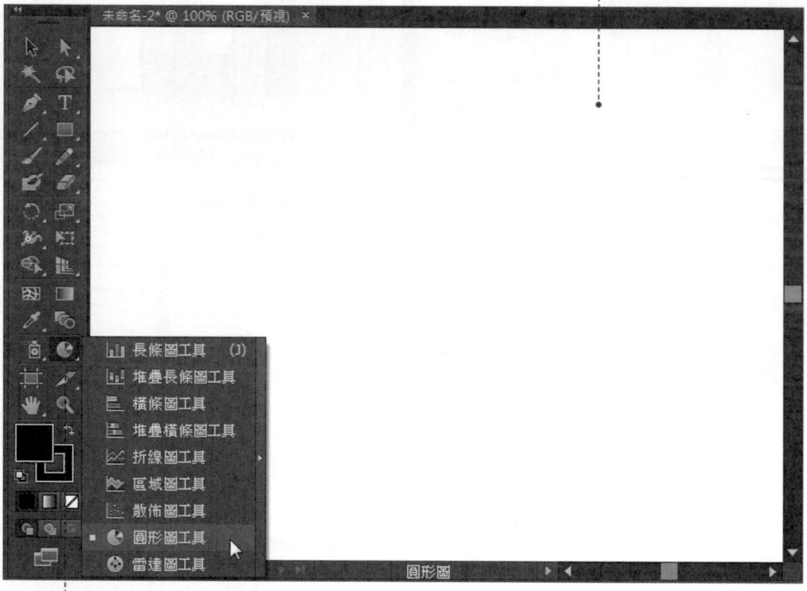

❷ 由此下拉選擇「圓形圖工具」

在文件上拖曳出圖表放置的位置

2

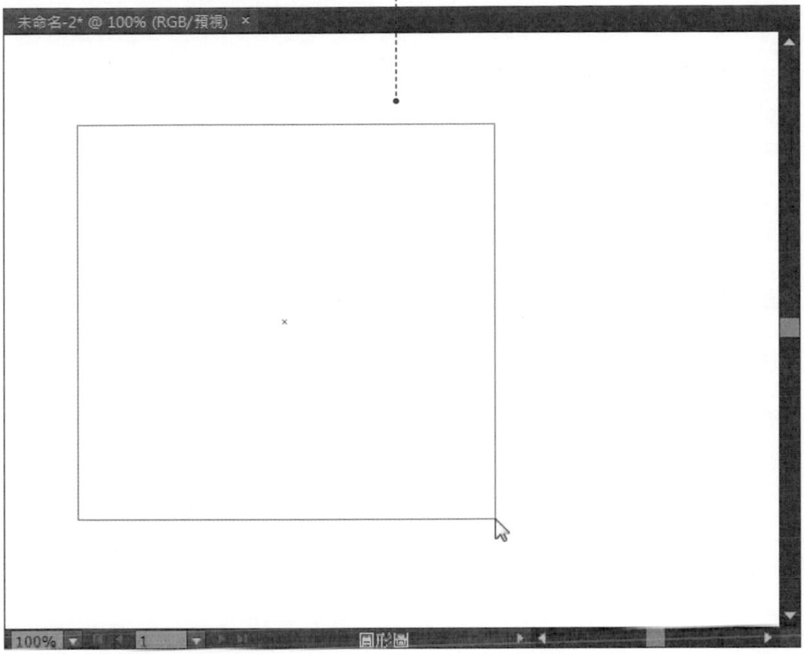

3

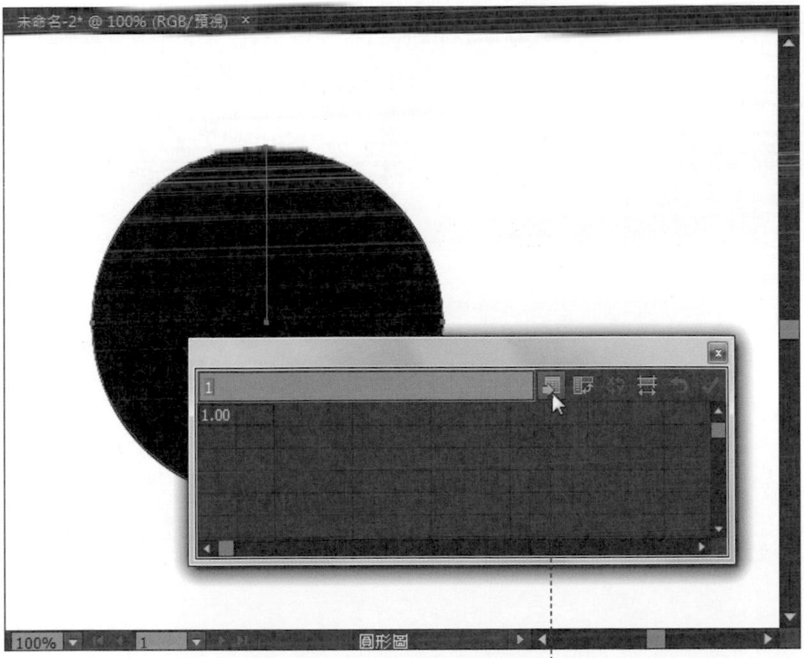

出現此資料表時，按下此鈕讀入資料

❶ 點選檔案放置的資料夾位置

❷ 點選檔案圖示

4

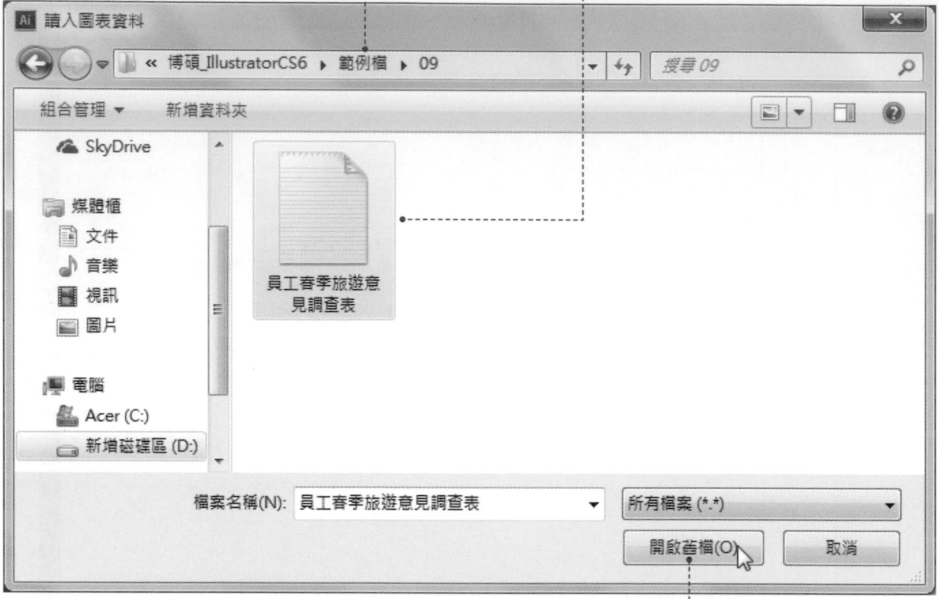

❸ 按下「開啟舊檔」鈕

5

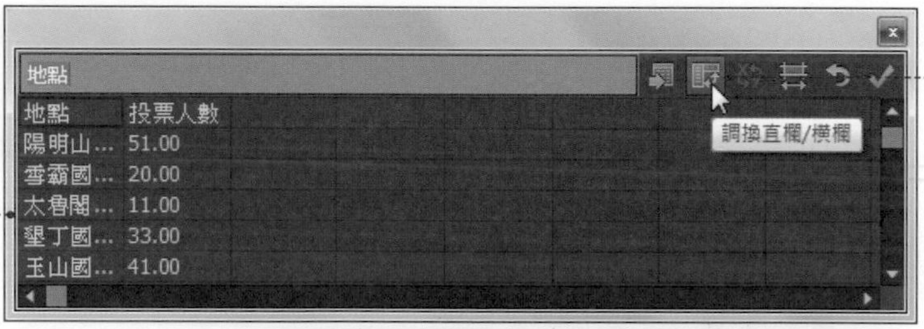

❶ 瞧！資料讀進來了

❷ 按此鈕調換直欄與橫欄的位置

6

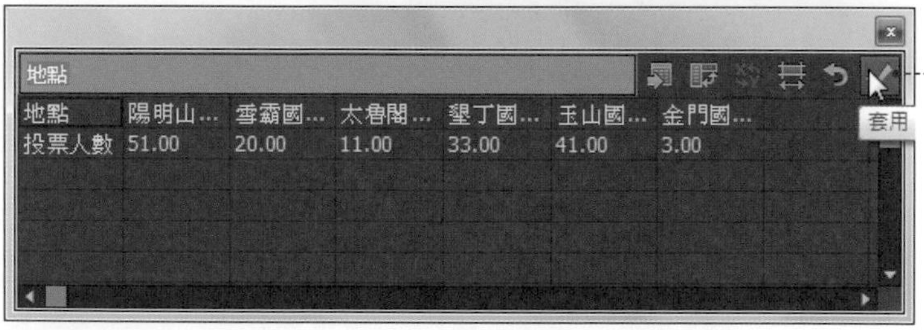

按此鈕套用資料

7

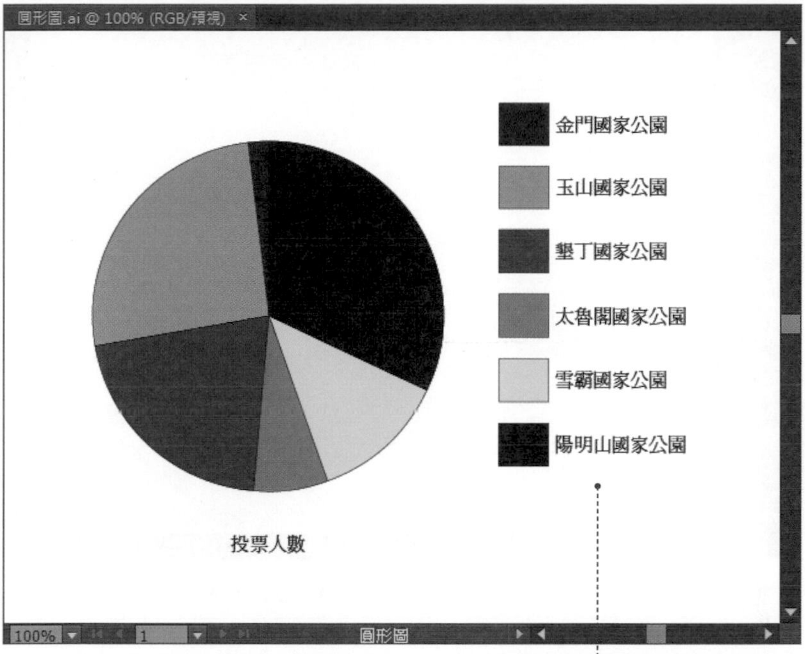

瞧！圓形圖的基本架構出來了

9-1-2 從無到有建立新圖表

如果各位沒有現成的文字檔資料，那麼就只好一個個的在資料表中輸入。以下我們以此表格作說明：

地點	陽明山國家公園	雪霸國家公園	太魯閣國家公園	墾丁國家公園	玉山國家公園	金門國家公園
投票人數	51	20	11	33	41	3

1

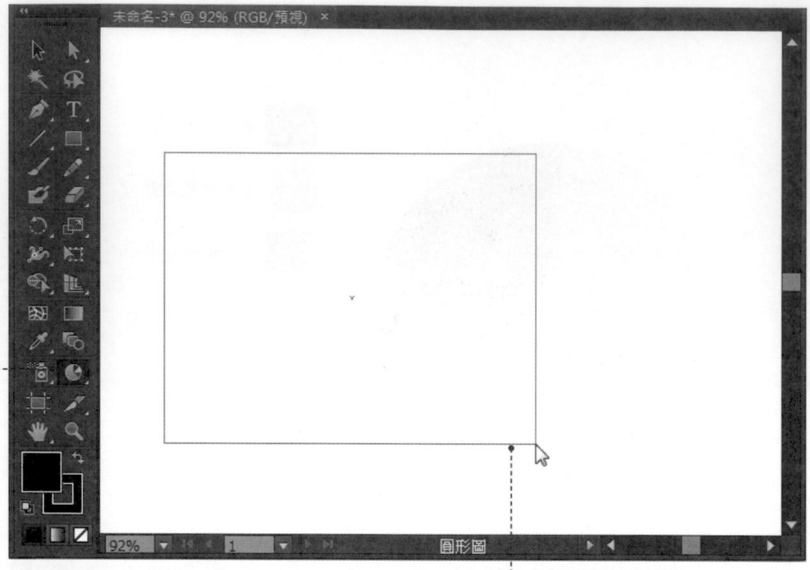

❶ 選擇「圓形圖工具」

❷ 在文件上拖曳出圖表放置的位置

2

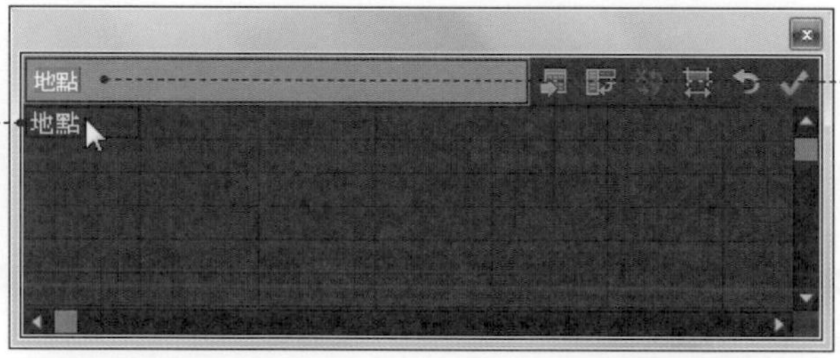

❶ 點選儲存格

❷ 在此欄位輸入文字內容，輸入完畢按「Enter」確定

3

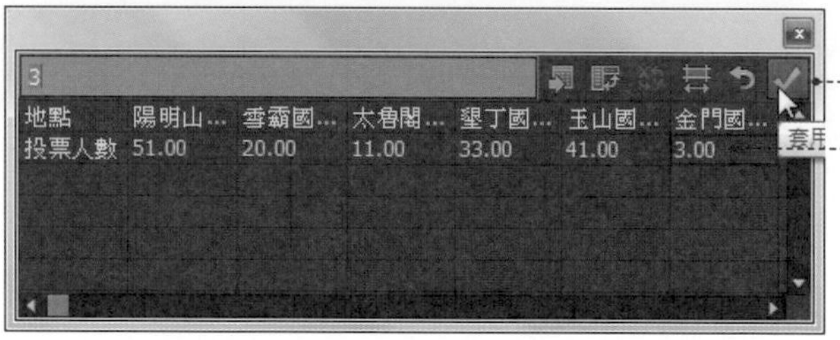

❷ 按此鈕套用

❶ 依序輸入資料如圖

4

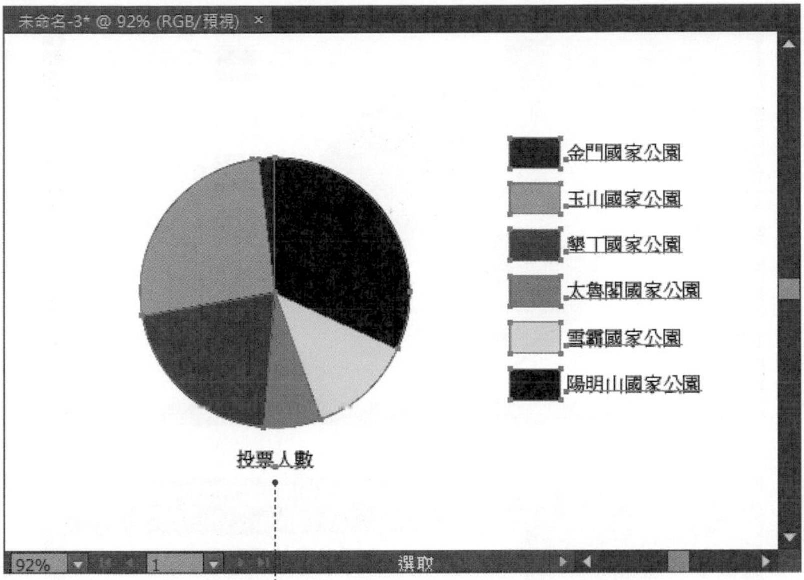

圓形圖完成了

9-2 圖表編修

剛剛建立完成的圓形圖表看起來毫無生氣，黯淡無光，接下來要告訴各位如何作編修，讓圖表的視覺效果可以符合各位的需要。這裡將學到色彩的修改、資料的變更、圖表類型的更換，以及如何變更成自己訂定的圖案，讓各位的圖表變得有朝氣和色彩。

9-2-1 修改圖表色彩

首先要來替換圖表的顏色。請利用「群組選取工具」來選取圖例，它會自動選取圖例與其數列，透過「控制」面板即可變更顏色。

1

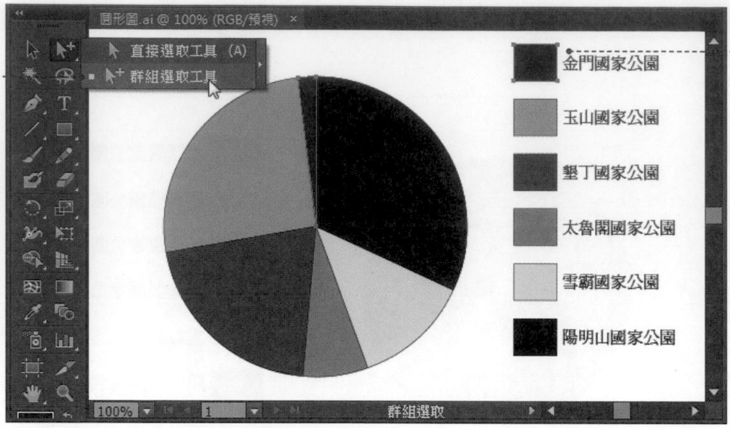

❶ 由此點選「群組選取工具」

❷ 按滑鼠兩下於此圖例

2

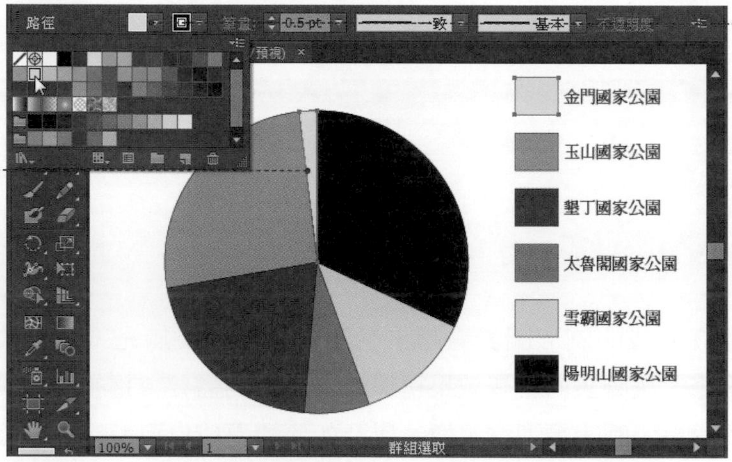

❶ 由此下拉選擇黃色

❷ 瞧！圖例和該區域的圖表已變更為黃色了

3

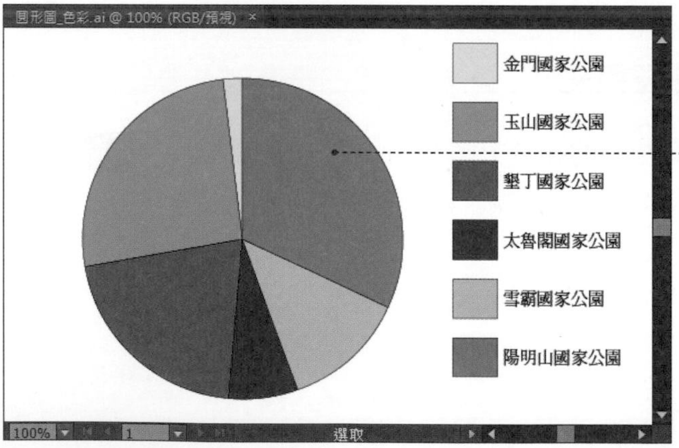

同上方式，即可完成色彩的變更

在圓形圖表中，如果想要特別強調某一個區塊，可以利用「直接選取工具」來移動它。如圖示：

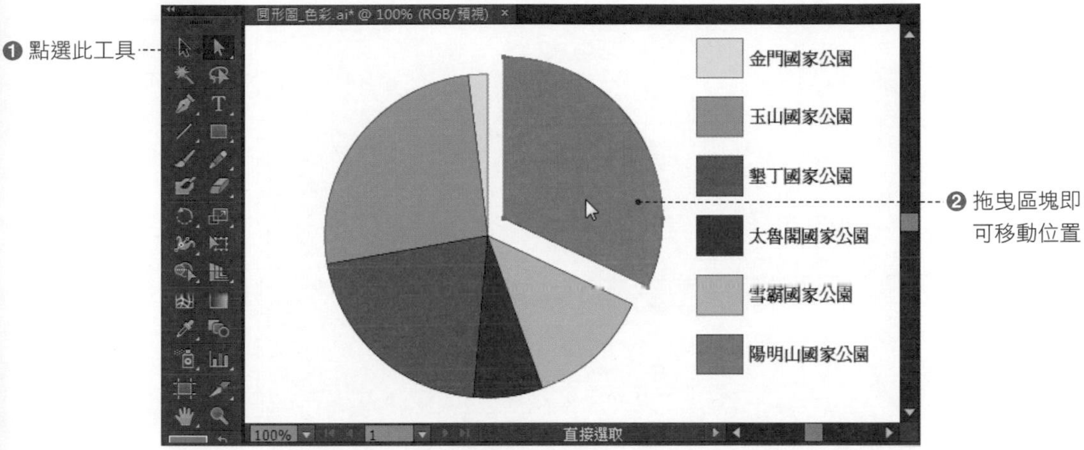

9-2-2 變更圖表類型

在建立圖表後，萬一想要更換成其他的圖表類型，各位不用重頭開始建立，只要按右鍵於圖表上，由快顯功能表中選擇「類型」的指令就可以更換。

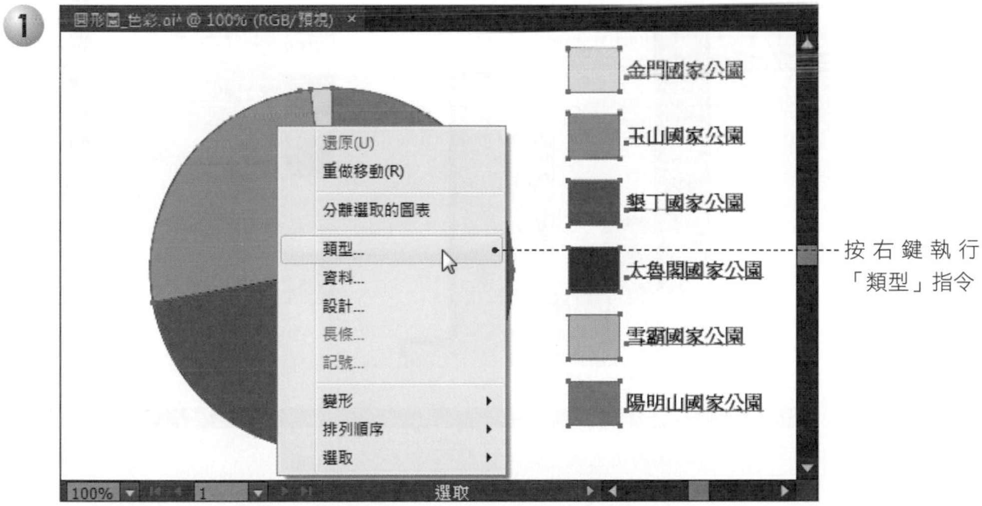

2

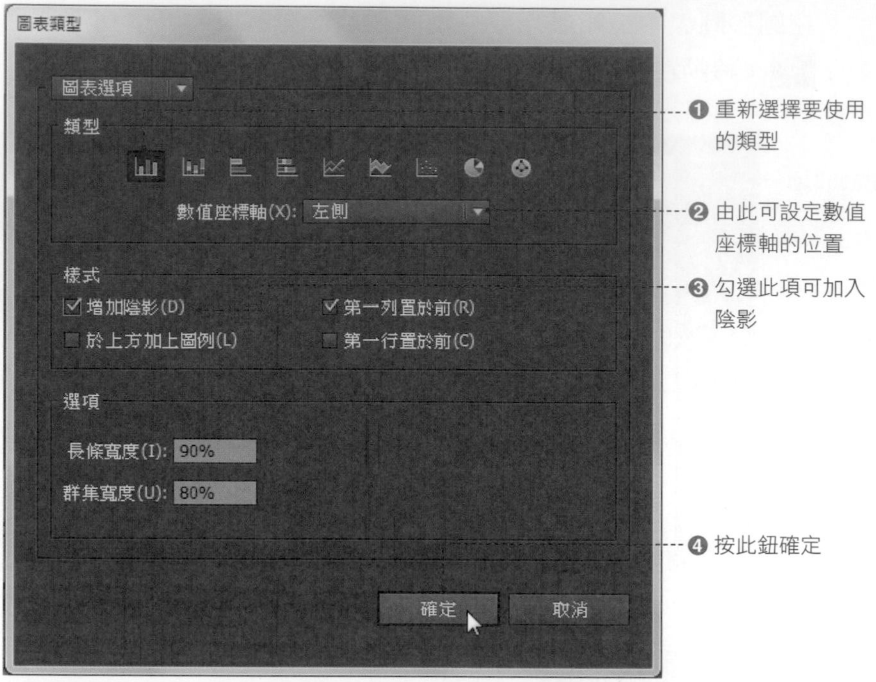
圖表類型
圖表選項
類型
數值座標軸(X): 左側
樣式
增加陰影(D)
第一列置於前(R)
於上方加上圖例(L)
第一行置於前(C)
選項
長條寬度(I): 90%
群集寬度(U): 80%
確定
取消
❶ 重新選擇要使用的類型
❷ 由此可設定數值座標軸的位置
❸ 勾選此項可加入陰影
❹ 按此鈕確定

3

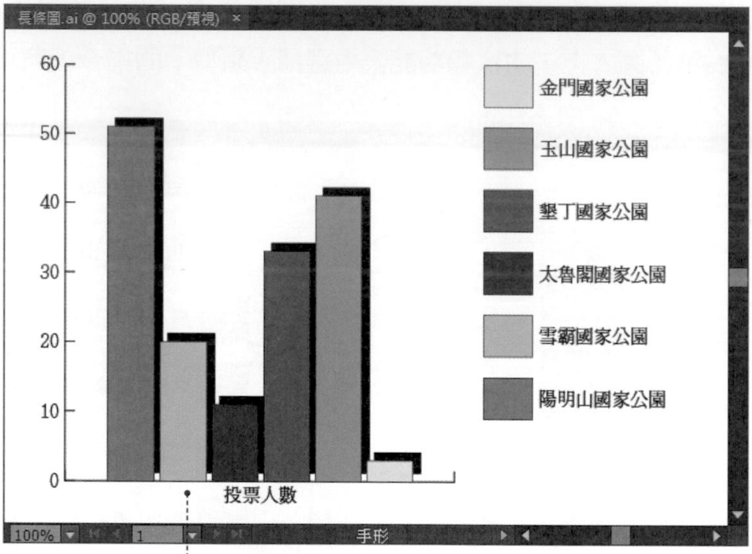
長條圖.ai @ 100% (RGB/預視)
60
50
40
30
20
10
0
投票人數
金門國家公園
玉山國家公園
墾丁國家公園
太魯閣國家公園
雪霸國家公園
陽明山國家公園
100%
手形

瞧！圓形圖變更為長條圖了

9-2-3 變更圖表資料

好不容易完成圖表的設計，萬一資料有需要做更動，這時也可以利用滑鼠右鍵選擇「資料」來做變更。

1

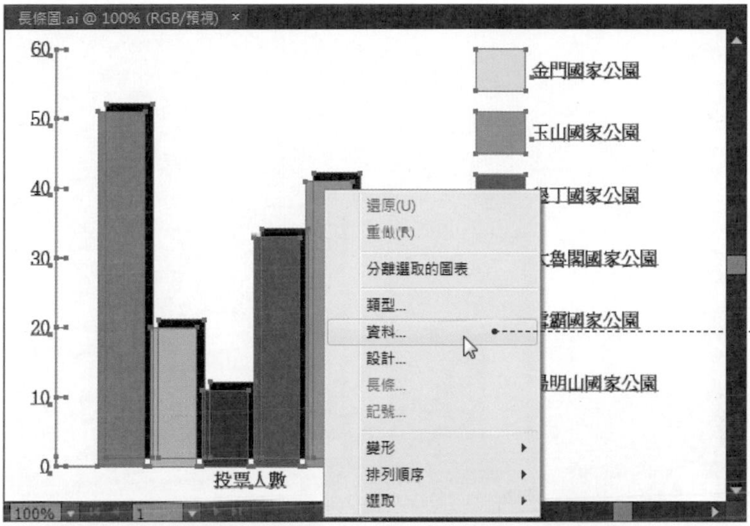

按右鍵於圖表上，選擇「資料」指令

2

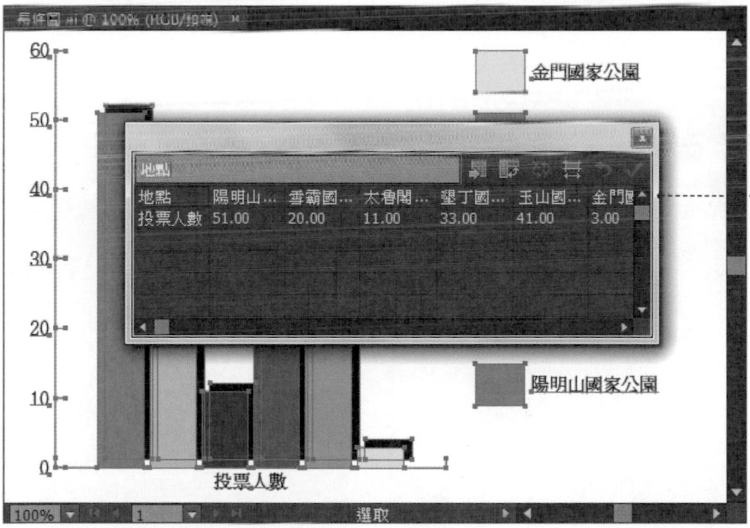

瞧！顯示資料表了，由此視窗可編修資料

9-2-4 更改圖表文字格式

有時候因為畫面的需求，如果預設的文字色彩效果不明顯，也可以利用「直接選取工具」來做變更。如下圖示：

1

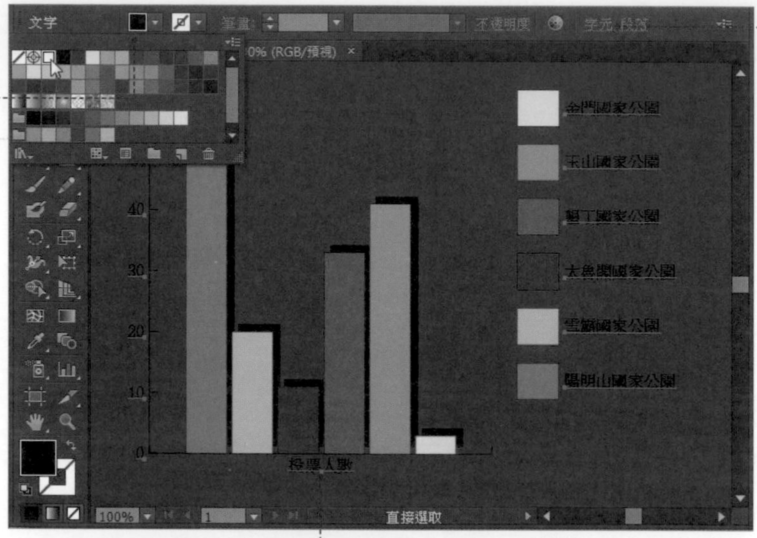

❷ 由此更換為白色

若要更換字體或大小，請按「字元」鈕

❶ 點選「直接選取工具」後，加按「Shift」鍵依序加入圖例文字與數值

2

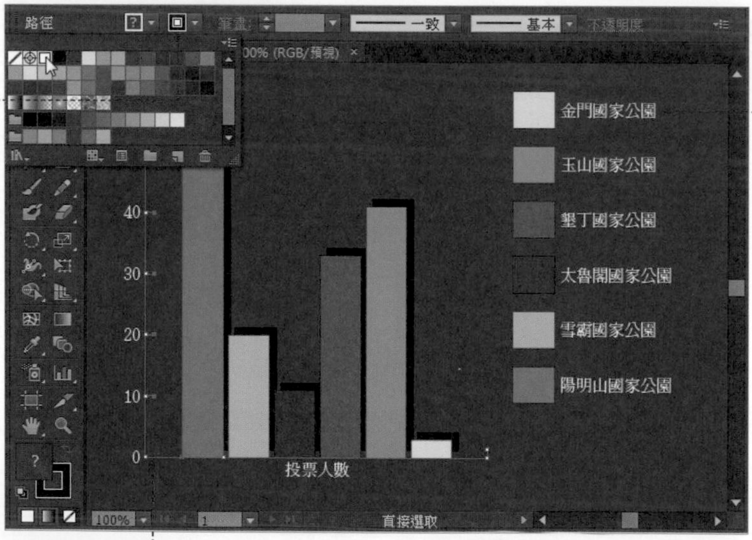

❸ 由此更換框線色彩

❶ 瞧！文字更換為白色了

❷ 加按「Shist」鍵點選線條的部分

3

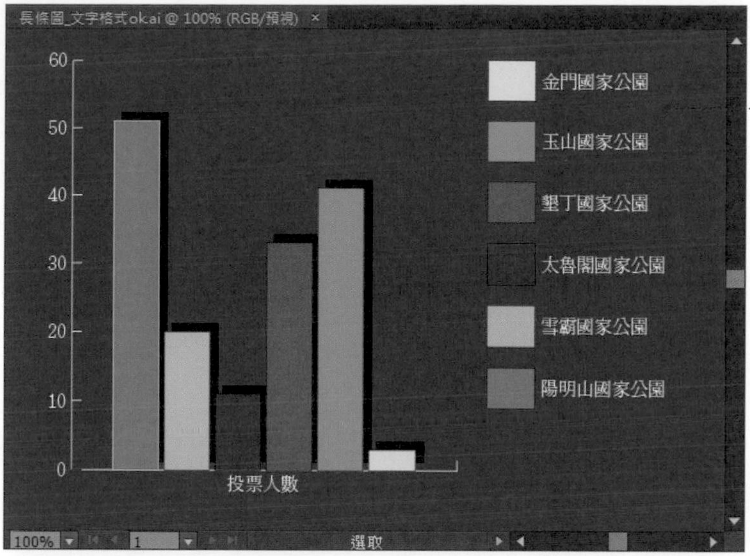

色彩更換後，圖表文字變清楚了

9-2-5 自訂圖案做為圖表設計

除了利用簡單的色彩來區分圖表內容外，各位也可以設計一些特殊的造型來當作圖例。此處我們就以人頭  來當作圖例說明。請執行「物件 / 圖表 / 設計」指令，我們先來新增設計。

1

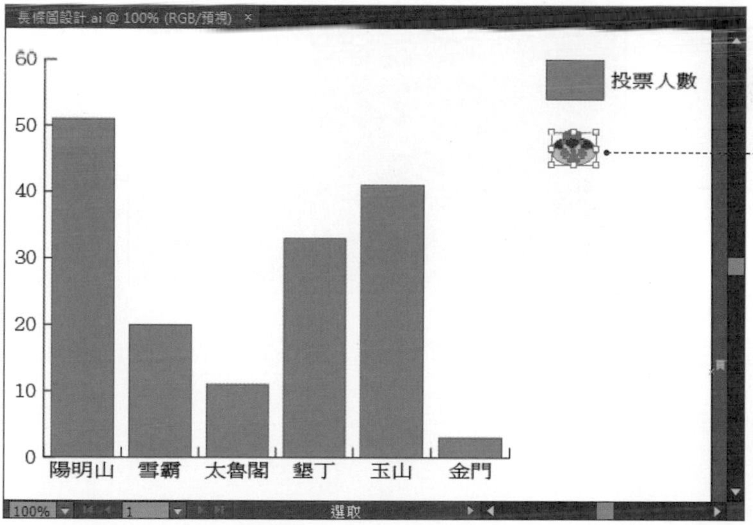

點選人頭造型，然後執行「物件 / 圖表 / 設計」指令，使進入下圖視窗

2

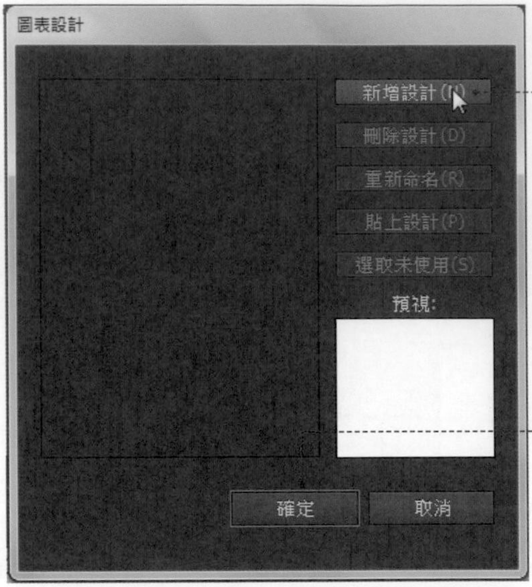

❶ 按下「新增設計」鈕

❷ 按此鈕確定

3

❶ 新增的設計會顯示在此

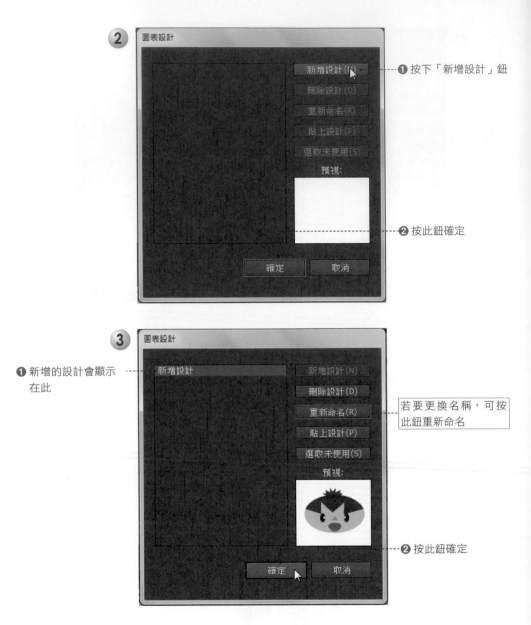

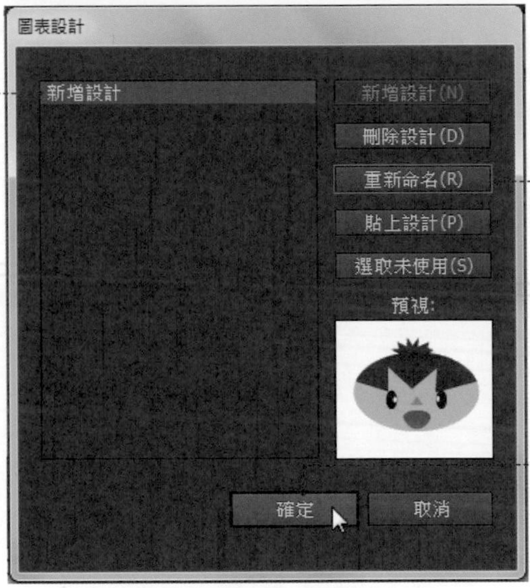

若要更換名稱，可按此鈕重新命名

❷ 按此鈕確定

新的造型加入後，現在準備選取圖例，然後更換成人頭的造型。

❶ 點選「群組選取工具」

❷ 按滑鼠兩下於圖例上，使選取圖例和數列，然後執行「物件 / 圖表 / 長條」指令

1

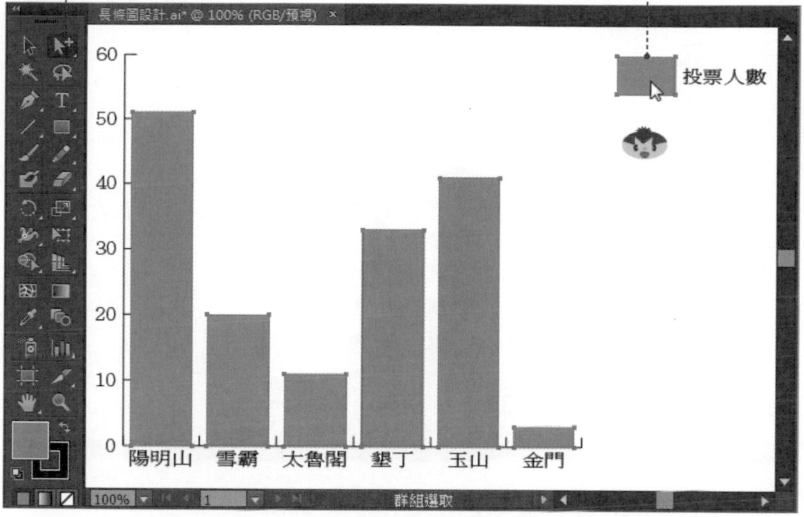

2

❶ 點選剛剛新增的設計

❷ 下拉選擇「重複」的長條類型

❸ 設定每個圖案代表的單位數

❹ 設定不完整的圖案，以「縮放」的方式呈現

❺ 按此鈕確定

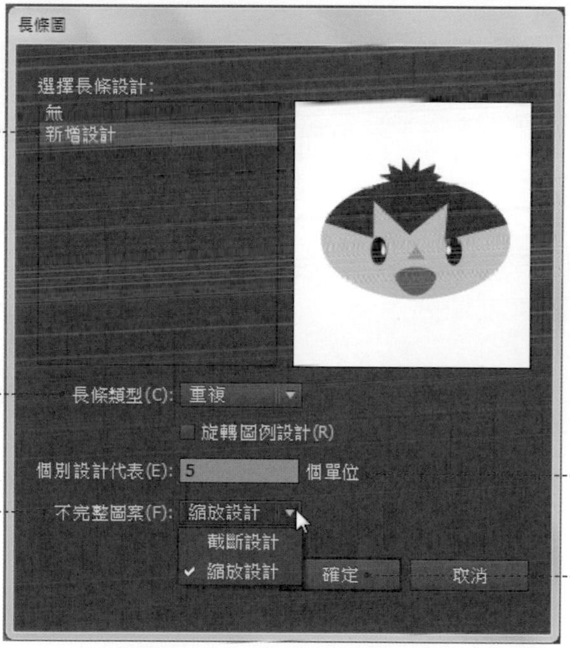

3

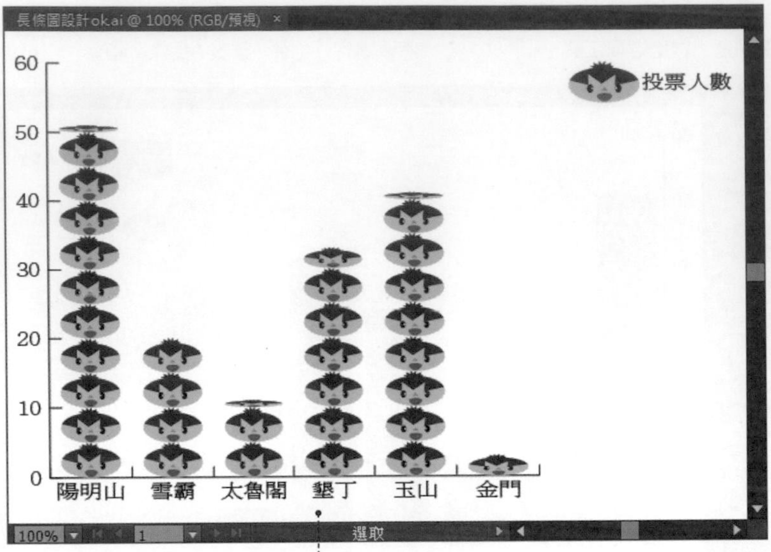
長條圖設計okai @ 100% (RGB/預視)
60
50
40
30
20
10
0
投票人數
陽明山
雪霸
太魯閣
墾丁
玉山
金門
100%
選取

瞧！通通以人頭來顯示人數的多寡

實作題

1. 請將所提供的「學生人數統計 .txt」檔，利用「堆疊橫條圖工具」讀入資料，使排列成如下的畫面。

【來源檔案】學生人數統計 .txt

【完成檔案】學生人數統計 ok.ai

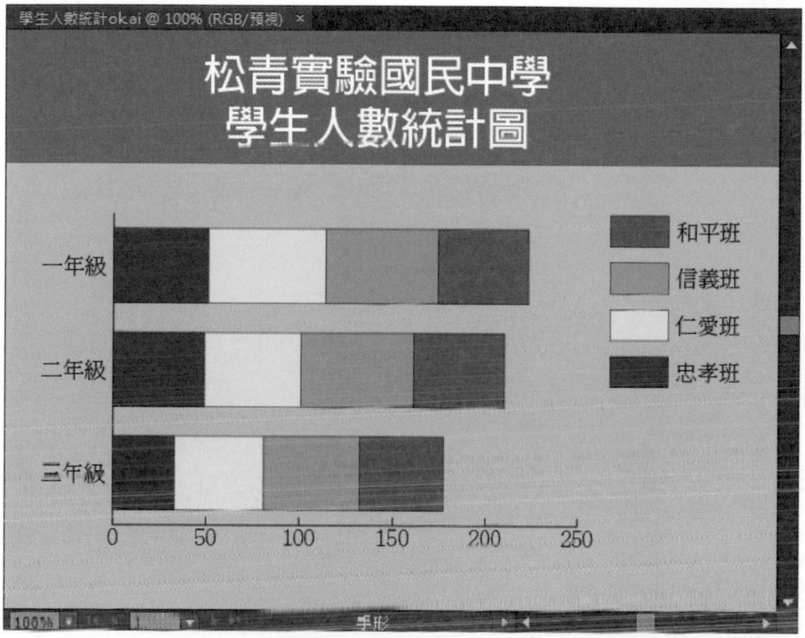

【提示】

(1) 點選「堆疊橫條圖工具」，在文件拖曳出區域範圍，按下「讀入資料」鈕，使讀入「學生人數統計 .txt」檔，調換直欄 / 橫欄後，按下「套用」鈕離開。

(2) 以「群組選取工具」分別點選圖例，再由「控制」面板更換顏色。

(3) 以「矩形工具」分別繪製藍色和淡藍色的矩形，按滑鼠右鍵使排列順序移到最後。

(4) 以「文字工具」輸入標題文字，設定為 36 級的「Adobe 繁黑體 Std B」。

2. 請將下列的資訊，利用「折線圖工具」完成如下的圖表製作。

【來源資料】

	06/02	06/09	06/16	06/23
聯電	13.35	10.55	9.21	11.90
日月光	25.22	26.33	27.12	28.01
勤益	16.30	16.22	16.91	17.01
威盛	20.35	18.51	18.22	21.59

【完成檔案】折線圖 ok.ai

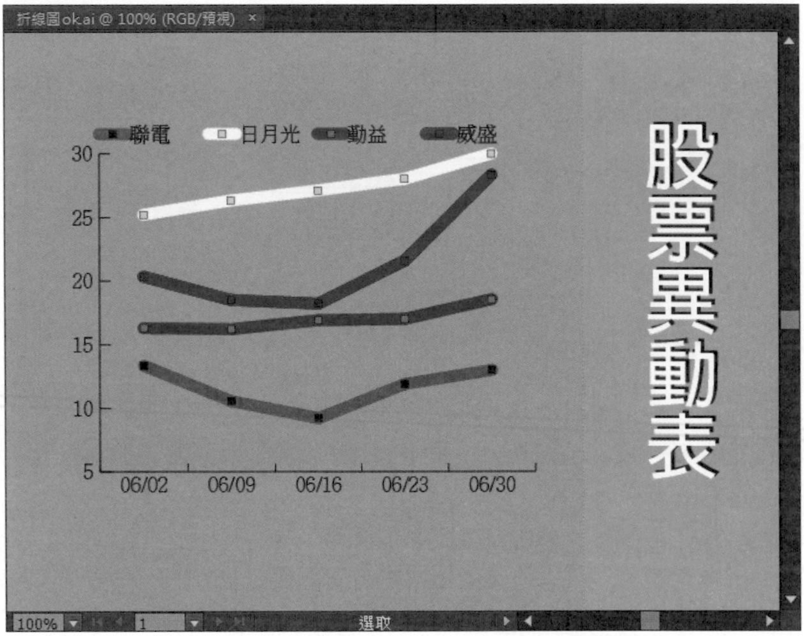

【提示】

(1) 點選「堆疊橫條圖工具」，在文件拖曳出區域範圍，輸入如上的圖表資料後，調換直欄 / 橫欄的位置，按下「套用」鈕離開。

(2) 按右鍵執行「類型」指令，在「樣式」處勾選「於上方加入圖例」的選項。

(3) 以「群組選取工具」分別點選圖例，再由「控制」面板更換筆畫顏色，而筆畫寬度設為「10」。

(4) 以「矩形工具」分別繪製橙色和綠色的矩形，按滑鼠右鍵使排列順序移到最後。

(5) 以「垂直文字工具」輸入標題文字，文字先設為黑色，再製一份後更換為白色，並做些許位移。

MEMO

10 CHAPTER 列印與輸出

學習指引

前面的章節中，各位已經學會了 Illustrator 的各種編輯技巧，當各位辛苦完成各種的文件編輯後，最終的目的不外乎將它列印出來、輸出、或放置於網頁上，因此本書的最後就針對這部分來做說明，讓各位辛苦完成的作品也能夠與他人分享。

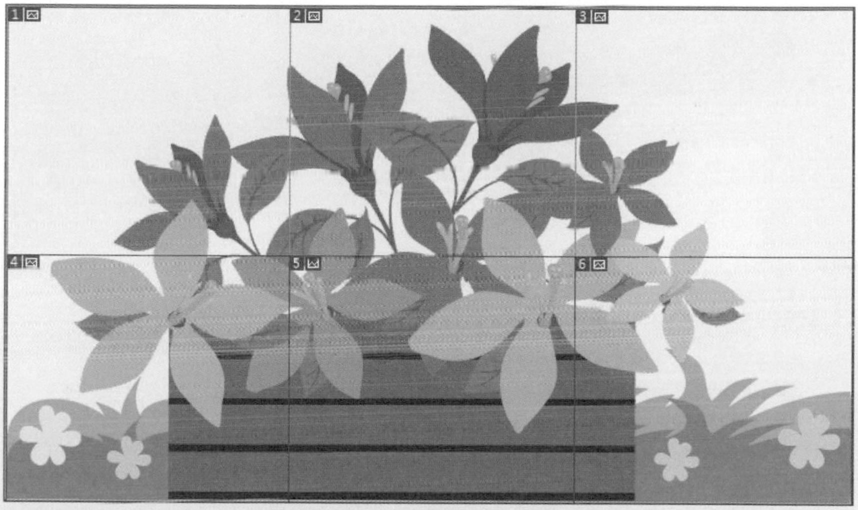

利用切片工具將作品輸出成網頁使用

10-1 文件列印

要將文件列印出來，請執行「檔案 / 列印」指令，即可進入「列印」視窗。在一般狀態下，使用者只要在「一般」中設定列印的份數、方向、以及是否做縮放處理後，即可按下「列印」鈕列印文件。

❶ 設定列印份數

❷ 勾選此項會自動旋轉文件方向

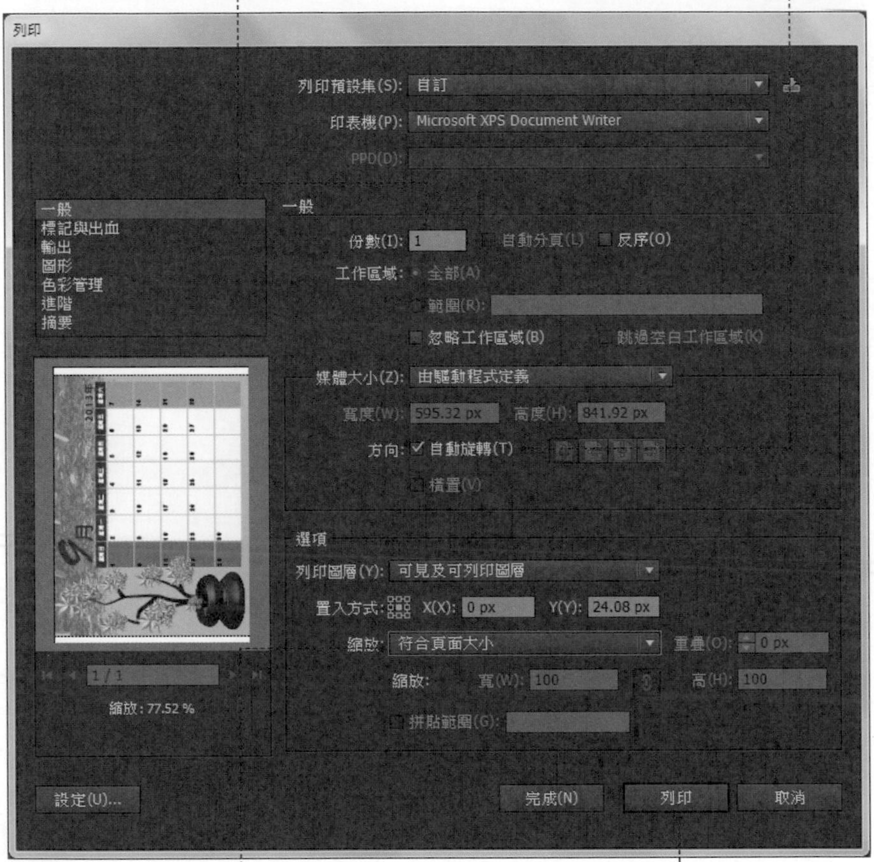

❸ 下拉設定是否縮放文件

❹ 按此鈕進行列印

如果列印時需要顯示剪裁、對齊、色彩導表、頁面資訊等標記符號，那麼請切換到「標記與出血」，再勾選想要顯示的標記選項。

❶ 切換到「標記與出血」的類別

❷ 勾選此處，會同時勾選下方的四個選項

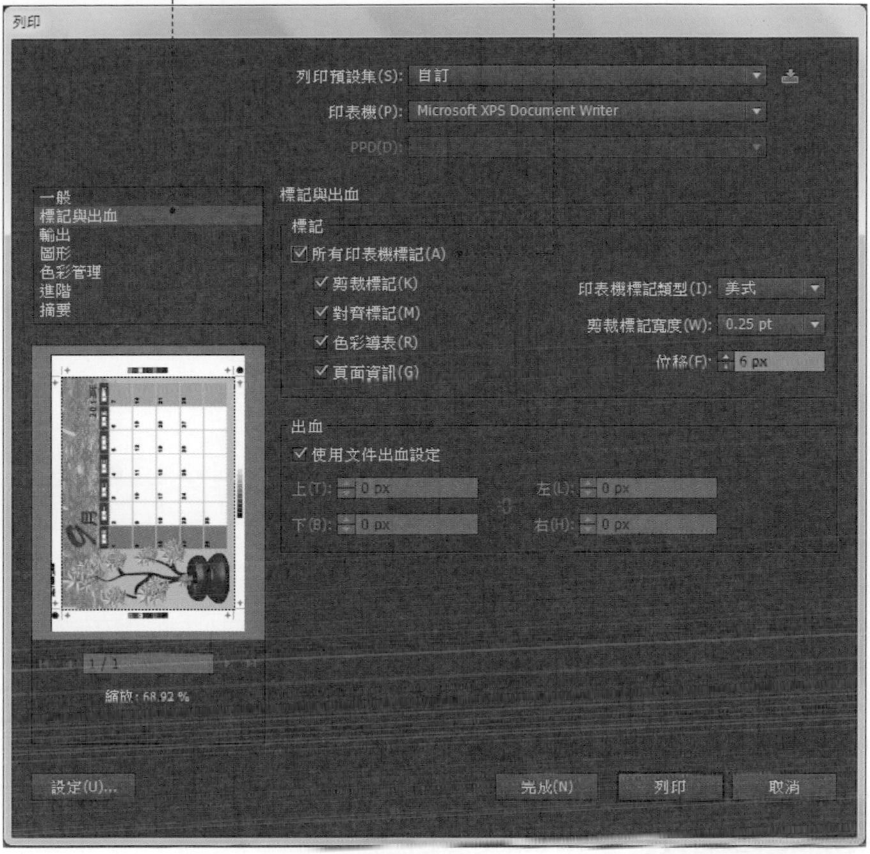

10-2 轉存圖檔

想要儲存文件，一般利用「檔案 / 另存新檔」指令，除了 Adobe Illustrator 特有的 AI 格式外，還可以選擇儲存為 PDF（Adobe PDF）、EPS（Illustrator EPS）、AIT（Illustrator Template）、SVG、SVGZ（SVG 已壓縮）等格式。如果您的文件需要轉存為其他的格式類型，那麼請執行「檔案 / 轉存」指令，使進入下圖視窗作選擇。

目前 Illustrator 所支援的轉存格式包括 DXF（AutoCAD 交換檔）、DWG（AutoCAD 繪圖）、BMP、SWF（Flash）、JPG（JPEG）、PCT（Macintosh PICT）、PSD（Photoshop）、PNG、TGA（Targa）、TIF（TIFF）、WMF（Windows 中繼檔）、TXT（文字格式）、EMF（增強型中釋檔）等。

10-3 匯出成 PDF 格式

PDF（Portable Document Format）是 Adobe 所開發的跨平台格式，主要用來做交換和瀏覽檔案之用，由於它能保留檔案原有的編排，所以被使用率相當高。要將檔案匯出成 PDF 格式，除了利用「檔案 / 另存新檔」指令可以儲存成 PDF 格式外，執行「檔案 / 指令集 / 將文件儲存成 PDF」指令也可以辦到喔！

1

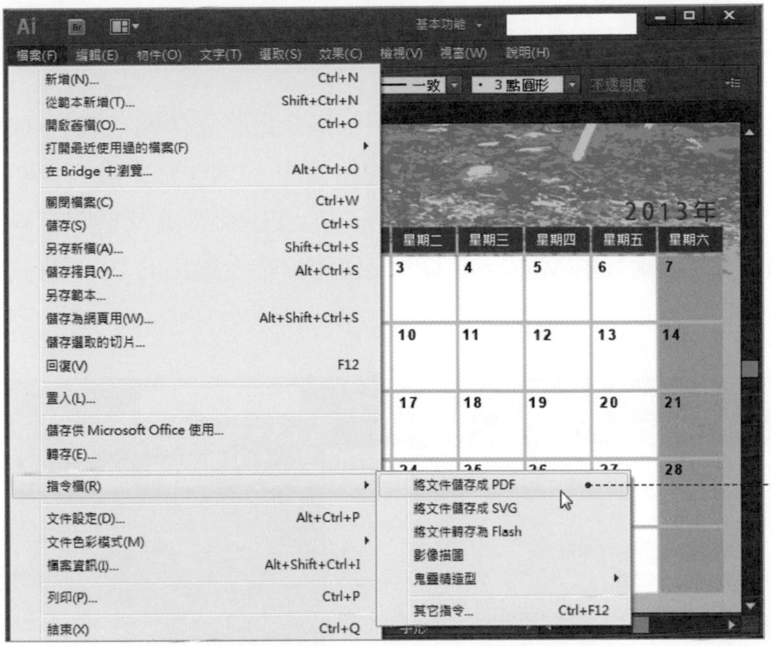

執行「檔案/指令集/將文件儲存成PDF」指令

2

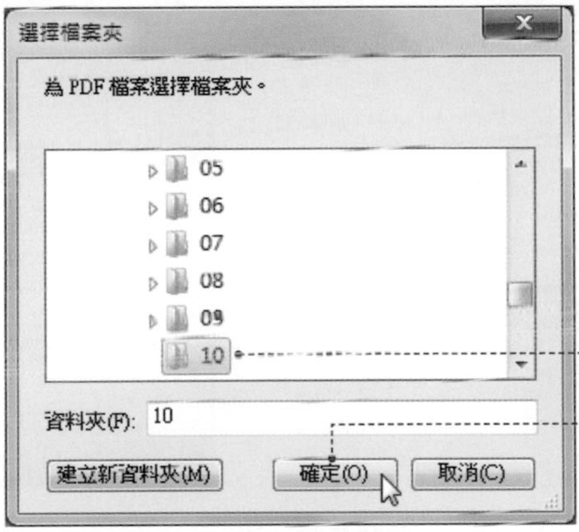

❶ 設定檔案放置的位置

❷ 按此鈕確定

3

轉存成功，按「確定」鈕離開

10-4 儲存供 Microsoft Office 使用

「檔案 / 儲存供 Microsoft Office 使用」指令是將文件儲存成 PNG 格式，方便使用者將文件內容插入到 Office 相關的軟體中。PNG 格式具有全彩顏色的特點，屬於非破壞性的影像壓縮格式，此格式能支援交錯圖及透明背景的效果，不過利用「檔案 / 儲存供 Microsoft Office 使用」指令輸出的 PNG 格式並不包含透明背景喔！

1

執行「檔案 / 儲存供 Microsoft Office 使用」指令

2

❶ 設定檔案存放的位置　❷ 輸入檔案名稱　❸ 按此鈕儲存檔案

10-5 建立切片

如果各位完成的文件要放置在網頁上，為了加快網頁圖片的顯示，通常都會對畫面進行切片。Illustrator 的工具中有提供「切片工具」 可切割畫面，另外「物件」功能表中也有提供各種的切片指令可以選用，此處就針對切片的各種建立方式做介紹。

10-5-1 使用「切片工具」切割

想要切割網頁畫面，最簡單的方式就是利用「切片工具」。只要選取工具後，在畫面上拖曳出要切割的區塊，就能切割畫面。

❶ 開啟文件檔　❸ 以滑鼠由左上角拖曳出藍色的區塊範圍

1

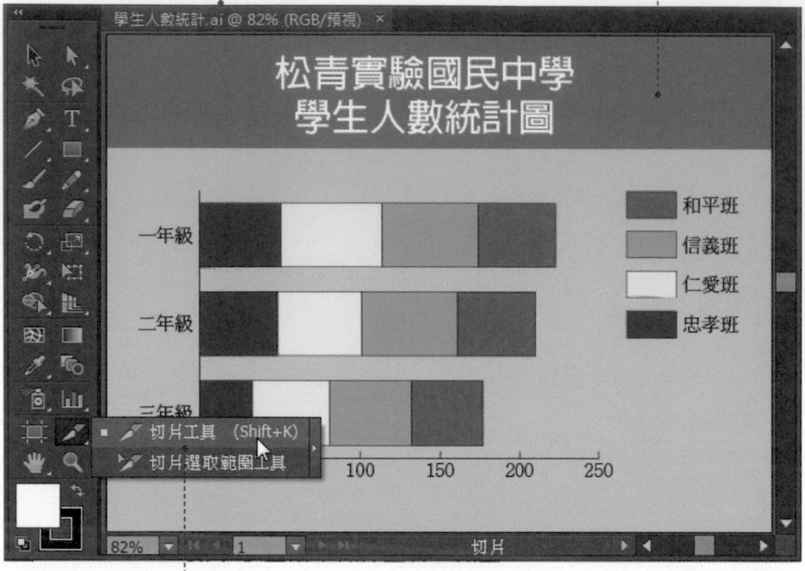

❷ 由此切換到「切片工具」

瞧！切片成兩個區塊了

2

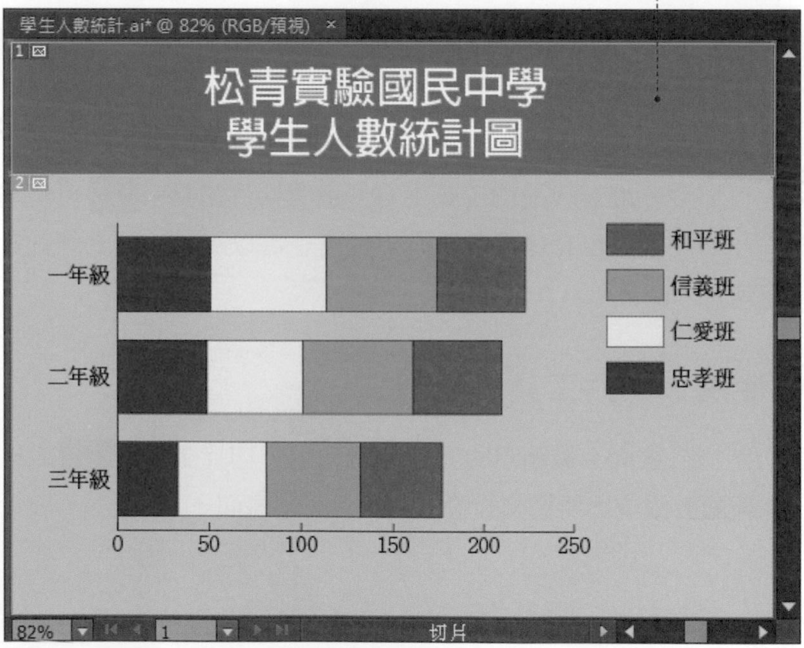

10-5-2 從選取範圍進行切片

在「物件」功能表中也有「切片」的功能，只要選取範圍後，執行「物件 / 切片 / 製作」指令，它就會自動進行畫面的切割。

❶ 選取整個標誌造形

1

❷ 執行「物件 / 切片 / 製作」指令

2

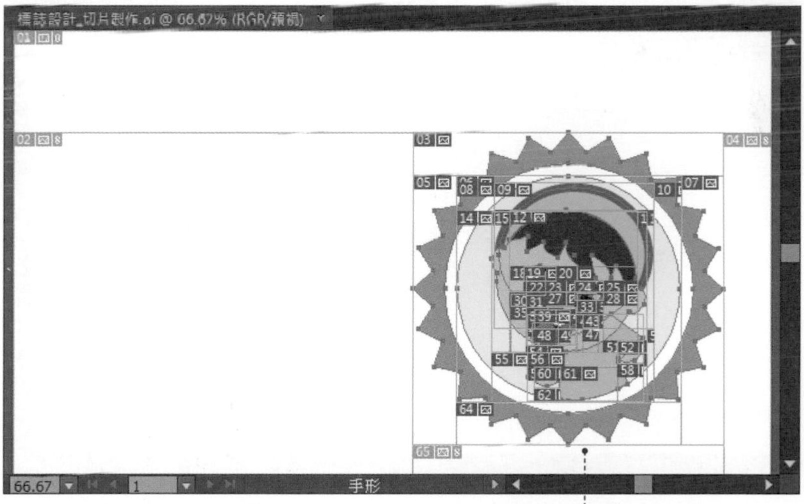

自動切割成許多的小區塊

哇塞！一個標誌切片成六十多份的區塊，那麼要組合也會困難重重吧！事實上像這樣的畫面，可以利用「物件 / 切片 / 從選取範圍建立」指令，這樣它會將選取的標誌切割成一份完整的區塊，如下步驟所示：

❶ 選取整個標誌造形

1

❷ 執行「物件 / 切片 / 從選取範圍建立」指令

2

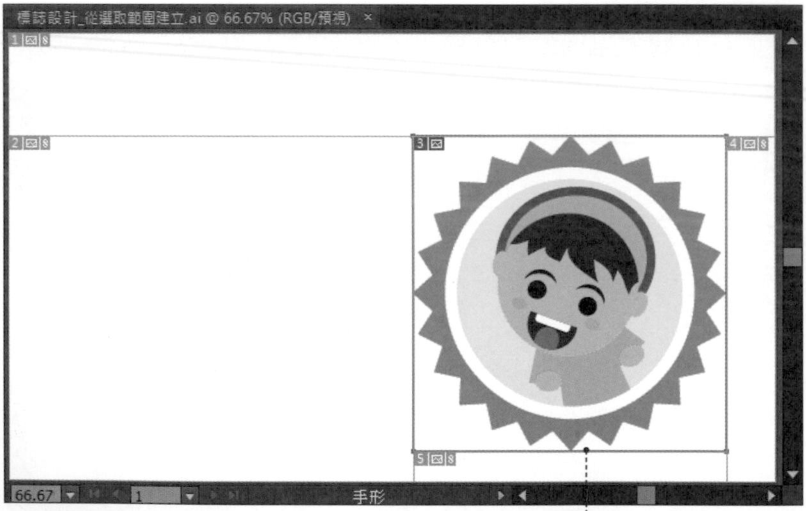

瞧！選取的範圍變成一個完整的切片了

10-5-3 分割切片

萬一各位製作的文件很大張，想要將文件分割成若干欄或列，那麼可將文件中的物件選取起來，先從選取範圍建立切片後，再利用「物件 / 切片 / 分割切片」指令來設定分割的數目。設定方式如下：

1

❶ 以滑鼠拖曳出文件中的所有物件

❷ 執行「物件 / 切片 / 從選取範圍建立」指令，使變成一個完整的切片

2

❶ 瞧！文件變成一個切片了

❷ 執行「物件 / 切片 / 分割切片」指令

3

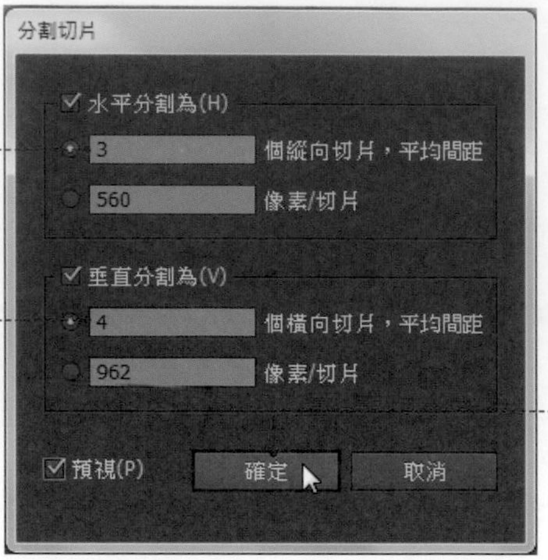

4

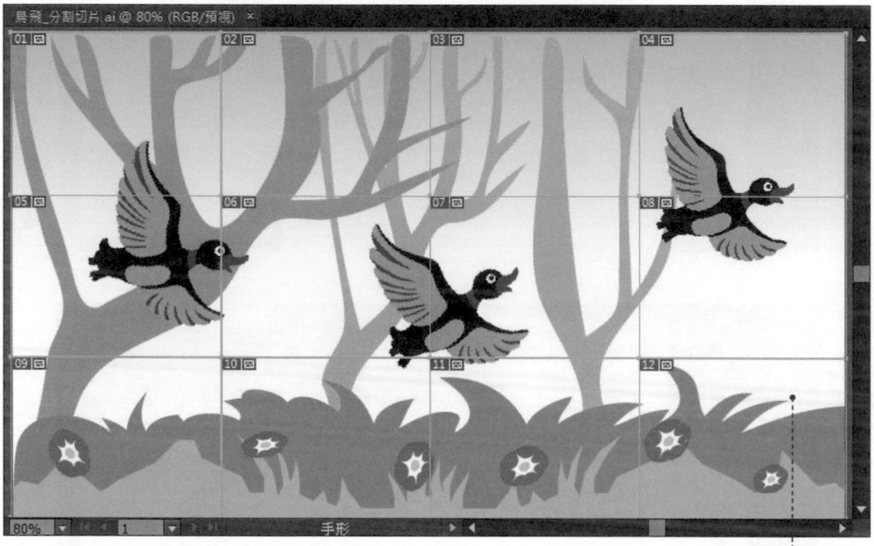

10-5-4 從參考線建立切片

除了利用水平或垂直的分割數目的來切片網頁外，各位也可以從參考線來建立切片。方式如下：

1

❶ 先從尺標上拉出參考線

❷ 執行「物件 / 切片 / 從參考線建立」指令

有勾選此項，將會以工作區域的範圍做為切片基準

2

瞧！依參考線建立成三個切片

特別注意的是，如果未勾選「剪裁至工作區域」，則在切片時，它會連同出血的區域一併切片喔！

10-6 儲存為網頁用

當各位利用「切片工具」或「切片」功能完成畫面的切割後，接著就可以利用「檔案 / 儲存為網頁用」的指令來儲存網頁影像或網頁檔。一般網頁常用的檔案格式有三種：GIF、JPG 和 PNG，這裡就以 JPG 格式做示範。

1

切片後，執行「檔案 / 儲存為網頁用」指令，使進入下圖視窗

❷ 由此可設定品質的高低　❶ 下拉選擇「JPG 格式」

2

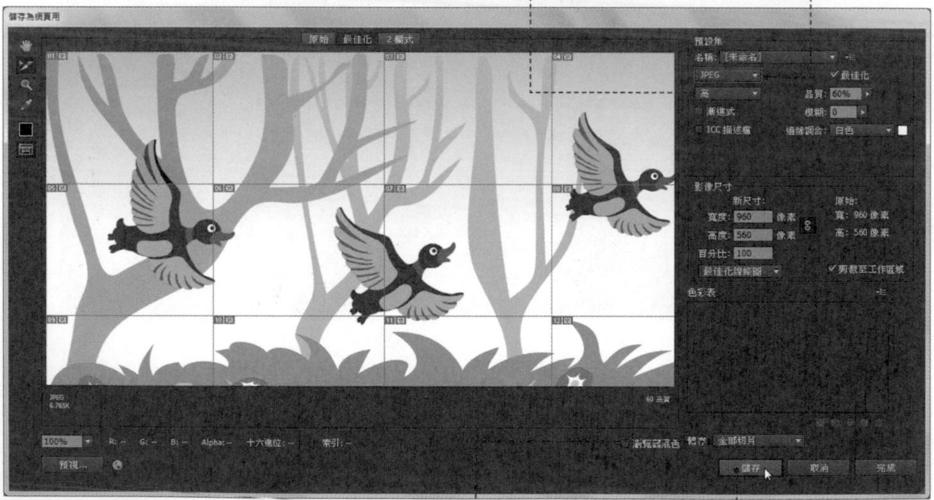

❸ 這裡選擇「全部切片」　❹ 按下「儲存」鈕

3

❶ 選擇放置的位置

❷ 輸入起始文字

❸ 按下「儲存」鈕

4

按「確定」鈕離開

5

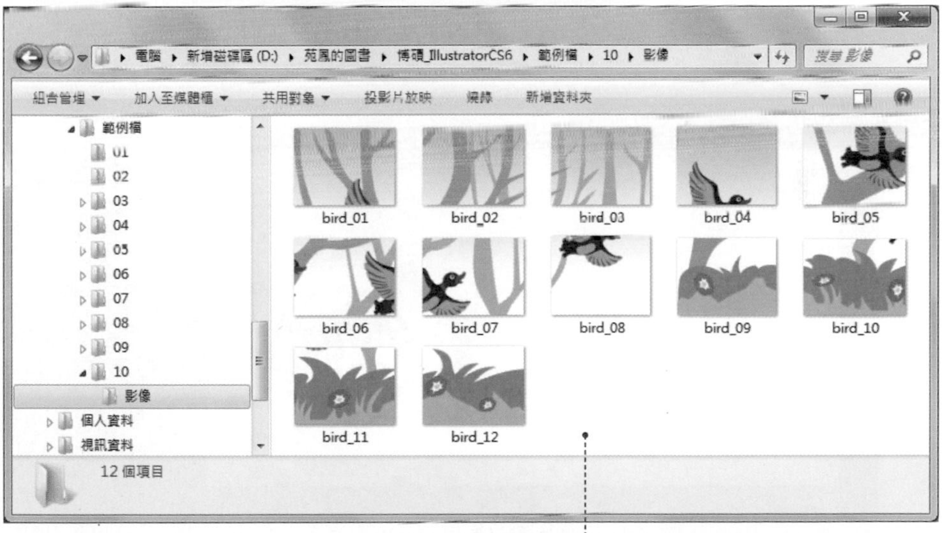

開啟剛剛儲存的位置，就會看到新增的「影像」資料夾，裡面包含了所有的切片

如果各位只有部分的切片需要轉存為網頁用途，或是想要做透明背景的處理，那麼可依照下面的方式進行設定。

❷ 選取此切片後，執行「檔案 / 儲存為網頁用」指令

1

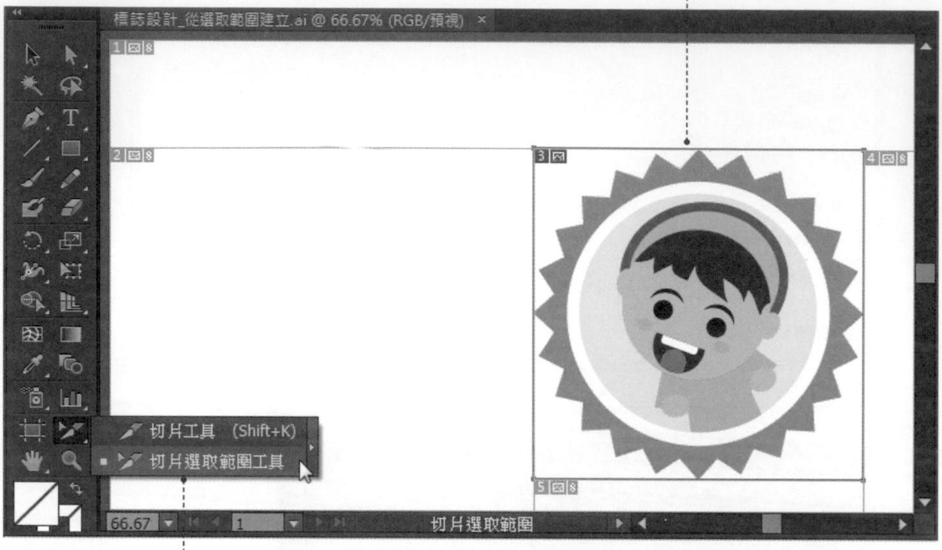

❶ 由此切換到「切片選取範圍工具」

❷ 勾選「透明度」的選項，則沒有填入顏色的地方就會變成透明

❶ 下拉選擇「PNG」格式

2

❸ 這裡設定為「選取的切片」

❹ 按下「儲存」鈕

3

另存最佳化檔案
範例檔 10
組合管理
新增資料夾
04
05
06
07
08
09
10
個人資料
視訊資料
進行中書籍
影像
月曆ok
鳥
檔案名稱(N): logo
存檔類型(T): 僅影像
隱藏資料夾
存檔(S)
取消

❶ 設定存放的位置

❷ 按下「存檔」鈕

4

Adobe Illustrator
某些檔案名稱包含非拉丁文字元， 這些檔案名稱與某些網頁瀏覽器及伺服器不相容。
不要再顯示(D)
確定
取消

按「確定」鈕離開

5

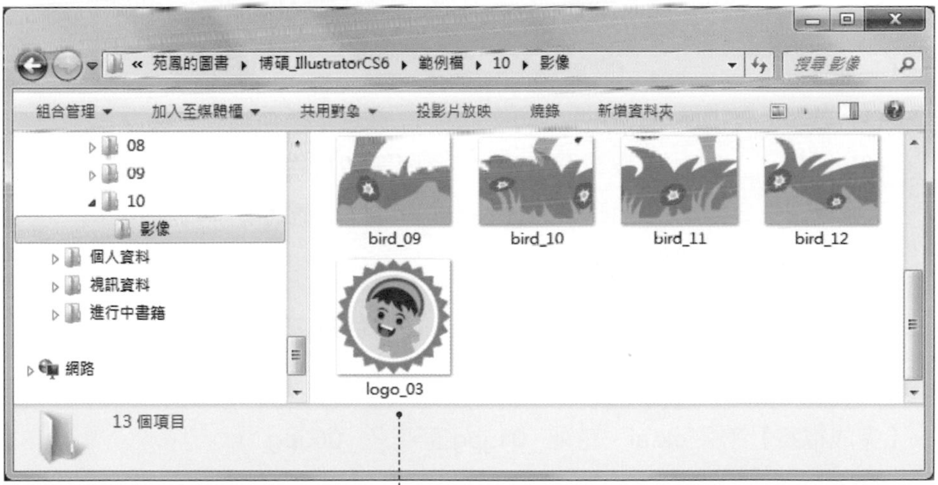
苑風的圖書
博碩_IllustratorCS6
範例檔
10
影像
組合管理
加入至媒體櫃
共用對象
投影片放映
燒錄
新增資料夾
08
09
10
影像
個人資料
視訊資料
進行中書籍
網路
bird_09
bird_10
bird_11
bird_12
logo_03
13 個項目

選取的切片自動顯示在「影像」資料夾中

課後評量

實作題

1. 請將提供的「馬 .ai」轉存成去背的 PNG 格式。

   【來源檔案】馬 .ai

   【完成檔案】馬 _03.png

   【提示】

   (1) 選取所有物件，先執行「物件 / 切片 / 從選取範圍建立」指令。

   (2) 切換到「切片選取範圍工具」，選取該切片後，執行「檔案 / 儲存為網頁用」指令，下拉選擇「PNG」格式，勾選「透明度」，並設定為「選取的切片」，按下「儲存」鈕。

2. 請將提供的「花朵 .ai」切片成 2x3 片，並儲存為 JPEG 的檔案格式。

   【來源檔案】花朵 .ai

   【完成檔案】花朵 ok.ai、花朵 _01.jpg 至花朵 _06.jpg

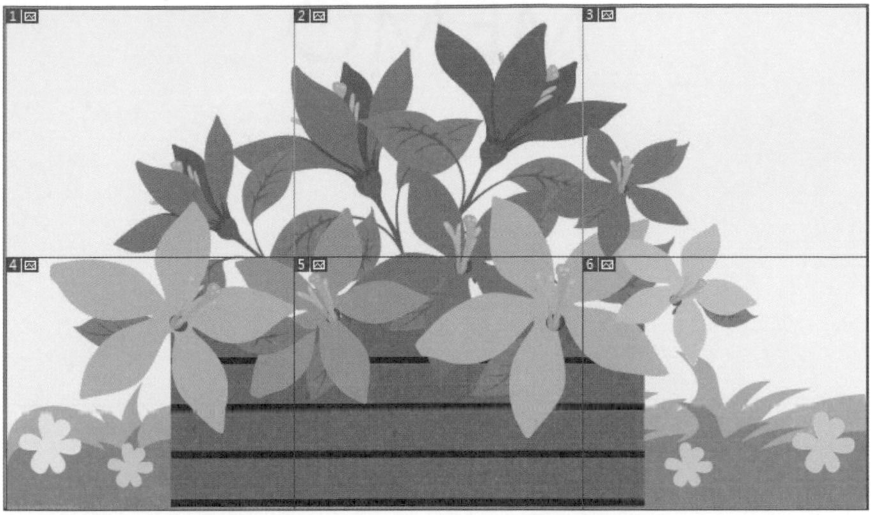

(1) 選取所有物件，先執行「物件 / 切片 / 從選取範圍建立」指令。

(2) 執行「物件 / 切片 / 分割切片」指令，將水平分割為「2」，垂直分割為「3」。

(3) 執行「檔案 / 儲存為網頁用」指令，下拉選擇「JPEG」格式，轉存設定為「全部切片」，按下「儲存」鈕。

MEMO

讀者回函

讀者回函

GIVE US A PIECE OF YOUR MIND

感謝您購買本公司出版的書，您的意見對我們非常重要！由於您寶貴的建議，我們才得以不斷地推陳出新，繼續出版更實用、精緻的圖書。因此，請填妥下列資料(也可直接貼上名片)，寄回本公司(免貼郵票)，您將不定期收到最新的圖書資料！

購買書號： **書名：**

姓　　名：＿＿＿＿＿＿＿＿＿＿＿＿＿＿＿＿＿＿＿＿＿＿＿＿＿＿＿＿＿

職　　業：□上班族　□教師　□學生　□工程師　□其它

學　　歷：□研究所　□大學　□專科　□高中職　□其它

年　　齡：□ 10~20　□ 20~30　□ 30~40　□ 40~50　□ 50~

單　　位：＿＿＿＿＿＿＿＿＿＿＿＿＿＿ 部門科系：＿＿＿＿＿＿＿＿＿＿

職　　稱：＿＿＿＿＿＿＿＿＿＿＿＿＿＿ 聯絡電話：＿＿＿＿＿＿＿＿＿＿

電子郵件：＿＿＿＿＿＿＿＿＿＿＿＿＿＿＿＿＿＿＿＿＿＿＿＿＿＿＿＿＿

通訊住址：□□□ ＿＿＿＿＿＿＿＿＿＿＿＿＿＿＿＿＿＿＿＿＿＿＿＿＿＿

＿＿＿＿＿＿＿＿＿＿＿＿＿＿＿＿＿＿＿＿＿＿＿＿＿＿＿＿＿＿＿＿＿＿

您從何處購買此書：

□書局 ＿＿＿＿　□電腦店 ＿＿＿＿　□展覽 ＿＿＿＿　□其他 ＿＿＿＿

您覺得本書的品質：

內容方面：　□很好　□好　□尚可　□差

排版方面：　□很好　□好　□尚可　□差

印刷方面：　□很好　□好　□尚可　□差

紙張方面：　□很好　□好　□尚可　□差

您最喜歡本書的地方：＿＿＿＿＿＿＿＿＿＿＿＿＿＿＿＿＿＿＿＿＿＿＿＿

您最不喜歡本書的地方：＿＿＿＿＿＿＿＿＿＿＿＿＿＿＿＿＿＿＿＿＿＿＿

假如請您對本書評分，您會給(0~100分)：＿＿＿＿＿ 分

您最希望我們出版那些電腦書籍：

請將您對本書的意見告訴我們：

您有寫作的點子嗎？□無　□有　專長領域：＿＿＿＿＿＿

歡迎您加入博碩文化的行列哦！

✂請沿虛線剪下寄回本公司

Give Us a Piece Of Your Mind

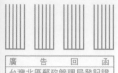

信用卡 CREDIT CARD

專用訂購單

※優惠折扣請上博碩網站查詢，或電洽 (02)2696-2869#307

※請填妥此訂單傳真至(02)2696-2867 或直接利用背面回郵直接投遞。謝謝！

一、訂購資料

	書號	書名	數量	單價	小計
1					
2					
3					
4					
5					
6					
7					
8					
9					
10					
			總計 NT$		

總　計：NT$__________ X 0.85= 折扣金額 NT$__________

折扣後金額：NT$__________ ＋掛號費：NT$__________

＝總支付金額NT$__________ ※各項金額若有小數，請四捨五入計算。

「掛號費 80 元，外島縣市 100 元」

二、基本資料

收 件 人：__________ 生日：_____年_____月_____日

電　　話：(住家)__________ (公司)__________ 分機_____

收件地址：□□□__________

發票資料：□ 個人 (二聯式)　□ 公司抬頭 / 統一編號：__________

信用卡別：□ MASTER CARD □ VISA CARD □ JCB 卡 □ 聯合信用卡

信用卡號：□□□□□□□□□□□□□□□□

身份證號：□□□□□□□□□□

有效期間：_____ 年 _____ 月止

訂購金額：__________ 元整 (總支付金額)

訂購日期：_____年_____月_____日

持卡人簽名：__________ (與信用卡簽名同字樣)

黏貼處

博碩文化網址
http://www.drmaster.com.tw

✂請沿虛線剪下寄回本公司

廣告回函
台灣北區郵政管理局登記證
北台字第 4 6 4 7 號
印刷品・免貼郵票

221
博碩文化股份有限公司　業務部
新北市汐止區新台五路一段 112 號 10 樓 A 棟

如何購買博碩書籍

全省書局

請至全省各大書局、連鎖書店、電腦書專賣店直接選購。

（書店地圖可至博碩文化網站查詢，若遇書店架上缺書，可向書店申請代訂）

信用卡及劃撥訂單（優惠折扣 85 折，未滿 1,000 元請加運費 80 元）

請於劃撥單備註欄註明欲購之書名、數量、金額、運費，劃撥至

帳號：17484299 戶名：博碩文化股份有限公司，並將收據及

訂購人連絡方式傳真至(02)26962867 。

線上訂購

請連線至「博碩文化網站 http://www.drmaster.com.tw」，於網站上查詢

優惠折扣訊息並訂購即可。

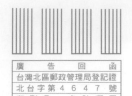